Friedrich-Karl Tiesler
Eva Englert
Aufzucht, Paarung und Verwertung
von Königinnen

Friedrich-Karl Tiesler
Eva Englert

Aufzucht, Paarung und Verwertung von Königinnen

228 Abbildungen, davon 88 in Farbe

Ehrenwirth

CIP-Titelaufnahme der Deutschen Bibliothek

Tiesler, Friedrich-Karl:
Aufzucht, Paarung und Verwertung von Königinnen / Friedrich-Karl Tiesler ; Eva Englert. – München : Ehrenwirth, 1989
ISBN 3-431-03003-3
NE: Englert, Eva:

ISBN 3–431–03003–3

Satz und Druck: Friedrich Pustet, Regensburg
Printed in Germany 1989

Inhalt

Teil III
Verwertung der Königinnen

Teil IV

Zucht und Krankheiten

Vorwort

Die Zucht der Honigbiene hat in den letzten Jahrzehnten große Fortschritte erzielt. Die Voraussetzung hierzu bildeten tiefgreifende Erkenntnisse über die Paarungsbiologie und Genetik der Honigbiene. Gerade in diesen beiden Bereichen weicht die Honigbiene von den übrigen Zweigen der Tierzucht entscheidend ab, so daß die züchterische Arbeit an Bienen kompliziert und erschwert wird, ja manchem Tierzüchter aus den anderen Sparten geradezu fremd oder kurios erscheint. Diese Schwierigkeiten der Zuchttechnik sollen mit dem vorliegenden Buch gemindert werden, aber nicht mit dem Ziel, daß jeder Imker Königinnenzucht betreibe. Ein solches Vorhaben wäre grundlegend falsch! Vielmehr soll der relativ kleinen Gruppe von Imkern, die mit ihren Bienenständen die technischen und personellen Voraussetzungen mitbringen, also den »Züchtern« unter den Bienenhaltern, ein Leitfaden zur Königinnenzucht geboten werden.

Obgleich informative Bücher über Königinnenzucht bereits zur Verfügung stehen, erfüllt das vorliegende Buch seinen besonderen Zweck: Die züchterische Arbeit unter norddeutschen Verhältnissen hat seit langem, nicht zuletzt bedingt durch die Praxis der Inselbelegstellen, einen besonderen Charakter und einen besonderen Stellenwert in der Imkerei innegehabt. Hierbei konnten Methoden entwickelt und Erfahrungen gesammelt werden, die es wert sind, in einem Leitfaden festgehalten zu werden. Die speziellen norddeutschen Bedingungen der Königinnenzucht, maßgeblich bedingt durch die erfolgreiche Praxis der Inselbelegstellen, sind daher auch die Antwort auf die prinzipiell berechtigte Frage: Warum ein weiteres Buch über Königinnenzucht?

Die beiden Autoren, seit Jahrzehnten auf dem Zuchtsektor in Norddeutschland tätig, zeichnen die bewährten Wege und Zuchtziele einprägsam auf, ohne den Seitenblick auf andere Methoden zu vernachlässigen. Abbildungen und Zeichnungen sind im Text fortlaufend mit (1) nummeriert.

Möge dieses Buch dazu beitragen, allen Imkern, die sich für das weite Feld der Königinnenzucht interessieren, die Arbeit zu erleichtern. Es ist letztlich für die gesamte Imkerschaft sehr dienlich, wenn die bisher erzielten Erfolge der Bienenzucht bewahrt, ggfs. noch gesteigert werden können, auf daß auch weiterhin eine leistungsfähige, friedfertige und wenig krankheitsanfällige Honigbiene dem Bienenhalter zur Verfügung steht.

Jost H. Dustmann
Direktor des Nds. Landesinstituts
für Bienenforschung

Teil I

Aufzucht

Unter Aufzucht sind alle Maßnahmen zu verstehen, die bei der Heranzucht von körperlich einwandfreien Königinnen beachtet werden müssen. Das beginnt bei der Auswahl, der Beschaffung und dem Transport geeigneten Zuchtmaterials. Es folgen die Darbietung des Zuchtstoffs und die Beachtung der Zuchtzeit und der Termine. Dazu gehören auch die Auswahl des Pflegevolkes, das Aufzuchtverfahren, die Pflege der Weiselzellen bis hin zum Schlupf und das Zeichnen der Königinnen. Gerade auf diesem Gebiet hat sich in den letzten Jahren viel verändert. Durch wissenschaftliche Untersuchungen wurde nachgewiesen, welche züchterischen Maßnahmen erforderlich und welche nur Beiwerk ohne praktischen Nutzeffekt sind. Aber auch aus der imkerlichen Praxis kamen viele Anregungen. So wurde die Aufzucht erheblich vereinfacht und dadurch effektiver. Ebenso wichtig wie die Heranzucht der jungen Königinnen sind die Wahl der Begattungsstelle und alle vorbereitenden Maßnahmen, die zur vollständigen Paarung der Königinnen beitragen, angefangen vom Herrichten der Begattungskästchen über das Bilden der Begattungsvölkchen bis zum Transport zur Belegstelle.

1. Auswahl des Zuchtmaterials

Der Begriff Zucht oder besser Züchtung beinhaltet mehr als lediglich Vermehrung. Er bedeutet vor allem Verbesserung der Eigenschaften der Bienenvölker durch eine gezielte Auslese. Erfolge sind dabei in der Bienenzüchtung ebenso möglich wie in der übrigen Tier- und Pflanzenzüchtung. Sie sind im Vergleich dazu aber schwieriger zu erreichen, weil die Biene in besonderer Weise von der stark wechselnden Umwelt abhängig ist. Daher wird sich neben den bienenwissenschaftlichen Instituten immer nur eine relativ kleine Gruppe von Imkern, die das Wissen, die Zeit und die Lust dazu mitbringen, mit der Selektion befassen. Diese Gruppe von Züchtern will sich aber nicht abkapseln, weil die Mühe und die hohen Kosten, die in die Zucht investiert werden, nur dann gerechtfertigt sind, wenn jeder Imker draußen im Lande von den Fortschritten auf dem Gebiet der Züchtung profitieren kann (1). Die Mehrzahl der Imker, insbesondere diejenigen mit wenigen Völkern, wird also in der Regel keine Züchtung betreiben, sondern sich darauf beschränken, sich geeignetes Zuchtmaterial für die weitere Vermehrung bzw. für die Aufzucht seiner Königinnen zu beschaffen. Dabei stellt sich die Frage der richtigen Auswahl des Zuchtmaterials.

(1)
Die Friedfertigkeit unserer Völker ist eines der wichtigsten Zuchtziele.

1.1 Bienenrasse

Zu Beginn dieses Jahrhunderts experimentierten die Imker mit vielen fremden Bienenrassen, mit Italienern, Kaukasiern, Anatoliern u. a. Der Neugier und Probierfreude waren dabei keinerlei Grenzen gesetzt. Die einstmals in Deutschland heimische

(2) Carnica-Bienen auf der Wabe. Ruhig, sanft und grau! (Foto: Bitschene, Archiv nwdiz).

Dunkle Biene wurde immer mehr verkreuzt und ist bei uns heute in reiner Form nicht mehr anzutreffen. Auf Grund langjähriger Bewährung ist letzten Endes nur die Carnica übriggeblieben. Die Entscheidung zugunsten dieser Biene fiel, unabhängig voneinander, auf Tausenden von Ständen. Sie wurde bald zum Idol vieler Imker. Wie eine Lawine hat sie ganz Mitteleuropa erobert. Sogar in weiten Gebieten Norwegens arbeitet man heute mit der Carnica (2).

In regelmäßigen Abständen werden jedoch immer wieder fremde Rassen oder sog. Rassenhybriden – im Sinne moderner Tierzucht handelt es sich hier keineswegs um Hybriden, sondern vielmehr um planlose Kreuzungen – angeboten. Hier muß man sich fragen, was das für einen Sinn hat, wenn die Leistungen zwar hoch liegen, die Völker aber infolge erhöhter Nosemaanfälligkeit nur unter großen Verlusten überwintern, oder bei den sog. Hybriden die Leistungen nicht reproduzierbar sind. Auch ist zweifelhaft, ob der deutschen Imkerei mit dem massenweisen Import von Hybridköniginnen (Starline, Midnite) aus den USA oder Australien gedient ist. Es handelt sich hier zwar um echte Hybriden, die aber unter ganz anderen Klima- und Trachtbedingungen ausgelesen wurden. Unter unseren Umweltverhältnissen versagen sie meist völlig, wie viele Versuche erwiesen haben. Man macht es sich zu leicht, wenn man meint, man benötige nur eine große Beute und eine neue »Wunderbiene«, um Riesenerträge zu erzielen. Die Wirklichkeit sieht anders und sehr viel nüchterner aus. Daß es in unserem Lande trotz drastischer Minderung der Tracht gelungen ist, die Durchschnittserträge zu steigern, ist außer auf eine bessere Betriebsweise zu einem ganz entscheidenden Teil auch auf die konsequente Zuchtarbeit auf der Basis der Carnicarasse zurückzuführen.

(3)
Volle Honigwabe, so wie sie sich der Imker wünscht.

Doch warum hat sich diese Biene bei uns durchgesetzt? Dazu sollen fünf Gründe genannt werden:

1. Die Carnica ist mit ihrem Brut- und Entwicklungsrhythmus an unsere veränderten Trachtverhältnisse besonders gut angepaßt.
2. Sie ist eine ausgesprochen fleißige Biene und bringt hohe Erträge.
3. Sie ist friedfertig und sitzt fest auf den Waben.
4. Sie ist relativ schwarmträge und läßt sich gut lenken.
5. Die Zucht dieser Biene ist besonders bei der Struktur unserer Imkerschaft geeignet.

Diese fünf Punkte sollen im folgenden kurz erläutert werden.

Die Trachtverhältnisse haben sich erheblich geändert. Speziell in Norddeutschland ist durch die Kultivierung großer Moor- und Heideflächen sowie durch die Umstrukturierung der Landwirtschaft die Spät- und Sommertracht immer mehr in den Hintergrund getreten. Stattdessen spielen die Frühtrachten – insbesondere der Raps – eine wesentliche Rolle. Ähnlich sieht es in vielen Gebieten Mittel- und Süddeutschlands aus. Die Carnica entwickelt sich sehr zeitig und sprunghaft. Sie ist daher für diese Verhältnisse besonders geeignet. Hinzu kommt noch, daß der Rapsanbau seit mehreren Jahren auf neue, erucasäurearme Sorten umgestellt wird, die etwa 10 Tage früher blühen als die alten Sorten. Gerade da benötigt man eine früh brütende Biene.

Die in Deutschland über viele Generationen züchterisch bearbeitete Carnica ist sehr fleißig und liefert hohe Erträge (3). In den letzten 30 Jahren hat sich unser Bienenmaterial ganz erheblich verbessert, die Leistungen sind gestiegen und vor allem ausgeglichener geworden. Dies kann anhand der Leistungsergebnisse einiger niedersächsischer Züchter belegt werden (Bienefeld 1986). Die unten stehende Graphik zeigt dies (4). Auf der horizontalen Achse sind die Jahre, auf der vertikalen die Honigerträge pro Volk aufgetragen. Daraus wurde die Regression (durchgehende Linie) berechnet. Die durchschnittliche Steigerung der Honigleistung kann für die zurückliegenden 30 Jahren mit ca. 550 g pro Jahr angenommen werden. Nicht der gesamte Leistungsanstieg wird dabei genetisch bedingt sein, sicherlich haben dazu auch Verbesserungen der Betriebsweise beigetragen. Aber andererseits darf die verschlechterte Trachtsituation der letzten Jahre nicht außer acht gelassen werden. Insgesamt deutet der erhebliche Leistungsanstieg auf eine genetisch verbesserte, der Umwelt angepaßte Carnica hin. Auch hat sich gezeigt, daß neu eingeführtes, züchterisch wenig bearbeitetes oder unter anderen Bedingungen ausgelesenes Material (siehe Böger, Süd-Ost-Versuch) in der Leistung wesentlich schlechter abschneidet.

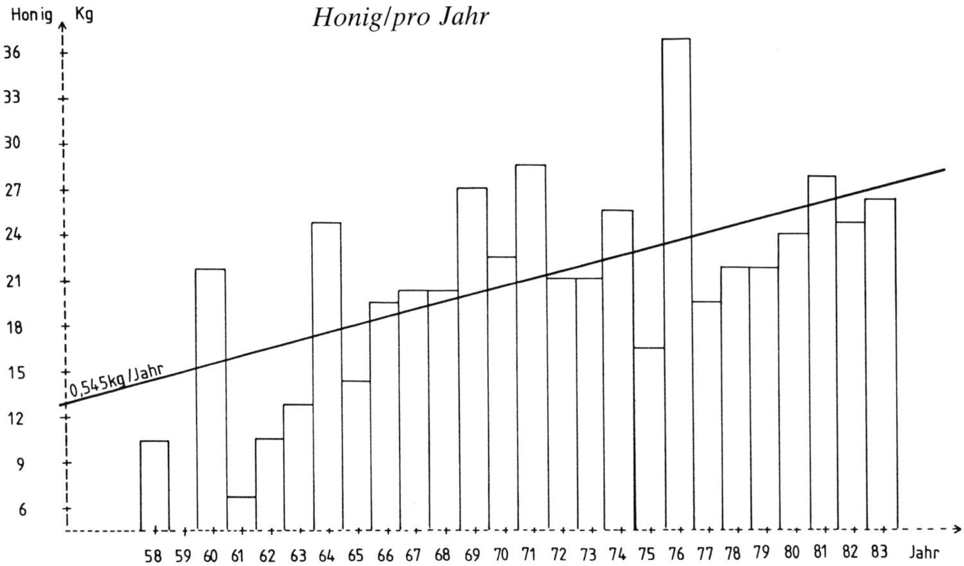

(4) Landesverband Weser-Ems und Hannover nach Bienefeld 1986

Doch es geht nicht allein um den Honigertrag. Es geht – und das wird von Jahr zu Jahr deutlicher – auch darum, daß wir eine menschenfreundliche, eine urbane Biene brauchen, mit der sich ohne Nachbarschaftsstreitigkeiten auch in dicht besiedelten Gebieten imkern läßt. Wenn es überhaupt noch möglich ist, in geschlossenen Wohngebieten Bienenzucht zu betreiben, so ist das nur der Umstellung auf die Carnica zu verdanken. Diese Biene ist ausgesprochen friedfertig. Gute Carnica – Völker lassen jegliches Herumhantieren über sich ergehen, ohne zu stechen. Dabei sitzen sie ruhig auf den Waben. Das erleichtert ohne Zweifel die Bearbeitung, und man kann mehr Völker halten. Sicherlich ist es auch der Friedfertigkeit dieser Biene zu verdanken, daß sich gerade heute wieder viele junge Leute der Imkerei zuwenden.

Die züchterisch bearbeitete Carnica ist relativ schwarmträge. Sie läßt sich besonders in großen Beuten gut lenken. Es muß aber auch gesagt werden, daß andere Rassen ihr in dieser Eigenschaft überlegen sind. Züchterisch muß in dieser Hinsicht noch etwas getan werden. Zum anderen muß erwähnt werden, daß der Schwarmtrieb sehr von der Tracht abhängt (Pollen!).

Aus der Erkenntnis heraus, die Carnica sei für unsere Verhältnisse nicht nur im Augenblick, sondern auch für die Zukunft die wirtschaftlich wertvollste Biene, wurden schon vor vielen Jahren die Landesbienenzuchten einheitlich auf diese Rasse umgestellt. In dieses Vorhaben wurden erhebliche Mittel gesteckt. Daraus hat sich ein vielschichtiges, in sich geschlossenes System ergeben, das in geradezu perfekter Weise der Struktur unserer Imkerschaft entspricht.

Mit der schwierigen Aufgabe der Selektion und der Paarungskontrolle befaßt sich nur eine relativ kleine Gruppe von Züchtern. Diese Gruppe stellt das Zuchtmaterial für die weitere Vermehrung zur Verfügung und nutzt auch die Vorteile der Kombination innerhalb der Carnica ganz gezielt.

Eine weitaus größere Gruppe von fortschrittlichen Imkern, meist mit größeren Ständen, beschafft sich in regelmäßigen Abständen Carnica-Zuchtstoff oder -Königinnen. Meist haben diese Imker schnell herausgefunden, wo sie das entsprechende Material bekommen. Schon bei Standbegattung erzielen sie gute Ergebnisse, besonders dann, wenn sich in ihrer Gegend bereits eine Landbiene mit überwiegend Carnica-Charakter etabliert hat. Dann wird sich die Nachzucht gar nicht so sehr von der Mutter unterscheiden. Je einheitlicher die Landbiene, desto besser die Wirtschaftsköniginnen. Häufig wird man sich den aufwendigen Weg zur Belegstelle sparen. Der Einfluß, den diese F_1-Völker mit ihren reinen Drohnen auf die Landbiene nehmen, kann gar nicht hoch genug eingeschätzt werden. Über die Drohnen dieser Völker erfolgt die ständige Verteilung selektierter Gene.

Die »Stillen Teilhaber« dieses Zuchtsystems sind die vielen Imker, die sich nicht darum kümmern, welcher Herkunft ihre Völker sind. Das sind immerhin 80–90% unserer Imkerschaft. Sie bekommen nicht, wie das bei der Rassenhybridzucht der Fall wäre, das negative Abfallprodukt, nämlich die unkontrollierten Kreuzungen zwischen den verschiedenen Rassen, die besonders bei einem Einfluß der Dunklen Biene ausgesprochen stech- und schwarmwütig sind. Ohne es zu wollen und ohne es zu wissen, erhalten sie allmählich eine graue, friedfertige Landbiene. In weiten Gebieten Deutschlands zeigt die Landbiene auch auf Ständen, wo nachweislich über viele Jahre keine fremden Königinnen eingeweiselt wurden, eindeutig Carnica-Charakter. In den letzten 20 oder 30 Jahren hat sich die Landbiene ganz entscheidend verbessert.

Aus den zuvor genannten Gründen, aber auch aus Verantwortung gegenüber der gesamten Imkerschaft, kann die Entscheidung nur zugunsten der Carnica gefällt werden. Keine andere Biene hat sich bisher so bewährt wie diese Rasse.

Hier muß auch etwas zur Buckfastbiene gesagt werden. Diese Biene wurde von BRUDER ADAM unter den Verhältnissen in Südengland gezüchtet. Bei dieser Züchtung hat er verschiedene Bienenrassen zusammengeführt, wobei die Italienerbiene eine besondere Bedeutung einnimmt. Es handelt sich dabei jedoch nicht um eine erbbeständige Kunstrasse. Die gute Leistung beruht zu einem wesentlichen Teil auf einem Kreuzungseffekt, so daß es erforderlich ist, in regelmäßigen Abständen ganz neue Typen einzukreuzen.

Die Buckfastbiene ist zweifellos eine sehr gute Biene. Es stellt sich jedoch die Frage, ob ihre Eigenschaften und Leistungen auf die Dauer reproduzierbar sind. Von vielen Berufsimkern wird die Buckfastbiene wegen ihrer besonderen Schwarmträgheit sehr geschätzt. In dieser Eigenschaft ist sie häufig den Carnica-Herkünften überlegen. Ein eventuell aufkommender Schwarmtrieb kann durch einfaches Zellenbrechen beseitigt werden. Für einen Berufsimker ist das natürlich arbeitssparend. Dabei ist die Buckfast sehr sanftmütig, auch wenn einige Herkünfte nicht so fest auf den Waben sitzen. Sie überwintert in sehr starken Völkern, beginnt zeitig mit der Brut und ist sehr volksstark. Da sie große Brutnester anlegt, benötigt sie viel Futter. Bei guter Tracht (Massentracht) und ständiger Wanderung liefert sie hohe Erträge; bei geringem Nahrungsangebot wirkt sich der starke Brutansatz negativ aus. Eine Leistungsüberlegenheit der Buckfast gegenüber der Carnica konnte MAUL in seinen umfangreichen Leistungsvergleichen unter den hessischen Mittelgebirgsverhältnissen jedoch nicht nachweisen, so daß eine Abkehr von der Landesbienenzucht auf der Basis der Carnica nicht gerechtfertigt wäre. Außerdem erfordert die Haltung der Buckfastbiene eine spezielle Betriebsweise in geräumigen Magazinbeuten mit Dadant- oder Langstrothwaben. Für viele Berufsimker mag diese Biene Vorteile bringen. Die Mehrzahl der Imker wird jedoch unter unseren Trachtverhältnissen und betriebswirtschaftlichen Möglichkeiten gut beraten sein, sich für die Carnicabiene zu entscheiden. Dabei kann es durchaus ein

Nebeneinander geben. Die Buckfastzüchter schätzen die Carnica in ihrer Umgebung, da sie dadurch bei Standbegattung friedfertige, leistungsfähige Völker erhalten. Andererseits führt eine Einkreuzung mit Buckfastdrohnen in der ersten Generation nach MAUL nicht zu einer Steigerung der Aggressivität bei der Carnica.

1.2 Zuchtstämme und Zuchtlinien

Immer wieder wird die Frage gestellt, welche Carnica oder welcher Zuchtstamm der Carnica der beste sei. Dazu muß zunächst einmal gesagt werden, daß die Stammesbezeichnungen heute überhaupt keine Bedeutung mehr haben. Es sind bestenfalls Herkunftsbezeichnungen, auf welchen der Urzüchter bei Berücksichtigung aller Unzulänglichkeiten auf den Landbelegstellen sich dieses Material zurückverfolgen läßt. Der »Glaubenskrieg« zwischen Sklenar-, Troiseck- und Peschetzanhängern sollte der Vergangenheit angehören. Man kann von einem guten Troiseckzüchter eine gute und von einem schlechten eine schlechte Troiseckbiene bekommen. Genauso ist es bei der Sklenar und der Peschetz.

Die Stämme lassen sich auch in keiner Weise irgendwie definieren. Es gibt sowohl bei der Sklenar als auch bei der Troiseck und der Peschetz früher und später brütende Völker, stärkere und schwächere, solche, die flacher und andere, die höher verdeckeln usw. Eingangs wurde bereits erwähnt, daß die Biene ganz besonders von der Umwelt abhängig ist. Es kommt immer darauf an, unter welchen Verhältnissen das Material ausgelesen wurde. Das sollten wir auch bei der Auswahl unseres Zuchtmaterials bedenken.

Eine Biene, die über viele Generationen auf die Frühtracht hin (z. B. Raps) ausgelesen wurde, ist für eine reine Sommertracht weniger geeignet, denn die Völker erstarken zu früh, erreichen vor der Tracht ihren Höhepunkt und kommen in Schwarmstimmung. In der Haupttracht erreichen sie dann natürlich nicht die Leistung der etwas später, aber gerade rechtzeitig erstarkenden Völker, da diese zum Zeitpunkt der Tracht nicht in Schwarmstimmung geraten. Umgekehrt dagegen ist es mit den Völkern, die speziell auf eine reine Sommertracht (z. B. Faulbaum, Linde, Waldtracht) ausgelesen wurden und zur Rapsblüte die erforderliche Stärke noch nicht haben.

Die Tracht spielt aber auch für den Schwarmtrieb eine wichtige Rolle. In Gebieten mit geringer Frühtracht, begrenztem Pollenangebot sowie überwiegend Waldtracht hat man mit dem Schwärmen keine Last. Die Völker lassen sich gut lenken, und bei der Auslese spielt die Schwarmneigung keine allzu große Rolle, da sie sich nicht negativ bemerkbar macht. Verpflanzt man diese Bienen dann aber in ein Gebiet mit pollenreicher Frühtracht, so hat man bisweilen mit dem Schwarmtrieb zu kämpfen.

In bezug auf den Schwarmtrieb möchte ich hier aber noch eine Auslese hinsichtlich der Betriebsweise erwähnen. In den letzten Jahren erfreut sich bei uns die slowenische Carnica – bekannt unter der Bezeichnung 03 – großer Beliebtheit, da sie ausgesprochen zahm ist, sich zudem sprunghaft entwickelt und vitale Völker aufbaut. Diese Biene neigt aber stark zum Schwärmen, da sie in ihrem Heimatgebiet über viele Jahrzehnte in engen, den sog. Bauernstöcken gehalten und Schwarmbienenzucht betrieben wurde (lebhafter Bienenhandel), ähnlich wie bei der Lüneburger Korbbienenzucht. Hier züchterisch korrigierend einzugreifen, nimmt lange Zeit in Anspruch.

Die Betriebsweise spielt überhaupt eine nicht zu unterschätzende Rolle. Eine Biene, die über viele Generationen im Blätterstock – eventuell auf 20–24 Waben – gezüchtet wurde, erzeugt immer nur eine begrenzte Brutmenge. Jedes Zuviel wirkt sich ungünstig hinsichtlich des Schwarmtriebes und somit auch auf die Leistung aus. Dagegen wird diese Biene bei der Haltung in großen, geräumigen Beuten (z. B. Magazin) versagen, weil sie einfach den Kasten nicht füllt. Umgekehrt ist es mit einer vitalen Biene, die über viele Generationen in großen Beuten vermehrt wurde. Die Völker bekommen in engen Beuten Raumnot und schwärmen.

Ein Wanderimker, der während der ganzen Saison seine Völker in die jeweiligen Trachtgebiete bringt – z. B. vom Raps bis zur Tanne –, benötigt eine andere Biene als der Standimker mit vorwiegend einer oder zwei Haupttrachten. So nützt z. B. dem Sommer- oder Frühtrachtimker im Spätsommer eine große Bienenmenge nichts.

Ein Grund, weshalb die Carnica vor Jahren bei vielen Imkern, besonders Wander- und Berufsimkern, nicht gefragt war, lag in der unterschiedlichen Anforderung an die Biene. Viele Carnica-Züchter waren sehr konservative Imker. Sie betrieben die Bienenzucht auf dem Grundstück hinter dem Haus, arbeiteten in relativ kleinen Beuten und wanderten nicht. Sie selektierten unter ihren Verhältnissen eine andere Carnica als die mehr wirtschaftlich eingestellten Wander- und Berufsimker benötigten, die mit großen Beuten arbeiteten und eine ganz andere Betriebsweise hatten. So mußte die Carnica hier zwangsläufig versagen. Heute haben sich die Züchter auch umgestellt. Viele arbeiten mit Magazinen und betreiben eine intensive Wanderung. So hat sich ihr Material im Laufe der Jahre gewandelt.

Eine beste Biene – wie immer gefordert wird – kann es also nicht geben. Es gibt nur eine am besten angepaßte Biene. Daher wird man gut daran tun, sich Material eines bekannten Züchters aus der näheren Umgebung zu beschaffen, der eventuell mit einer der eigenen ähnlichen Betriebsweise arbeitet. Hier ist das Material schon auf die entsprechende Klima- und Trachtlage hin ausgelesen. Ein Bezug von weit her führt meist nicht zum Erfolg. Die Zuchtobleute der einzelnen Landesverbände haben in der Regel einen guten Überblick über das Bienenmaterial in ihrem Verband. Sie nehmen Einblick in die Zucht- und Leistungsunterlagen ihrer anerkannten Züchter und kennen deren Betriebe. Sie können sicherlich bei Bedarf Auskunft darüber erteilen, wo man gutes, geeignetes Zuchtmaterial erhalten kann.

Man kann heute wirklich jedem Imker versprechen, daß er bei Verwendung guten Materials eines anerkannten Züchters auch Erfolg haben wird. An die Auswahl des Zuchtmaterials sollte man jedoch mit Überlegung herangehen und sich zunächst über die eigenen Verhältnisse klar werden.

2. Beschaffung des Zuchtmaterials

Hier gibt es mehrere Möglichkeiten. Entweder man beschafft sich Zuchtstoff, das sind Eistücke oder junge Larven, aus denen man Königinnen heranzieht, oder aber Königinnen, Ableger oder gekörte Völker. Hier hat man die Völker, durch die man dann Zuchtstoff am eigenen Stand hat.

2.1 Eistücke und Larven

Der Versand und die weitere Pflege von Eistücken sind problematisch und nicht unbedingt empfehlenswert. Man wird zu dieser Möglichkeit nur greifen, um von einem weit entfernt wohnenden Züchter Zuchtstoff zu beschaffen. Der Transport von Larven ist wesentlich problemloser. Guten Zuchtstoff von gekörten Völkern kann man in der Regel bei den jährlichen Umlarvveranstaltungen der bienenwissenschaftlichen Institute, der Prüfstände und bei den anerkannten Züchtern erhalten. Die Termine werden rechtzeitig in der Imkerpresse bekanntgegeben. Da hier in großen Mengen Larven abgegeben werden, stellen die Züchter – schon um ihren guten Ruf zu wahren – wirklich gutes Material zur Verfügung. Oftmals wurden von diesen Völkern in den Vorjahren schon Probeserien angesetzt, so daß Eigenschaften und Leistungen der Nachzuchten bekannt sind. Häufig wird auch von mehreren Völkern gleichzeitig Zuchtstoff abgegeben, so daß man bei der Nachzucht nicht alles auf eine Karte zu setzen braucht. Man kennzeichnet die Stopfen mit dem unterschiedlichen Zuchtstoff möglichst farbig. So behält man später den Überblick und kann etwas über die Eignung der unterschiedlichen Gruppen im eigenen Betrieb aussagen. Das Umlarven selbst wird bei diesen Veranstaltungen von erfahrenen Züchtern übernommen. Dort, wo viel Zuchtstoff benötigt wird, z. B. bei größeren Imkervereinen, reisen nach Absprache häufig Züchter an, die den Zuchtstoff in Ablegern mitbringen und am Ort umlarven. Alle diese Aktivitäten dienen der Breitenarbeit und werden oft von den Verbänden gefördert.

2.2 Königinnen und Ableger

Wer alles am eigenen Stand haben möchte, um evtl. die Vermehrung über Ablegerbildung vorzunehmen, wird sich in der Regel Königinnen oder Ableger eines ihm bekannten Züchters beschaffen. Auf jeden Fall soll davon abgeraten werden, nur eine Königin oder einen Ableger zu beschaffen. Besonders bei Königinnen, die auf Landbelegstellen gepaart wurden, müssen wir immer wieder mit Mischpaarungen rechnen. Solche Königinnen dürfen dann nicht für Nachzuchtzwecke herangezogen werden. Diesen Unsicherheitsfaktor schaltet man bei dem Bezug von inselbegatteten oder instrumentell besamten Königinnen aus. Aber auch hier ist dazu zu raten, stets mehrere Königinnen zu beschaffen, zumindest zwei, besser drei oder vier, um im kommenden Jahr, wenn man mit den Eigenschaften und der Entwicklung zufrieden ist, das beste dieser Völker für die Nachzucht auswählen zu können. Das Risiko der Einweiselung wird durch den Bezug von Ablegern weitgehend ausgeschaltet.

Wer einen größeren Stand besitzt und unter eigenen Verhältnissen eine gewisse

Auslese betreiben will, beschafft sich zweckmäßigerweise eine oder zwei Gruppen von Geschwisterköniginnen jeweils gleicher Anpaarung. Das muß er dem Züchter zuvor mitteilen. Jede Gruppe sollte zumindest 5 der 6 Königinnen umfassen. So läßt sich schon im oder spätestens nach dem ersten Leistungsjahr etwas über den Wert der einzelnen Gruppen oder Völker aussagen. Vor allem sollen sie untereinander möglichst ausgeglichen sein. Von dem besten Volk kann dann nachgezogen werden. So hat man schon eine gewisse Selektion getroffen.

2.3 Gekörte Völker

Dort, wo ein großer Bedarf an Zuchtstoff besteht, bei Vereinen oder Großimkern, erscheint es zweckmäßig, ein leistungsgeprüftes, gekörtes Volk zu beschaffen. Es gibt viele Berufsimker, die sich in regelmäßigen Abständen ein solches Volk von einem Züchter kaufen, dessen Material sich schon auf ihren Ständen bewährt hat. Einige Institute und Züchter geben bisweilen gekörte Völker ab, deren Zahl jedoch begrenzt ist. Auf jeden Fall sollte von dieser Möglichkeit nur dann Gebrauch gemacht werden, wenn der Zuchtstoff ausreichend genutzt wird. Ein gekörtes Volk auf einen Stand zu stellen, nur um es zu präsentieren und ohne es züchterisch zu nutzen, ist nicht zu vertreten. Mit dem relativ hoch erscheinenden Kaufpreis sind Mühen und Kosten der Selektion keineswegs gedeckt. Es ist deshalb Verschwendung, wenn der Zuchtstoff nicht genügend genutzt und keine große Breitenwirkung erzielt wird. Zuchtgruppen oder Vereine werden daher nach Beschaffung eines gekörten Volkes Umlarvveranstaltungen durchführen. Über einen Kostenbeitrag kann der Kaufpreis zum Teil wieder hereingeholt werden.

3. Transport des Zuchtstoffs

Die meisten Imker haben selbst kein Volk am Stand, von dem sie nachziehen können. Daher müssen sie sich den Zuchtstoff über eine mehr oder weniger große Entfernung beschaffen.

3.1 Eistücke

Da kommt zunächst der Transport einer bestifteten Wabe oder eines Wabenstückes in Frage. Häufig wird die Ansicht vertreten, daß Stifte relativ unempfindlich sind und der Transport deshalb problemlos sei. Dies trifft jedoch nicht zu. Außerordentlich empfindlich sind junge Eier. Sie leben nur wenige Stunden außerhalb des Bienenvolkes.

(5)
Gleichmäßig bestiftete Wabe. (Foto: JORDAN, Archiv NWDIZ).

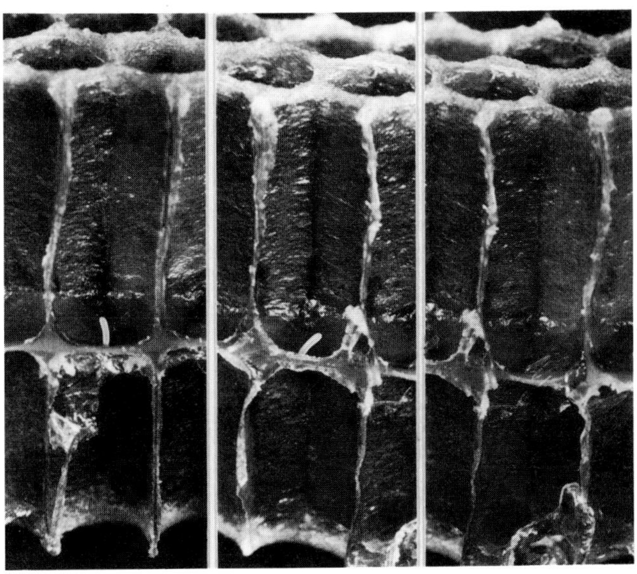

(6)
Links: Stehendes Ei, erster Tag;
Mitte: Schräglage, zweiter Tag;
Rechts: Liegendes Ei, glasig und kaum zu erkennen, kurz vor dem Schlupf der Larve.

Widerstandsfähiger sind sie dann erst nach 1½ Tagen bis kurz vor dem Schlüpftermin. Länger als 3 Tage überleben sie aber auch dann nicht außerhalb des Stockes. Nach WEISS entwickeln sich bei 1 Tag Außenaufenthalt bis zu 100%, nach 2 Tagen Außenaufenthalt bis zu 50% und nach 3 Tagen Außenaufenthalt nur wenige Stifte weiter. Die Temperatur kann dabei auf +15 °C und weniger absinken. Trockene Hitze und Sonnenlicht dagegen wirken sich schädlich aus (5).

Will man bestiftete Waben oder Wabenstücke über etliche Stunden oder per Post transportieren, so müssen die Eier mindestens 1½ Tage alt sein. In der Praxis kann es schwierig sein, das Alter der Eier so genau zu bestimmen. Auf die Stellung des Eis in der Zelle kann man sich dabei nicht verlassen (6). Um genau datierte Stifte zu bekommen, sperrt man die Königin des Zuchtvolkes auf eine schöne, möglichst wenig bebrütete, honigfeuchte Wabe unter Absperrgitter (7). Zur Hauptentwicklungszeit wird sie den entsprechenden Bereich schnell bestiftet haben und kann schon nach wenigen Stunden freigelassen werden. Die Wabe wird mit einem Reißnagel gekennzeichnet und verbleibt noch 1½ bis 2 Tage im gut besetzten Honigraum zwischen Brutwaben im Volk. Sie kann aber auch für diese Zeit in einen Brutschrank bei 35 °C und entsprechender Luftfeuchtigkeit gegeben werden. Hier entwickeln sich die Eier ebenfalls weiter.

Im Alter von 2 Tagen können die Stifte in der Wabe über mehrere Stunden transportiert oder per Post verschickt werden. Für den Versand per Post ist es

(7)
Genau datierten Zuchtstoff erhält man nur, wenn man die Königin auf der Wabe absperrt. Dazu gibt es spezielle Wabentaschen mit Absperrgitter (oben). Gut eignet sich hier aber auch der Aufsteckkäfig (nach SCHLÜTER), wie er zum Zusetzen verwendet wird (unten).

(8)
Zum Transport wird das Eistück in Seiden- oder Fließpapier eingewickelt.

zweckmäßig, ein gut bestiftetes Eistück mit einem in heißem Wasser erwärmten Wellenschliffmesser auszuschneiden. Das Eistück wird in feuchtes Seiden- oder Vließpapier (Küchentücher) eingewickelt (8). Zum Transport gibt man es in eine mit Papier gut ausgepolsterte Papp- oder besser Plastikschachtel (Kühlschrankbox). Der Versand selbst sollte per Eilzustellung erfolgen.

Nach dem Empfang des Eistückes ist dieses umgehend in das vorgesehene Pflege- oder ein anderes Volk zu geben. Um bei der späteren Verwendung des Zuchtstoffes Verwechslungen auszuschließen, darf das Eistück für die Königin des Volkes nicht zugänglich sein. Bei entweiselten Pflegevölkern kann man es also in den Brutraum, bei anderen jedoch nur in den Honigraum geben. Nur allzu leicht werden die fremden Stifte von den Bienen aus dem Volk entfernt. Aus diesem Grund schneidet man das Eistück zweckmäßigerweise in eine Wabe ein und schützt es zur Eingewöhnung für einen Tag mit einem Gitter. Hierzu eignet sich gut das Aufsteck- oder Schlütergitter, das sonst zum Zusetzen von Königinnen verwendet wird. Nach RUTTNER soll ein Eistück immer zwischen zwei Brutwaben gegeben werden, weil sonst die Bienen den Zuchtstoff entfernen.

3.2 Larven in Waben

Problemloser und erfolgreicher sind die Abgabe und der Transport von Zuchtstoff in Form jüngster Larven. Entgegen der allgemeinen Ansicht sind junge Larven recht widerstandsfähig. In einem Ableger mit Bienen läßt sich eine Wabe mit Maden im Umlarvalter von 1–2 Tage ohne Schaden transportieren und halten. Aber auch ohne Bienen kann man eine Zuchtstoffwabe mit jungen Larven fünf bis sechs Stunden außerhalb des Volkes halten. Die Annahme der Larven ist nach WEISS dann ungeschmälert. Auch tiefere Temperaturen schaden nicht. Dagegen können direkte Sonnenbestrahlung und zu große Hitze (z. B. bei in der Sonne abgestelltem Pkw) von Schaden sein. Gegen Austrocknung kann man die Wabe schützen, indem man sie in ein feuchtes Handtuch einschlägt. Auf diese Weise können Waben mit Zuchtstoff ohne Bienen problemlos von einem Stand zum anderen, aber auch über große Entfernungen transportiert werden. Innerhalb von fünf Stunden lassen sich mit einem Pkw große Strecken zurücklegen.

(9)
Zuchtstoff im Alter von ca. 24 Stunden.

3.3 Belarvte Zellen

Dort, wo große Mengen von Larven abgegeben werden, muß mit dem Zuchtstoff sparsam umgegangen werden, und nicht jeder Interessent wird eine Wabe oder ein Wabenstück mit jungen Larven erhalten können. Daher werden Zuchtrahmen mit vorgefertigten Weiselbechern belarvt. Der Transport belarvter Weiselbecher ist ebenfalls möglich. Die Larven werden in den meisten Fällen trocken umgebettet und schwimmen daher nicht mehr im Futtersaft. Hier ist die Gefahr des Austrocknens gegeben. Es hat sich aber in der Praxis gezeigt, daß auch solche frisch belarvten Weiselnäpfchen über 2 Stunden transportiert werden können und dann noch gut angenommen und weitergepflegt werden. Es ist also durchaus möglich, sich bei einem Züchter den Zuchtrahmen mit den Näpfchen belarven zu lassen und ihn anschließend zu Hause dem Pflegevolk einzuhängen (9).

Gut bewährt für die Abgabe und den Transport von Zuchtstoff hat sich auch das Umsteckverfahren nach Jenter (siehe Kapitel Darbietung des Zuchtstoffs). Die sog. Einsteckzellen mit dem Boden und den darauf befindlichen Larven werden aufgenommen und in die Weiselnäpfchen aus Kunststoff umgesteckt. Der Vorteil gegenüber dem trockenen Umlarven liegt darin, daß die Larven mit Futtersaft transportiert werden und daher nicht so schnell austrocknen können. Weiterhin zwingt das Verfahren durch das Absperren der Königin dazu, genau datierten Zuchtstoff zu verwenden. Auf der anderen Seite wird wegen der umfangreichen Technik Zuchtstoff immer nur in begrenztem Umfang abgegeben werden können.

Am sichersten ist der Transport im sog. Vor- oder Anbrütekasten. Dieses Verfahren wird im Kapitel »Aufzuchtverfahren« (7.2) ausführlich beschrieben. Hier wird eine sehr hohe Annahmequote der Zellen erreicht, so daß dieses Verfahren wohl das günstigste für den Transport von Zuchtstoff ist. Es beruht darauf, daß in einem weisel- und brutlosen Volksteil, dem Vorbrüter, die frisch belarvten Zellen sofort in Pflege genommen und weiter mit Futtersaft versorgt werden. Nach langem Transport sollen sich die Bienen im Vorbrüter vor dem Belarven etwa ½ Stunde beruhigen. Zwischen Belarven und Transport des Vorbrüters sollte außerdem eine Zeit von 1–2 Stunden vergehen, damit die Larven in dieser Zeit angenommen werden. Nach 24 Stunden kommen die Zellen zur Endpflege in das Pflegevolk. In der Praxis hat sich dieses

Verfahren seit Jahren bewährt. In Norddeutschland gelangen auf diesem Wege jährlich etliche tausend Larven aus Zuchtvölkern auf die Stände der Imker.

3.4 Vorgebrütete Zellen

Wer nur wenige Völker besitzt, wird nicht bereit sein, für die Nachzucht der benötigten Königinnen den relativ hohen Aufwand mit dem Vorbrütekasten zu betreiben. Hier hat sich ein anderes Verfahren als sehr erfolgreich erwiesen: die Abgabe von vorgebrüteten Zellen.

Belarvte Weiselnäpfchen, die bereits mehrere Stunden vorgebrütet sind und deren Larven im Futtersaft schwimmen, lassen sich ohne Schwierigkeit bis zu 6 Stunden transportieren und werden anschließend auch in den Honigräumen weiselrichtiger Völker weitergepflegt (10). Solche vorgebrüteten Zellen kann man leicht in Vorbrütern oder Startervölkern erzeugen (siehe Aufzuchtverfahren). Den Vorbrütern, die in Pflegestimmung sind, kann man nach zwei bis drei Stunden ohne weiteres die erste

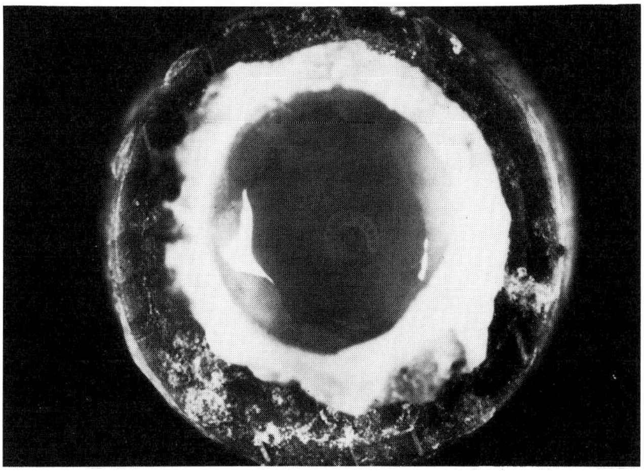

(10)
Vorgebrütete Zelle aus einem Anbrütekasten. Die junge Larve ist gut mit Futtersaft versorgt.

(11)
Styroporblock mit Bohrungen zum Transport vorgebrüteter Zellen.

Serie angenommener Zellen entnehmen und durch neue, frisch belarvte Zellen ersetzen. Meist wird die zweite Serie besser gepflegt als die erste.

Für den Transport der vorgebrüteten Zellen eignen sich kleine Styroporblöcke mit 2 cm tiefen Bohrungen von 17 mm Durchmesser besonders gut (11). In diese Bohrungen steckt man die Zuchtstopfen mit den Zellen. Wärme und Feuchtigkeit werden so während des Transports gut gehalten. Im Honigraum eines jeden starken Volkes werden diese Zellen angenommen und weitergepflegt. Günstig für die Pflege der Zellen ist offene Brut in unmittelbarer Umgebung. Daher gibt man sie zweckmäßigerweise auf offene Brutwaben, die man zuvor in den Honigraum gehängt hat. Vor dem Schlüpfen der Königinnen können dann mit diesen Zellen Ableger gebildet werden. So gehen Volksverjüngung und Verbesserung des Bienenmaterials Hand in Hand.

Dieses zuerst von SCHÖNUNG beschriebene Verfahren wird in Norddeutschland seit Jahren praktiziert. In Vereinen wird über Vorbrüter oder Startervölker eine Vielzahl von vorgebrüteten Zellen erstellt, die dann an Imker mit wenigen Völkern abgegeben werden. So wird eine große Breitenwirkung durch die Verteilung wertvollen Zuchtgutes erzielt.

(12)
Dreispitz nach BAUCKHAGE zur Befestigung von Zellen in Waben. (Foto: SCHUNDAU, Archiv NWDIZ).

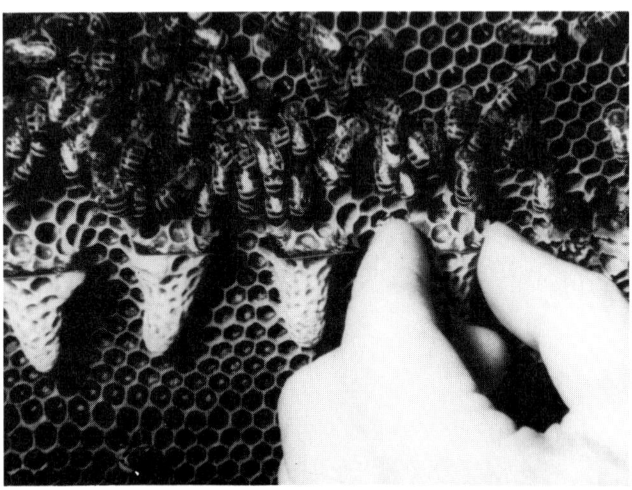

(13)
Angenommene, mit dem Dreispitz auf einer Wabe befestigte Zellen. (Foto: SCHUNDAU, Archiv NWDIZ).

4. Darbietung des Zuchtstoffs

Ausgangsmaterial für die Heranzucht von Königinnen können sowohl Eier als auch junge Larven bis zu einem Höchstalter von 1½ Tagen sein. Die wichtige Entdeckung, daß die Bienen aus einer Arbeiterlarve eine Königin nachschaffen können, wird in der Literatur zum ersten Mal von Nickel Jakob im Jahre 1568 erwähnt. Fast alle heutigen Zuchtverfahren beruhen auf dieser Erkenntnis.

4.1 Bogenschnitt

Das einfachste und wohl älteste Verfahren ist der Bogenschnitt. Man benötigt dazu eine wenig bebrütete Wabe aus dem Zuchtvolk mit eben geschlüpften Larven. Mit einem scharfen, in kochendem Wasser erhitzten Messer führt man einen bogenförmigen Schnitt durch die Wabe. Das untere Wabenstück wird dabei entfernt. Weiter wird empfohlen, an der Schnittkante die Zellen etwas zu kürzen, damit die Bienen diese Zellen leichter aufweiten und zu Weiselbechern umformen können. Weiss rät deshalb dazu, unbebrütete Waben zu verwenden. Mit einem Streichholz wird ein Teil der Larven in den Zellen der Schnittkante ausgequirlt, so daß die später über den Larven errichteten Weiselzellen nicht zusammengebaut werden (13).

(13)
Bogenschnitt – an der Schnittkante haben die Bienen Weiselzellen errichtet.

4.2 Horizontalwabe

Ein ebenfalls einfaches Verfahren ist die Zucht an der Horizontalwabe. Es wurde in den USA entwickelt und in Europa erstmals von Pater Dugat / Frankreich empfohlen. Eine Wabe mit jungen, eben geschlüpften Larven aus dem Zuchtvolk wird im Abstand von 3–4 cm waagerecht über die Waben des Pflegevolkes gelegt. Gut eignet sich für diese Zuchtmethode eine Oberbehandlungsbeute, in deren Deckel eine wabengroße Öffnung geschnitten wurde

Es ist zweckmäßig, die Zellen mit dem Zuchtstoff um ⅓ bis zur Hälfte mit einem in kochendem Wasser erwärmten Messer zu kürzen. Die Bienen können dann leichter die

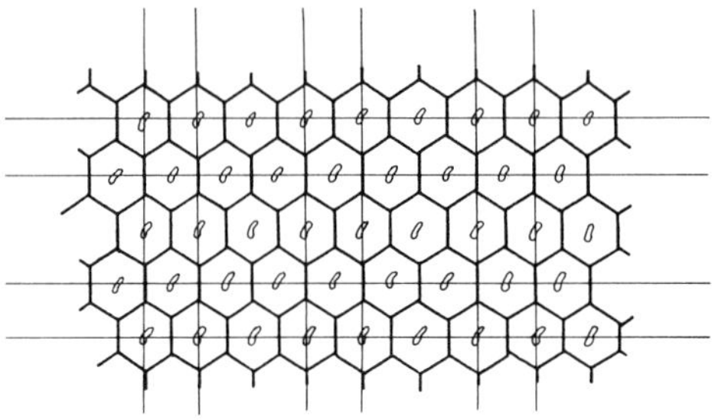

Horizontalwabe

(14)
Jeweils 2 Zellreihen längs und quer werden ausgequirlt.

Zellen zu Weiselnäpfchen umbilden. Weiter werden mit einem Streichholz in Längs- und Querrichtung jeweils zwei Larvenreihen ausgequirlt, so daß am Schluß immer eine Einzelzelle mit Larve frei dasteht (14). Dies ist erforderlich, damit die Bienen die Weiselzellen nicht aneinanderbauen.

Der Bogenschnitt und die Zucht an der Horizontalwabe garantieren nicht, daß nur junge, bis zu 1½ Tage alte Larven in Pflege genommen werden. Häufig und gern errichten die Bienen auch später noch über älteren Larven Weiselzellen. Diese ergeben minderwertige Königinnen (15/16). Außerdem geht man bei beiden Verfahren recht großzügig mit dem wertvollen Zuchtstoff um. Bogenschnitt und Horizontalwabe können somit nicht als optimale Verfahren empfohlen werden. Wegen der leichten Handhabung werden sie trotzdem vom Anfänger angewendet. Der geübte Züchter bevorzugt andere Verfahren.

(15)
Mitte: Königinnen aus 1- bis 3-tägigen Larven. Links: Schwarmkönigin. Rechts: Arbeitsbiene. Die Königinnen aus 2- und besonders aus 3-tägigen Larven weisen mit den Sammelvorrichtungen an den Hinterbeinen schon deutlich auf den Übergang zur Arbeitsbiene hin. Der Durchmesser des Bruststükkes nimmt ab. (Foto: JORDAN, Archiv NWDIZ.)

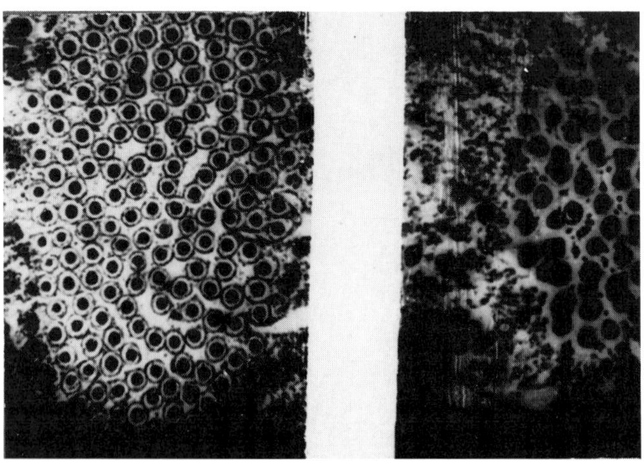

(16)
Schnitt durch das Ovar, links einer voll entwickelten, rechts einer Königin aus dreitägiger Made. Die Zahl der Eischläuche nimmt mit zunehmendem Larvenalter ab. (Links 182 Eischläuche je Ovar, rechts 72). (Foto: JORDAN, Archiv NWDIZ).

4.3 Zellenschneiden

Etwas sparsamer im Umgang mit dem Zuchtstoff und einfacher im Hinblick auf das spätere Verschulen der Zellen ist das Zellenschneiden. Hier werden entweder Zellstreifen oder Einzelzellen geschnitten und eingekürzt. Braucht man nur wenige Zellen, kann auch eine Zellenstanze verwendet werden.

In jedem Fall benötigt man einen Zuchtrahmen. Es handelt sich dabei um ein leeres Rähmchen im Standmaß, das in zwei waagerechten Leisten (Klemm-, Feder- oder Lochleisten) den Zuchtstoff aufnimmt (17). Diese Zuchtlatten sind zur besseren Handhabung beweglich. Entweder sind sie in zwei Nuten der Seitenteile des Zuchtrahmens einschiebbar oder durch zwei Drahtstifte um ihre Längsachse drehbar.

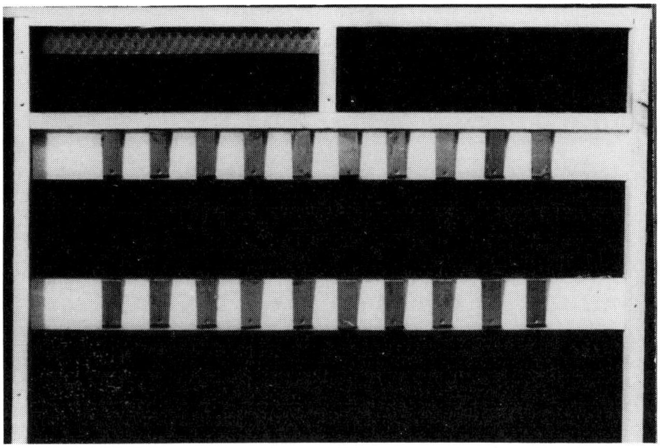

(17)
Zuchtrahmen mit zwei Federleisten. (Foto: JORDAN, Archiv NWDIZ).

Für das Zellenschneiden eignet sich als Zuchtstoff eine wenig bebrütete Wabe mit eben geschlüpften Larven bis zu einem Höchstalter von 1½ Tagen. Diese Wabe legt man auf eine ebene Unterlage und schneidet mit einem in kochendem Wasser erhitzten, scharfen Wellenschliffmesser ein Wabenstück von ca. 5×10 cm heraus (18). Das Wabenstück wird dann in Zellstreifen zerlegt. Diese werden einseitig um ⅓ bis zur

(18)
Aus der Wabe mit dem Zuchtstoff wird ein Wabenstück von ca. 5 cm × 10 cm herausgeschnitten.

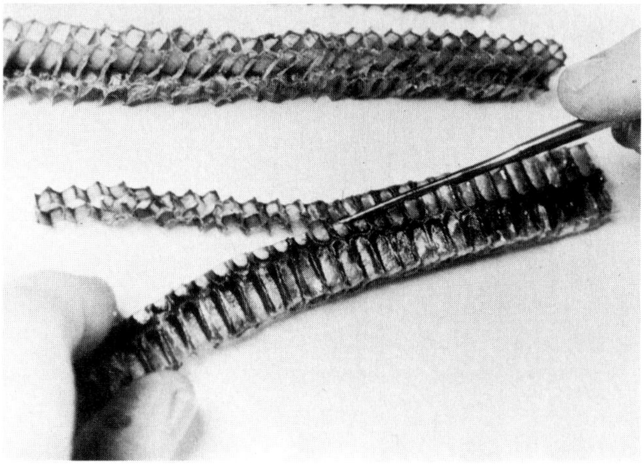

(19)
Das Wabenstück wird in Zellstreifen zerlegt. Die Zellstreifen werden einseitig gekürzt.

Hälfte gekürzt, um später den Pflegebienen die Umgestaltung zu Weiselzellen zu erleichtern (19/20). Die Zellstreifen werden mit ihrer ungekürzten Seite an der Zuchtlatte mit Wachs angelötet. Einfacher ist es jedoch, sie zwischen der Zuchtlatte und einer zweiten Leiste (Klemmleiste), die man mit Gummibändern oder zwei Stahlfedern befestigen kann, einzuklemmen. Weiterhin ist es ratsam, die Larven soweit mit einem Streichholz auszuquirlen, daß nur jede dritte bestehen bleibt. Dadurch wird ein späteres Zusammenbauen der Zellen verhindert.

Schnittschema zum Zellenschneiden (20)

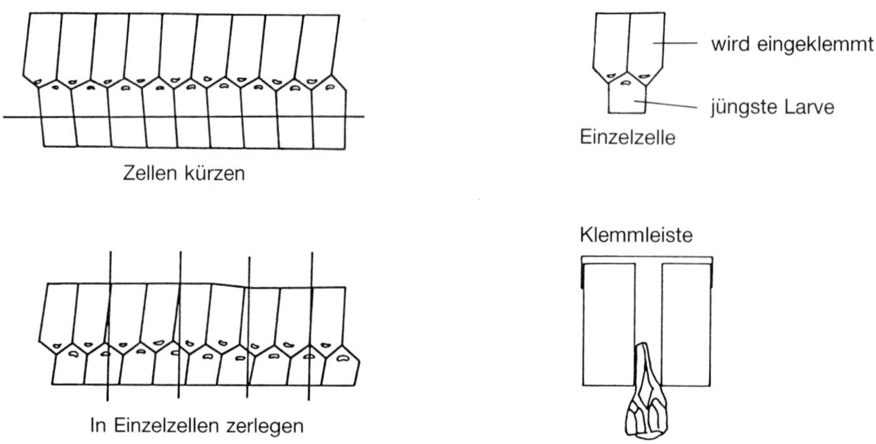

Will man mit Einzelzellen arbeiten, werden die eingekürzten Zellstreifen in Einzelzellen zerlegt (20). Zur Befestigung dieser Einzelzellen gibt es im Handel Klemmstopfen und Federleisten. Klemmstopfen sind gespaltene Holzstopfen, die mit einem Gummiring zusammengehalten werden und in die man die geschnittenen Einzelzellen mit ihrem ungekürzten Ende einklemmen kann (21). Diese Klemmstopfen gibt man in die Lochleisten des Zuchtrahmens.

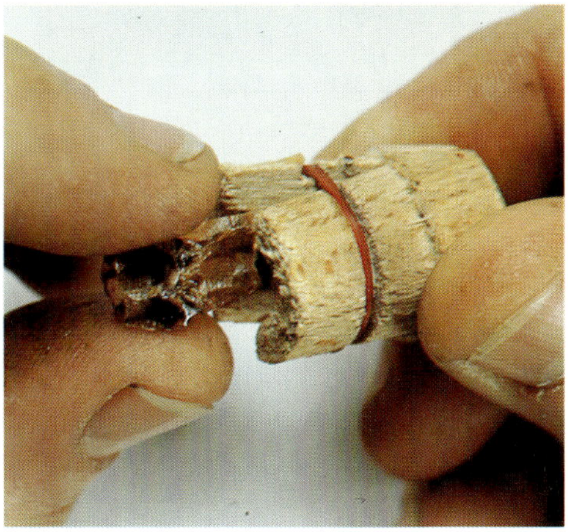

(21) Eine Einzelzelle wird mit ihrem ungekürzten Ende in den Klemmstopfen gegeben.

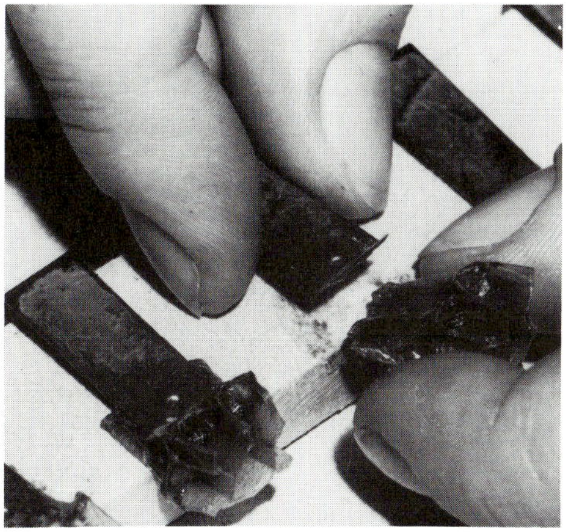

(22) Geschnittene Einzelzellen werden mit ihrem ungekürzten Ende zwischen Holz und Metallfeder eingeklemmt. (Foto: JORDAN, Archiv NWDIZ).

Die Federleisten erfüllen den gleichen Zweck. Es handelt sich dabei um etwa 1 cm breite Stahlfedern, die an den Zuchtlatten angenagelt sind. Die Einzelzellen werden mit ihrem ungekürzten Ende zwischen Holz und Feder eingeklemmt (22).

4.4 Zellenstanzen

Nicht immer findet sich für das Zellenschneiden geeigneter Zuchtstoff in genügender Menge auf einer Wabe. Hier kann man sich mit einer Zellenstanze helfen. Im Handel werden mehrere Fabrikate angeboten. Bewährt hat sich aber nur die Schweizer Zellenstanze. Sie besteht aus zwei gegeneinander federnden Zylinderhälften aus Stahlblech. Man erwärmt sie in heißem Wasser, drückt beide Hälften leicht zusammen und stanzt unter drehender Bewegung die erwünschte Zelle mit dem Zuchtstoff aus. Aus der geöffneten Stanze läßt sich die Zelle leicht und unbeschädigt entnehmen (23). Sie wird über der Larve eingekürzt und, wie zuvor beschrieben, in Klemmstopfen oder an Federn im Zuchtrahmen befestigt.

Bei der Arbeit mit Zellstreifen und Einzelzellen verhindert man im Gegensatz zum Bogenschnittverfahren und zur Zucht an der Horizontalwabe, daß über zu alten Larven

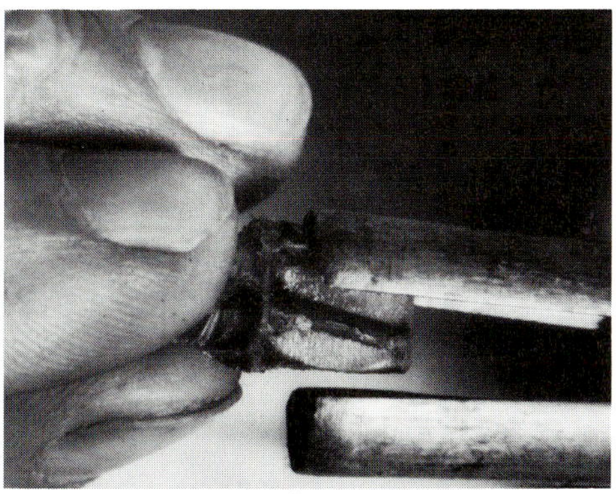

(23)
Aus den beiden gegeneinander federnden Hälften der Stanze läßt sich die Zelle leicht herausnehmen. (Foto: SCHUNDAU, Archiv NWDIZ).

Weiselzellen errichtet werden. Die Versuche von WEISS haben jedoch gezeigt, daß Königinnen, die in umgebildeten Arbeiterzellen aufgezogen werden – wie es bei den zuvor geschilderten Verfahren der Fall ist – optimale Größe und optimales Gewicht nicht erreichen.

4.5 Umlarven

Diesen Nachteil schließt man aus, wenn man die jungen Zuchtlarven in vorgefertigte Weiselnäpfchen überträgt. Man nennt das Umlarven. Das Umlarven ist heute wohl das am weitesten verbreitete Verfahren und wird von den meisten Züchtern angewandt. Erstmals wurde es von dem blinden Schweizer Bienenforscher HUBER (1791) beschrieben. Mit Erfolg wurde es jedoch erst von DOOLITTLE (1889) und WANKLER (1903) durchgeführt.

Zunächst benötigt man dazu künstliche Weiselnäpfchen. Bisweilen wird auch empfohlen, Drohnen-, alte gekürzte Weiselzellen oder Spielnäpfchen zu belarven. Diese Vorschläge sind jedoch für den wirtschaftlich arbeitenden Züchter nicht geeignet.

Für die Herstellung der künstlichen Weiselnäpfchen aus Wachs benötigt man ein Formholz aus Hartholz, das im Fachhandel erhältlich ist (24). Man achte allerdings

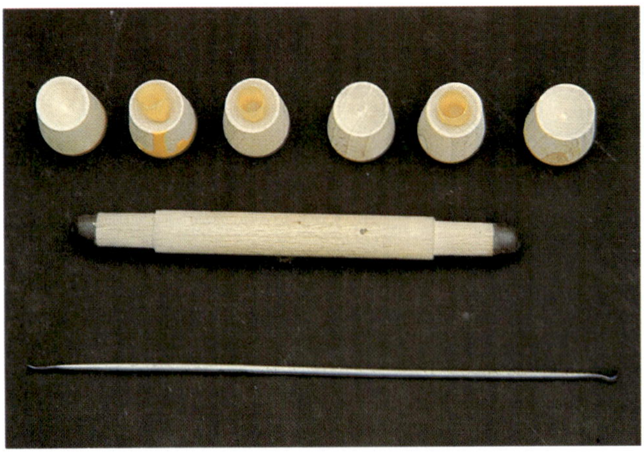

(24)
Wichtige Hilfsmittel: Holz- oder Zuchtstopfen, teilweise mit Wachsnäpfchen versehen; Formholz für die Herstellung von künstlichen Näpfchen mit dunkler Markierung für die Tauchtiefe; Umlarvnadel.

darauf, daß es einen Durchmesser von 9 mm hat und nicht, wie die älteren, nur 8 mm. Die größeren Weiselnäpfchen kommen den natürlichen Verhältnissen näher und ergeben nach WEISS größere Königinnen. Man stellt die Näpfchen aus flüssigem Wachs her. Vielfach wird Jungfernwachs empfohlen. Das ist aber nicht notwendig, anderes reines Wachs (z. B. eine geschmolzene Mittelwand) ist ebenso geeignet. Nur soll es nach BÖTTCHER kein Kittharz enthalten, weil dadurch die Annahme geringer wird. Das Wachs wird zur Herstellung der Näpfchen auf ca. 65–70 °C erwärmt. Ist es kälter, werden die Wandungen der Näpfchen etwas dicker, ist es zu heiß, werden sie sehr dünn. Die Wandungsstärke spielt jedoch für die spätere Annahme keine Rolle. Gut bewährt hat es sich, das Gefäß mit dem Wachs in ein heißes Wasserbad zu stellen. So hält man die Temperatur gut. Das Formholz, das man zuvor etwa ½ Stunde in kaltes Wasser gelegt hat, damit alle Poren geschlossen sind, taucht man zwei bis dreimal etwa 5 mm, ein weiteres Mal nicht ganz so tief, in das flüssige Wachs ein. Die 5 mm Marke ist bei den meisten Formhölzern durch die dunkle Kappe gut erkennbar. Durch das

(26) *Links:* Näpfchen und Stopfen aus Plastik. *Rechts:* Wachsnäpfchen auf Holzstopfen.

(25) Herstellung der Wachsnäpfchen.

Tauchen hat sich auf dem Holz ein Wachshütchen mit etwas stärker ausgeprägtem Boden gebildet, das man nach dem Erkalten unter leichtem Drehen abstreifen kann (25). Am schnellsten arbeitet man abwechselnd mit zwei Formhölzern, von denen jeweils eines im Wasserbehälter abkühlt. Manchmal kommt es vor, daß sich die Näpfchen nicht abziehen lassen. Dann hat sich das Holz nicht genügend voll Wasser gesaugt, so daß das Wachs daran kleben bleibt. Wachsreste lassen sich mit einem Lappen und etwas Spiritus leicht entfernen. Es wird auch empfohlen, das Formholz in eine rohe Kartoffel zu stecken. Der Kartoffelsaft verhindert eine Haftung zwischen Wachs und Holz. Es spielt für die spätere Annahme keine Rolle, ob die Zellen etwas kürzer oder länger sind. Wer es für nötig erachtet, kann aber auch mit einer in heißem Wasser erwärmten Rasierklinge die Zellen am Schluß alle auf die gleiche Höhe bringen. Überhaupt läuft die Herstellung der Näpfchen viel einfacher ab, als es zunächst der Beschreibung nach erscheint. Nach einigen Versuchen hat man die richtige Temperatur des Wachses und die Tauchtiefe heraus. Dort, wo große Mengen von Näpfchen benötigt werden, arbeitet man mit mehreren Formhölzern, die zusammen auf einer Platte befestigt sind und gemeinsam ins Wachs eingetaucht werden.

Die auf diese Weise vorbereiteten Näpfchen kann man lange Zeit aufbewahren. Im Handel befinden sich außerdem künstliche Weiselbecher aus Plastik (26). Auch sie haben sich in der Praxis bewährt.

Die Wachs- oder Kunststoffnäpfchen werden mit flüssigem Wachs an konisch geformten Holz-(Zucht)stopfen befestigt. Sie verfügen über eine Mulde, in die man mit einem kleinen Löffel etwas flüssiges Wachs hineingibt, in das man die künstlichen Weiselnäpfchen eindrückt. Man achte darauf, daß sie trocken sind, damit sie gut festschmelzen. Schneller als mit flüssigem Wachs und Löffel arbeitet man mit einem elektrischen Lötkolben. Man gibt in die Vertiefung des Stopfens ein kleines Stück Mittelwand, erwärmt dieses mit der Spitze des Lötkolbens und stellt das Näpfchen hinein (27). Dies geschieht zweckmäßigerweise mit dem Formholz, damit die Zellen nicht deformiert werden.

Die Holzstopfen mit den Zellen werden mit flüssigem Wachs an die Zuchtlatten geklebt. Schneller arbeitet man jedoch mit Lochleisten, in die hinein die Holzstopfen gesteckt werden. Dabei ist besonders zu beachten, daß sie etwa 2–3 mm durch die

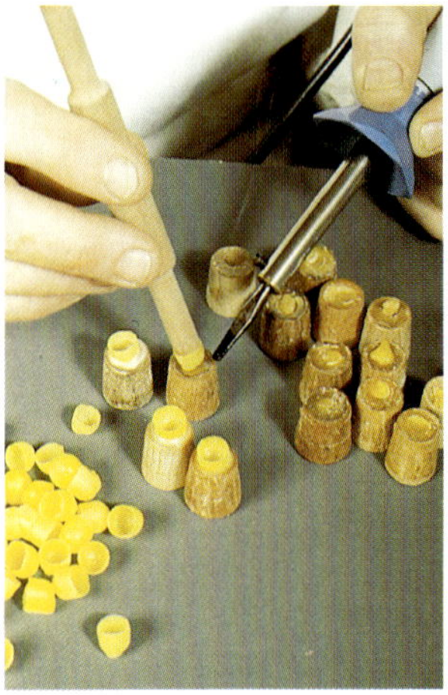

(27) Befestigen der Näpfchen am Zuchtstopfen mit elektrischem Lötkolben.

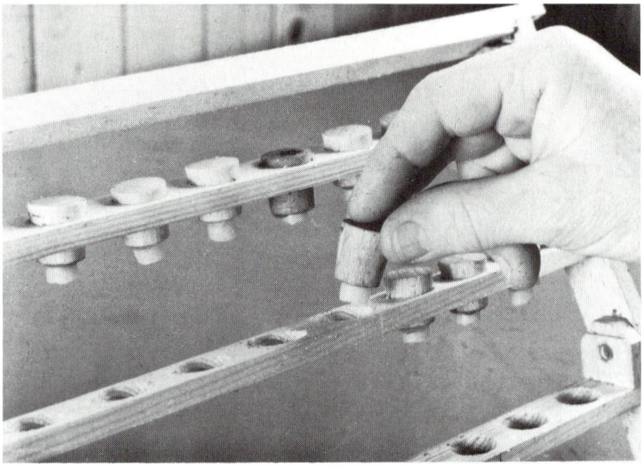

(28) Die belarvten Zellen werden in den Zuchtrahmen gegeben. Beachte: Die Holzstopfen reichen durch die Zuchtlatte hindurch!

Zuchtlatten hindurchreichen (28). Andernfalls werden die Zellen später allzu gern von den Bienen mit den Leisten verbaut.

Für das Umlarven sind gutes Licht, eine ausreichende Sehschärfe und eine ruhige Hand erforderlich. Am besten arbeitet es sich bei Tageslicht unter freiem Himmel. Fehlt dieses, ist eine künstliche Lichtquelle erforderlich, damit man die jungen Larven am Grund der Zellen gut erkennen kann. RUTTNER rät zu einer Stirnlampe (29). Eine gute, verstellbare Schreibtischlampe erfüllt auch ihren Zweck, wenn man sie so ausrichten kann, daß ihr Licht senkrecht in die Zellen fällt. Wo die Sehschärfe zu wünschen übrig läßt, hilft eine Lupe mit etwa 3facher Vergrößerung. Im Handel gibt es solche Lupen, die am Umlarvlöffel im richtigen Abstand befestigt werden können.

Zum Umlarven eignet sich eine bereits bebrütete Wabe am besten. Hier heben sich die winzigen Larven besser ab als von jungem Bau. Hat man nur eine helle Wabe zur Verfügung, legt man ein Stück Zeitung oder dunkles Papier unter. Bei der Auswahl der Larven achte man darauf, daß man wirklich nur sehr junge, bis maximal 1½ Tage alte verwende. Am besten geeignet sind solche, deren Umrisse nur soeben im Futtersaft zu erkennen sind. Larven aus den Randbezirken einer Wabe können schlechter gepflegt und kleiner geblieben sein und sind daher ungeeignet.

Zum Umlarven gibt es verschiedene Geräte. Manche Züchter arbeiten sehr gut mit einem angespitzten Streichholz oder Federkiel. Im Handel befinden sich verschiedene Formen von Umlarvnadeln aus Metall, an deren Ende ein kleiner, etwa 1 mm breiter Löffel ausgebildet ist. Am weitesten verbreitet ist der doppelt gebogene Schweizer Umlarvlöffel, bei dem durch die knieförmige Abwinkelung kein Schatten von der Hand auf die Zelle fällt (31).

Zum Umlarven bewegt man den Umlarvlöffel senkrecht in die Zelle und schiebt den kleinen Löffel so unter den gekrümmten Rücken der jungen Larve, daß diese etwa mittig auf dem Löffel zu liegen kommt und ihre beiden Enden über den Rand hinausragen (30). Das ist besonders wichtig, damit sie sich am Zellboden des künstlichen Weiselnäpfchens gut abstreifen läßt. In der Regel nimmt man etwas Futtersaft mit. Dann rutscht die junge Larve beim Absetzen in das Näpfchen besser vom Löffel.

(30) Larve auf dem Umlarvlöffel. Alter der Larve ca. 24 Stunden.

(29)
Eine Stirnlampe leistet beim Umlarven gute Dienste. (Foto: SCHMIDT, Archiv NWDIZ).

Schwierigkeiten gibt es, wenn man die junge Larve zu weit auf das Löffelchen geschoben hat. Bei den Wachsbechern gelingt das Absetzen der jungen Larven leichter als bei den Kunststoffnäpfchen, da man die Nadel etwas in den Wachsboden drücken kann, so daß die Enden der Larve dann auf dem Zellboden aufliegen.

Früher wurde empfohlen, vor dem Übertragen der Larven etwas Weiselfuttersaft mit Hilfe eines Umlarvspatels in das künstliche Näpfchen zu übertragen und die Larve dort hineinzulegen. Den Futtersaft entnahm man aus bereits in Pflege genommenen Zellen oder Schwarmzellen aus anderen Völkern. Man nennt das »feucht Umlarven«, im Gegensatz zum vorher beschriebenen »trocken Umlarven«. Einige Züchter gehen noch einen Schritt weiter und larven doppelt um. Beim ersten Umlarven verwenden sie keine Larven aus dem Zuchtvolk, sondern solche beliebiger Herkunft. Diese werden von den Bienen im Pflegevolk mit Futtersaft versorgt. Nach einem Tag werden sie gegen Zuchtlarven ausgetauscht.

(31)
Umlarven mit dem knieförmig gebogenen Schweizer Umlarvlöffel.

Weder das feuchte Umlarven noch das doppelte Umlarven ergeben nach WEISS eine bessere Annahme des Zuchtstoffes, noch führen diese Verfahren zu einer höheren Qualität der Königinnen. Sie sind lediglich aufwendiger und daher für die Praxis nicht zu empfehlen.

Bei sorgfältiger Handhabung und Verwendung junger Larven erzielt man mit dem trockenen Umlarven vollwertige Königinnen. Außerdem geht man bei diesem Verfahren außerordentlich sparsam mit dem Zuchtstoff um, weil theoretisch alle Larven geeigneten Alters Verwendung finden können. Daher wird man bei großem Eigenbedarf und Abgabe einer größeren Menge von Zuchtstoff auf dafür angesetzten Veranstaltungen immer das Umlarvverfahren bevorzugen.

4.6 Auswaschen und anschließendes Übertragen der Larven

In neuerer Zeit hat der tschechische Züchter KRAUS eine Variante zur Übertragung der Larven entwickelt. Zunächst benötigt man dazu eine Wabe mit ausreichend Zuchtstoff in geeignetem Alter. Diese Wabe übergießt man mittels einer feindüsigen Zimmergießkanne mit ca. 35 °C warmem Wasser (32a). Durch seitliche kurze Schläge gegen die Wabenschenkel entweicht die Luft aus den Zellen und die Larven schwimmen auf.

(32) Auswaschen und Übertragen der Larven. **a)** Mit einer feindüsigen Gießkanne wird die Wabe übergossen.

b) Die aufgeschwemmten Larven werden auf den Rahmen mit Gaze geschlagen.

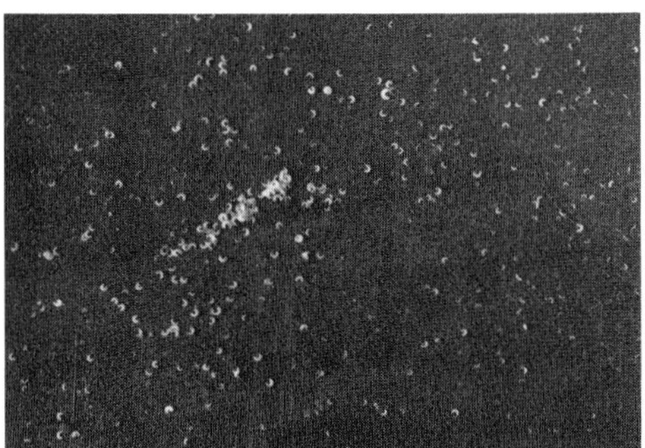

c) Von der dunklen Gaze heben sich die kleinen Larven gut ab.

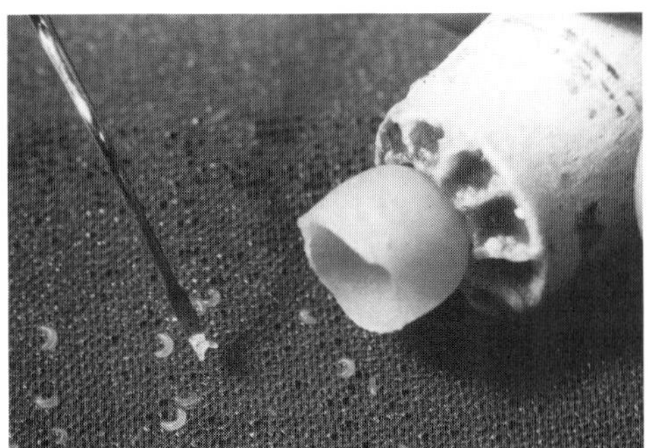

d) Die Larven werden in künstliche Weiselnäpfchen übertragen.

Danach klopft man die Wabe auf einem mit Nylongaze (Damenstrumpf) bespannten Rähmchen aus (32b), so daß die Larven auf dem Gewebe liegen bleiben. Gegenüber dem dunklen Untergrund sind sie gut zu erkennen (32c). Mit einem feinen Haarpinsel, einem Streichholz oder einer Umlarvnadel sind sie leicht in die künstlichen Weiselnäpfchen zu übertragen (32d). Es spielt dabei keine Rolle, ob sie dabei anders herum in die Zelle gelegt werden. Man arbeitet mit diesem Verfahren recht schnell. Auch werden die Larven dabei nicht verletzt.

4.7 Umstecken

Das Umlarven jüngster Maden bereitet besonders älteren Imkern häufig Schwierigkeiten. JENTER* hat in den letzten Jahren ein Verfahren entwickelt, bei dem es möglich ist, aus einer Wabe mit Kunststoffmittelwand den Boden samt der jungen Larve herauszunehmen und in ein Weiselnäpfchen, ebenfalls aus Kunststoff, umzustecken.

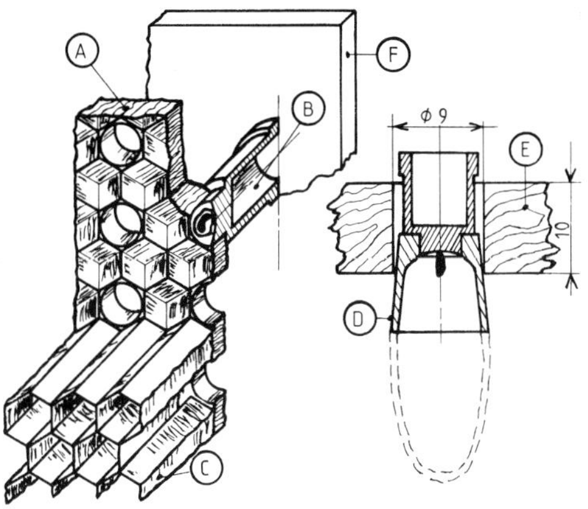

(33) Umstecken (nach JENTER)

A Zuchtwabe aus Plastik
C Von den Bienen ausgebaute Zellen
B Einsteckzellen, herausnehmbar
F Abdeckplatte
E Zuchtlatte (des Zuchtrahmens)
D Weiselnäpfchen (Plastik)

Zunächst benötigt man dazu die komplette Zuchteinrichtung (34a). Sie ist im Imkerfachhandel erhältlich und eignet sich für die üblichen Wabenmaße.

Die Zuchtwabe aus Kunststoff wird in eine möglichst frisch ausgebaute Wabe eingesetzt und in ein Bienenvolk gegeben, um die Zellen ausbauen zu lassen (34b). Der Boden jeder dritten Zelle ist als sog. Einsteckzelle herausnehmbar (34c). Die Zuchtwabe ist nur einseitig verwendbar; von hinten wird sie mit einer Platte abgedeckt, um Wildbau zu verhindern. Im Zuchtvolk wird die so vorbereitete Wabe von der Königin bestiftet. Um genau datierten Zuchtstoff zu bekommen, wird die Königin unter dem mitgelieferten Absperrgitter auf der Zuchtwabe abgesperrt. In wenigen Stunden ist die Eiablage beendet, das Absperrgitter kann wieder abgenommen werden, und die Königin ist frei. Sowie die jungen Larven am 3. Tag geschlüpft sind, werden die Näpfchen mit den Einsteckzellen in die sog. Zellenträger (34d) und dann in eine normale Zuchtlatte gesteckt. Die weitere Verwendung der Zellen ist die gleiche wie bei anderen Verfahren.

Wesentlich einfacher und preiswerter ist ein im Frühjahr 1987 im Fachhandel erschienenes französisches System der Firma Nico** (35). Es beruht auf dem gleichen

* Karl Jenter, Eschenweg 17, 7440 Nürtingen.

** Zu beziehen durch Bernhard Swienty, Hørtoftvej 16, Ragebøl, DK 6400 Sønderborg.

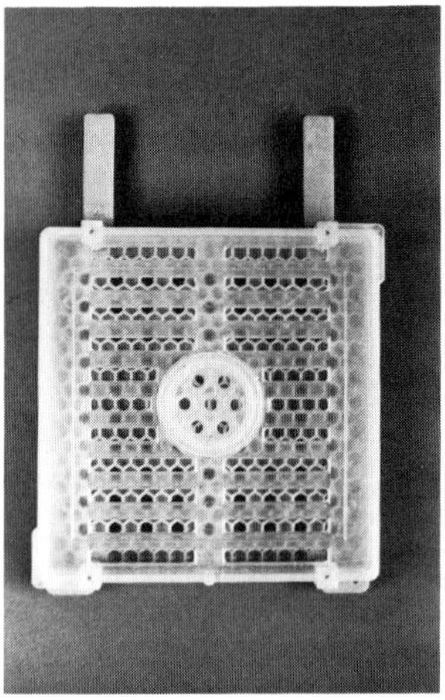

a)

b)

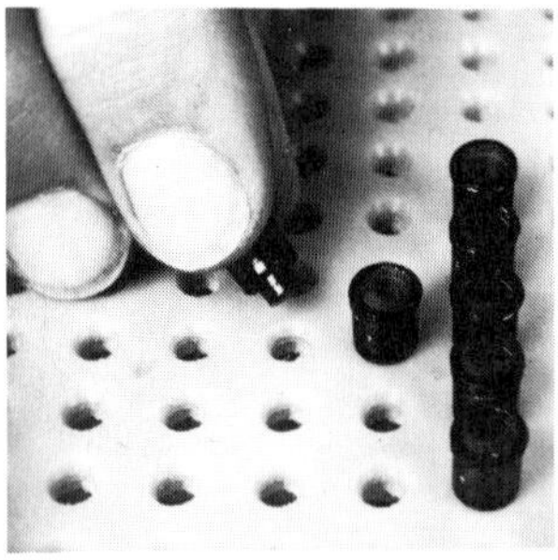

c)

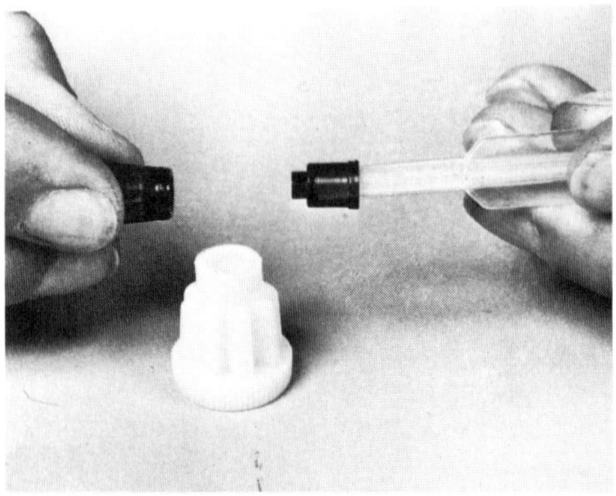

d)

(34) Umsteckverfahren nach Jenter
a) Zuchtwabe aus Kunststoff – hier mit Gitter zum Absperren der Königin.
b) Die Zuchtwabe wird in eine Wabe oder – wie hier – in ein Rähmchen eingesetzt und einem starken Volk zum Ausbauen zugehängt.
c) Nach dem Bestiften und Schlüpfen der Larven wird der Boden jeder dritten Zelle als sog. Einsteckzelle von der Rückseite her entnommen.
d) Die Einsteckzelle wird in ein spezielles Weiselnäpfchen gegeben.

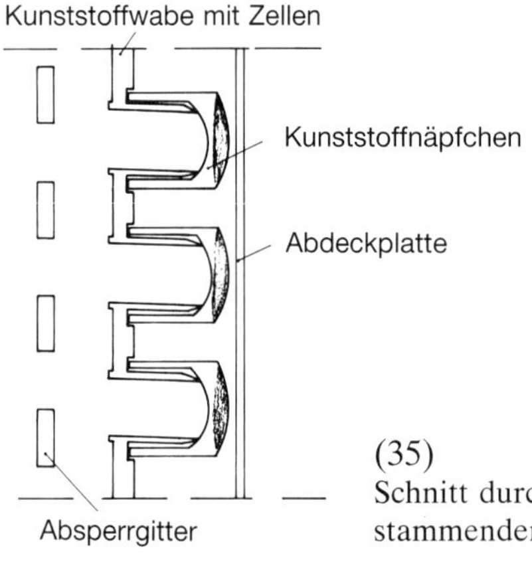

(35)
Schnitt durch die Zuchtwabe bei dem neueren, aus Frankreich stammenden Verfahren.

Grundgedanken wie das JENTER-Verfahren. Dieses System besteht jedoch aus weniger Einzelteilen.

Eine Kunststoffwabe von 14,5×13 cm wird in ein Rähmchen eingesetzt. Nur jede zweite Zelle ist als solche ausgebildet; es fehlt jedoch der Boden. Dafür wird von hinten ein Kunststoffnäpfchen – wie es im Handel erhältlich ist – aufgesteckt. Zum Bestiften der Wabe wird die Königin wie beim JENTER-Verfahren unter einem Plastik-Absperrgitter auf der Zuchtwabe abgesperrt. Futter (Teig) wird in einem speziellen Abteil geboten. Nach dem Bestiften der Zellen und nach dem Schlupf der Larven werden die künstlichen Weiselnäpfchen, auf deren Boden nun die Larven liegen, nach rückwärts abgezogen und auf Holz- oder Kunststoff-Stopfen befestigt.

Beide Verfahren haben gemeinsam, daß als Zuchtstoff junge Larven verwendet werden. Man kann aber auch statt einer Larve ein Ei aus einer Arbeiterzelle zur Königinnenzucht verwenden. Dahinter steht die Vermutung, daß eine Larve, die von Anfang an mit Weiselfuttersaft versorgt wird, eine größere, leistungsfähigere Königin ergibt. Das klingt zunächst überzeugend. Die Schwierigkeit liegt jedoch darin, daß die Bienen eine Larve wesentlich leichter annehmen als ein Ei.

4.8 Zellnester

Einzelzellen mit Stiften werden von den Bienen nicht oder nur ausgesprochen selten gepflegt. Dagegen werden ganze Zellnester relativ gut angenommen. Ein dementsprechendes Verfahren wurde an der Bayer. Landesanstalt in Erlangen von WEISS entwikkelt. Die Wabe mit dem Zuchtstoff muß dafür unbebrütet sein, damit die Bienen später die Zellen leichter umformen können. Das Alter der Eier auf der Wabe spielt keine Rolle. Eier unter 1½ Tagen sind jedoch etwas empfindlich.

Zunächst wird aus der Wabe ein geeignetes Stück mit Stiften in einer Größe von ca. 8×15 cm mit einem erwärmten Messer herausgetrennt. Dieses Wabenstück wird in Streifen zerlegt, die zwei Zellen breit sind. Durch jede dritte Zellreihe ist also ein Schnitt zu führen. In der Länge werden die Zellstreifen durch einen diagonalen Schnitt so aufgeteilt, daß jeweils mindestens 5 unversehrte Einzelzellen in einem Stück zusammenbleiben (36). Diese sog. Zellnester werden mit Wachs an Zuchtstopfen angeklebt oder in einen Klemmstopfen gegeben. Ebenso wie bei den Einzelzellen können auch hier die Zellen um ⅓ bis zur Hälfte ihrer Höhe eingekürzt werden, damit es die Bienen beim Ausziehen leichter haben. Wichtig ist jedoch, daß man nur ein Ei im Zentrum des Nestes beläßt; die übrigen quirlt man mit einem Streichholz aus.

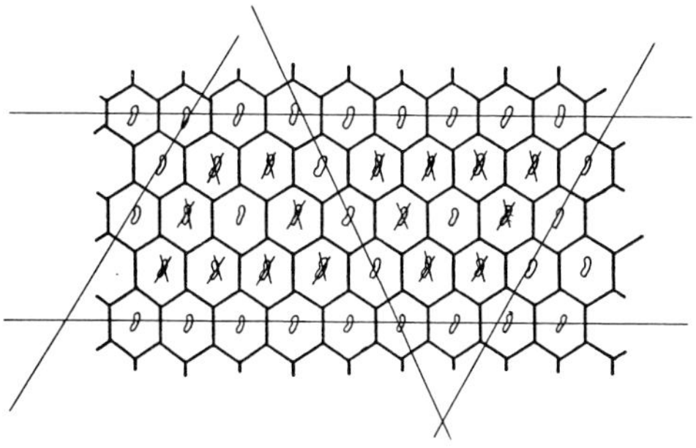

(36) *Zellnester*

Ein Wabenstück wird in Streifen von drei Zellen Breite zerlegt. Durch weitere Schnitte werden rautenförmige Zellgruppen gebildet. Die Eier werden bis auf das in der mittleren Zelle ausgequirlt.

4.9 Eiumbettung

Nicht immer werden bereits über den Eiern Weiselnäpfchen errichtet. Örösi-Pal rät daher zur Eiumbettung. Sein Verfahren unterscheidet sich vom doppelten Umlarven nur darin, daß die Erstlarve nicht gegen eine Zweitlarve, sondern gegen ein Eiplättchen ausgetauscht wird. Das Eiplättchen wird aus dem Boden einer Arbeiterwabe ausgestanzt. Die Eiumbettung gelingt am besten, wenn der Futtersaft in der vorgepflegten Zelle 4–5 mm hoch ist. Das kann etwa 20–24 Stunden nach dem Belarven der Weiselzellen der Fall sein.

Die Wabe mit dem Zuchtstoff muß unbebrütet sein. Die Eier müssen wenigstens 2 Tage alt sein. Ihr Alter erkennt man nicht an ihrem Neigungswinkel in der Zelle. Genau datierten Zuchtstoff erhält man nur, wenn man die Königin des Zuchtvolkes im Honigraum, einem kleinen Seitenabteil oder auf einer Wabe absperrt.

Zur Gewinnung der Eiplättchen wird aus der Zuchtstoffwabe ein Stück herausgetrennt. Die Zellwände dieses Stückes werden beidseitig mit einem kalten, trockenen Messer knapp über der Mittelwand abgeschnitten. Die bestiftete Mittelwand wird auf ein Stück Papier gelegt. Die Zellböden mit dem Ei werden mit einer Eistanze ausgestanzt. Die im Handel befindliche Eistanze hat sich dabei nicht besonders bewährt. Örösi-Pal verwendet einen vorn angeschliffenen Druckbleistift (TK-Stift) (37). Mit diesem kann man den Zellboden mit dem Ei gut ausstanzen (38). Bei Druck auf den Minenhalter öffnet sich die dreiteilige Rosette, dann fällt das Eiplättchen heraus. Dabei soll die Rosette dicht über dem Papier sein, damit sich das abfallende Wachsplättchen nicht umdrehen kann.

Nun werden unter Kreisbewegungen mit einer kleinen Pinzette die Öffnungen der vorgepflegten Weiselzellen erweitert, indem die Ränder leicht nach außen gebogen

◁ (37) Mit dem Druckbleistift werden Eiplättchen ausgestanzt. (Foto: Örösi-Pal, Archiv nwdiz).

(38) Eistück mit ausgestanzten Zellböden. (Foto: Örösi-Pal, Archiv nwdiz). ▷

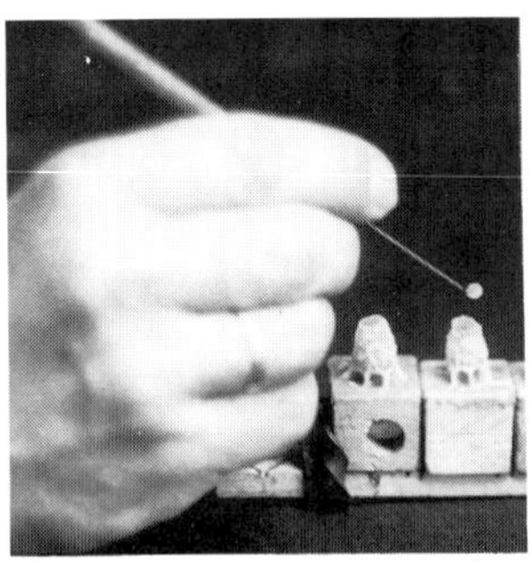

◁ (39) Mit einer stumpfen Nadel wird das Eiplättchen in die Weiselzelle übertragen. (Foto: Örösi-Pal, Archiv nwdiz).

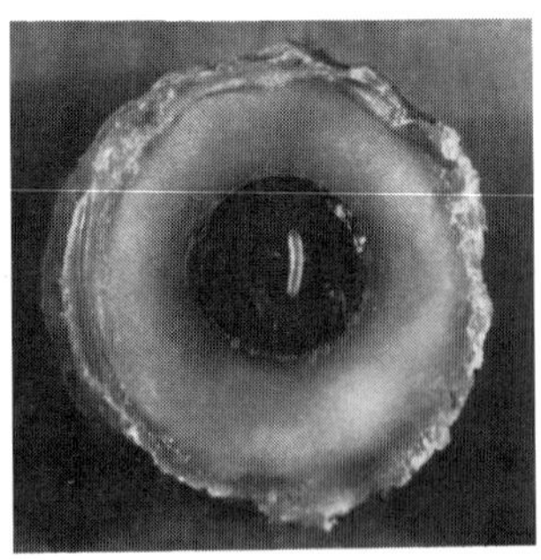

(40) Der ausgestanzte Zellboden mit Ei auf dem Futtersaft der künstlichen Weiselzelle. Die Zellwände wurden vor dem Fotografieren entfernt. (Foto: Örösi-Pal, Archiv nwdiz). ▷

werden. Anschließend werden die Eiplättchen mit der Pinzette oder besser mit einer stumpfen Nadel auf den Futtersaft gelegt, in das Loch, wo sich vorher die mit dem Umlarvlöffel entnommene Larve befand (39). Die Zellränder können mit der Pinzette wieder zurechtgebogen werden. Das machen die Bienen aber ebenso schnell auch selbst. Ist die Zuchtlatte fertig, so schlägt man sie leicht auf die Hand, damit die Plättchen ihre richtige Lage finden (40).

Gegenüber dem zuvor genannten Verfahren mit Zellnestern erfordert die Eiumbettung einen wesentlich größeren Aufwand. Eine zufriedenstellende Annahme ist jedoch nicht immer gewährleistet.

4.10 Gesamtbetrachtung

Es war lange umstritten, ob die Zucht aus der Larve oder die Zucht aus dem Ei die bessere Methode ist. Heute wissen wir aufgrund der Untersuchungen von WEISS, daß Larvenköniginnen den Eiköniginnen weder an Gewicht noch an Größe und Leistungsfähigkeit nachstehen. Der wesentlich höhere Aufwand bei der Zucht aus dem Ei ist somit nicht gerechtfertigt. Wichtig bei der Larvenzucht ist jedoch, daß junge, bis zu 1½ Tage alte Larven Verwendung finden. Zwar entstehen auch noch aus Larven bis zu einem Alter von 3 Tagen Königinnen. Größe, Gewicht und Legeleistung solcher Königinnen sind aber deutlich geringer.

Für die Praxis hat das Umlarvverfahren die größte Bedeutung, da es bei einiger Übung rasch vonstatten geht und man über die ganze Zuchtsaison ohne große Vorbereitung auf den Waben – ob mehrmals bebrütet oder unbebrütet – genügend Zuchtstoff findet. Dabei geht man sparsam mit dem Zuchtstoff um, und das Wabenwerk wird geschont. Nur der Züchter, dessen Sehschärfe nachläßt oder der keine so ruhige Hand mehr hat, wird zu einem anderen Verfahren, z. B. Umstecken, Zellnester, Zellstreifen, Einzelzellen oder Bogenschnitt, greifen.

5. Zuchtzeit und Termine

Ein ganz entscheidender Faktor für die Qualität der erzeugten Königinnen ist die Pflegestimmung des Pflegevolkes. Diese ist abhängig von der Jahreszeit und der Witterung. Nicht zu jeder Zeit ist ein Volk bereit, Weiselzellen zu pflegen. Am günstigsten für die Aufzucht von Königinnen ist die Zeit, in die auch die natürliche Vermehrung der Völker fällt, die Zeit vor dem Schwärmen. In unseren Breiten sind das Mai und erste Junihälfte. Auf jeden Fall sollte mindestens 5 Wochen vor Ansetzen der ersten Zuchtserie gutes Wetter geherrscht haben, damit das Pflegevolk über genügend Jungbienen verfügt. Diesen Zeitpunkt erkennt man auch daran, daß verdeckelte Drohnenbrut vorhanden ist. Zu früh angesetzte Serien werden oftmals nur unzureichend gepflegt oder verkühlen. So ist der Zeitpunkt für den Zuchtbeginn von dem jeweiligen Witterungsverlauf abhängig. In den Alpengebieten und an der Küste kann man erst ca. 14 Tage später mit der Zucht beginnen als z. B. an der Bergstraße.

(41)
Gut gepflegte Zuchtserie. (Foto: JORDAN, Archiv NWDIZ).

Eine kurze Schlechtwetterperiode von einigen Tagen im Mai oder Juni wirkt sich jedoch oftmals positiv auf den Pflegetrieb aus, denn gerade in solchen Zeiten – Schlechtwetterperioden während einer guten Tracht – setzen die Völker häufig Schwarmzellen an. Wenn wir solche Zeiten nutzen und die Zuchtserien dann einhängen, erreichen wir eine gute Pflege.

Eine gute Pflegestimmung in der zweiten Junihälfte oder im Juli zu erreichen, ist nicht immer leicht, da zu diesem Zeitpunkt der Entwicklungshöhepunkt der Völker bereits überschritten ist. Sind keine Drohnen mehr vorhanden oder werden sie schon abgetrieben, lohnt es sich meist nicht mehr, eine Zucht anzusetzen.

Eine gute Tracht, vor allem eine gute Pollenversorgung, vor Ansetzen einer Zuchtserie ist vorteilhaft, damit die Pflegevölker gute Honig- und Pollenvorräte haben. Dagegen kann eine Massentracht – besonders Honigtau (wenig Pollen!) – während der Pflege eine Vernachlässigung der Zuchtserie zur Folge haben. Ganze Zuchtserien werden dann oft nicht weitergepflegt und verbaut (42).

Für die Termingestaltung in der Zucht spielen auch die Paarungszeiten der jungen Königinnen eine Rolle. Etwa 16–18 Tage nach dem Ansetzen der Zucht können die

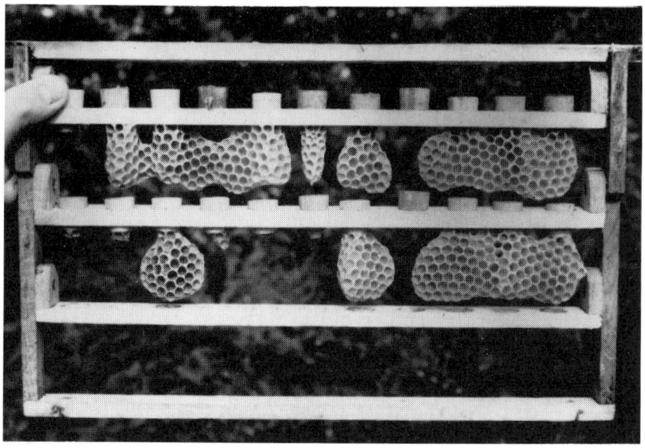

(42) Infolge von Massentracht verbauter Zuchtrahmen.

jungen Königinnen auf Belegstellen geschickt oder zur Begattung aufgestellt werden. Innerhalb der nächsten 14 Tage finden dann die Hochzeitsflüge statt. Die meisten Belegstellen werden nicht vor dem 1. Juni eröffnet. Erfahrungsgemäß herrschen in den ersten zehn Junitagen (1. bis 10. Juni) günstige Paarungsbedingungen (Temperaturen über 20 °C). Nach dem 10. Juni haben wir in vielen Jahren Schlechtwetterperioden von drei bis vier Wochen Länge (Schafskälte), in denen nur an wenigen Tagen Paarungen stattfinden können.

In Serien, die während einer solchen Schlechtwetterperiode auf der Belegstelle stehen, ist das Begattungsergebnis meist geringer, und die Königinnen, die in Eiablage gehen, sind im Durchschnitt auch schlechter und kurzlebiger als solche aus Serien mit gutem Begattungsergebnis. Das ist nicht verwunderlich, da sie nach der ersten Paarung manchmal keine Möglichkeit mehr haben, nochmals auszufliegen, und dann ohne ausreichenden Samenvorrat in Eiablage gehen.

Wesentlich günstiger dagegen sind in unseren Breiten die Paarungsbedingungen wieder ab Anfang Juli. Gerade die zweite Julihälfte als Paarungszeit für die jungen Königinnen wird von den Züchtern noch viel zu wenig genutzt. Hinzu kommt, daß die in dieser Zeit begatteten Königinnen im August relativ gefahrlos in Völker eingeweiselt werden können und zum Spätsommer gut in Brut gehen.

Will man als Züchter die optimalen Paarungszeiten nutzen, empfiehlt es sich, die Zuchtserien entweder um den 15. Mai oder nach dem 15. Juni anzusetzen. Der Züchter jedoch, der viele Königinnen erzeugen will, ist aus wirtschaftlichen Gründen gezwungen, die gesamte Zuchtzeit kontinuierlich auszunutzen.

Man muß wissen, an welchen Tagen die verschiedenen Arbeiten vorzunehmen und wie die Termine festzulegen sind. Manche können verschoben, andere müssen dagegen unbedingt eingehalten werden. Auf jeden Fall muß man vorher genau überlegen, wann man Zeit hat und wann nicht. Das Ausrechnen der Daten läßt sich erleichtern, wenn man auf einen Streifen Karopapier einen Kalender schreibt. Jeder Tag wird in ein Kästchen eingetragen, wobei kein Zwischenraum zwischen den Monaten gelassen werden darf. Zusätzlich fertigt man einen Streifen mit den Terminen an, der am Datumstreifen entlanggeschoben werden kann (43). Am besten klebt man beide Streifen auf Pappe. Mit diesem selbstgefertigten Hilfsmittel kann man auf einen Blick ablesen, an welchem Kalendertag jeder Eingriff fällig wird. Auf dem Terminstreifen

Eingriff		1. Beispiel	2. Beispiel	3. Beispiel	4. Beispiel	5. Beispiel	6. Beispiel	7. Beispiel
Kö. absperren		Mo	Di	Mi	Do	Fr	Sa	So
Eistück		So	Mo	Di	Mi	Do	Fr	Sa
umlarven		Mi	Do	Fr	Sa	So	Mo	Di
käfigen	I	Di	Mi	Do	Fr	Sa	So	Mo
	II	So	Mo	Di	Mi	Do	Fr	Sa
Kö. schlüpfen		Mo	Di	Mi	Do	Fr	Sa	So
Völkchen bilden		Di	Mi	Do	Fr	Sa	So	Mo
Belegstelle		Fr	Sa	So	Mo	Di	Mi	Do
		Sa	So	Mo	Di	Mi	Do	Fr

(44)
Mit Hilfe dieser Tabelle kann man die Arbeiten für bestimmte Wochentage planen. Wenn man z. B. an einem Sonntag umlarven will, müssen an einem Mittwoch die Zellen gekäfigt werden. Diese Tabelle muß entsprechend dem jeweiligen Zuchtverfahren aufgestellt werden.

(43)
Terminplan für die wichtigsten Arbeiten
(Beispiel: Zucht im Volk mit 9 Tage abgesperrter Königin)

sind nur die wichtigsten Termine aufgeführt. Natürlich kann man sich je nach Bedarf noch mehr Eingriffe anmerken. Mit Hilfe der zweiten Tabelle (44) kann man die Arbeiten auf bestimmte Wochentage planen: Wenn man z. B. an einem Sonntag umlarven will, müssen an einem Donnerstag die Zellen gekäfigt werden. Auch diese Tabelle muß nach dem jeweiligen Zuchtverfahren aufgestellt werden. Einen Zuchtplan aufzustellen, ist mit einem Kalender und diesen beiden Tabellen keine Schwierigkeit. Es kommt dann auch nicht mehr so leicht vor, daß man sich verrechnet.

6. Auswahl des Pflegevolkes

Die Aufzucht der Weiselzellen erfolgt in dem sog. Pflegevolk. Es liegt auf der Hand, daß die Qualität der entstehenden Königinnen ganz erheblich von der richtigen Pflege der Maden abhängt. Dabei muß gesehen werden, daß nicht jedes Volk für die Aufzucht einer Zuchtserie geeignet ist. Ein Pflegevolk muß bestimmte Voraussetzungen erfüllen und darüber hinaus eine gute Pflegestimmung aufweisen. Gerade das letztere läßt sich nicht immer erreichen und ist z. T. von Faktoren abhängig, die wir nicht oder kaum beeinflussen können.

Eine der Grundvoraussetzungen für ein Pflegevolk ist seine Gesundheit. Es muß frei sein von Milbenseuche und Faulbrut; auch Nosema sollte nicht vorhanden sein. Zum einen wäre die Vitalität des Volkes und somit die Pflege der Königinnen stark eingeschränkt, zum anderen bestünde die Gefahr einer weiteren Verschleppung der Seuche sowie der Infektion der jungen Königinnen (Folge: frühzeitiges Umweiseln der Völker).

Das Pflegevolk muß stark sein und genügend Ammenbienen haben, damit die Königinnenlarven gut mit Futter versorgt werden. Viele Bienen auf engstem Raum sind das Erfolgsrezept für Pflegevölker. Schwache Völker oder solche mit vorwiegend Altbienen sind für die Pflege nicht geeignet. Ein für die Pflege vorgesehenes Volk sollte auf jeden Fall zwei Räume mit je 10 NM-Waben gut besetzen und über mindestens zehn Brutwaben verfügen. Es ist ratsam, bereits im Herbst durch Vereinigung mit Ablegern Pflegevölker vorzubereiten. Aber auch durch Reizfütterung im Frühjahr (täglich ¼ bis ½ l flüssig) erreicht man viel.

Überhaupt sind Reizfütterungen bei Pflegevölkern zu empfehlen, insbesondere dann, wenn die Tracht zu wünschen übrig läßt. Eine Grundvoraussetzung für ein Pflegevolk ist ein guter Futter- und vor allem Pollenvorrat. Viele Züchter wandern deshalb mit ihren vorgesehenen Pflegevölkern Spättrachten an.

Man ist sich in Fachkreisen nicht einig, ob ein Pflegevolk in Schwarmstimmung sein muß (45). Wir konnten immer wieder feststellen, daß Völker in aufsteigender Entwick-

(45) Im Volk angesetzte Schwarmzellen

lung eher zur Pflege von Weiselzellen zu bewegen sind als solche, die bereits in Schwarmstimmung sind oder ihren Entwicklungshöhepunkt überschritten haben. Völker mit alten Königinnen eignen sich für die Pflege besser als solche mit jungen Königinnen.

Ob ein Volk viele oder wenige Königinnen aufzieht, ist außerdem genetisch, also vom Erbgut her bestimmt. Bienen, die über viele Generationen auf Schwarmträgheit ausgelesen sind, werden natürlich weniger bereit sein, viele Königinnen aufzuziehen, als solche Bienen, die auf Schwärmen hin ausgelesen sind, wie z. B. die Heidebienen oder die Krainer Bienen in den engen Bauernstöcken. In der Regel eignen sich Reinzuchtvölker mit Insel-begatteten oder instrumentell besamten Königinnen weniger, dagegen sind vitale Wirtschaftsvölker mit standbegatteten Königinnen häufig gute Pfleger. In einigen Zuchtbetrieben wird mit Heidevölkern gearbeitet, die man extra für diesen Zweck im Herbst als nackte Völker beschafft und zum Frühjahr entsprechend aufbaut. Solche Völker sind aber außerordentlich stechlustig, was die Zuchtarbeiten sehr erschwert, so daß von dieser Möglichkeit abgeraten wird.

7. Aufzuchtverfahren

Im Laufe der Jahre wurde von den Züchtern eine Vielzahl von Aufzuchtmethoden entwickelt. Fast jeder bedeutende Züchter hat sein eigenes Verfahren. Dabei muß gesagt werden, daß früher vieles umständlicher und mit mehr Beiwerk durchgeführt wurde, als es heute üblich ist.

Bei der Wahl des Aufzuchtverfahrens spielen viele Faktoren eine Rolle. An erster Stelle steht dabei die Anzahl der zu erzeugenden Königinnen. Einen nicht unbedeutenden Einfluß hat aber auch die Betriebsweise. Weitere Faktoren sind die Verfügbarkeit des Zuchtstoffs, die Jahreszeit und die klimatische Lage, in der der Züchter arbeitet. Gerade dieser letzte Punkt wird häufig zu wenig beachtet. In warmen und milden Regionen läuft alles sehr viel problemloser als in ungünstigen Lagen.

Im folgenden sollen vier bewährte Aufzuchtverfahren beschrieben werden, die der einzelne Züchter mehr oder weniger für seine speziellen Bedürfnisse modifizieren kann.

7.1 Zucht im Pflegevolk mit 9 Tage gesperrter Königin

Dieses Verfahren ist besonders dort geeignet, wo in Blätterbeuten gearbeitet wird. Es beruht darauf, die Königin neun Tage vor Zuchtbeginn abzusperren, um sie dann

(46) *Zucht im Volk mit 9 Tage abgesperrter Königin*

I

Auswahl eines gesunden starken Volkes als Pflegevolk

II

Vorbereiten des Pflegevolkes 9 Tage vor Zuchtbeginn

1. Der Honigraum wird leergeräumt.
2. Die Königin gelangt mit 1 Brutwabe und 4 Leerwaben in den Honigraum.
3. Der restliche, freie Raum wird mit einem Schied abgesperrt.

III

Entweiseln des Volkes

1. Die Königin kommt mit den Waben aus dem Honigraum in einen Ableger.
2. Der Honigraum wird abgesperrt.
3. Im Brutraum werden alle Weiselzellen entfernt.
4. Im Brutraum wird eine Wabengasse gebildet.

IV

Einhängen der Zuchtserie

1. Der Zuchtrahmen mit dem Zuchtstoff wird gegeben.
2. Bei fehlender Tracht wird gefüttert.

☐ Leer-/Futterwaben
☒ offene Brutwaben
■ verdeckelte Brutwaben

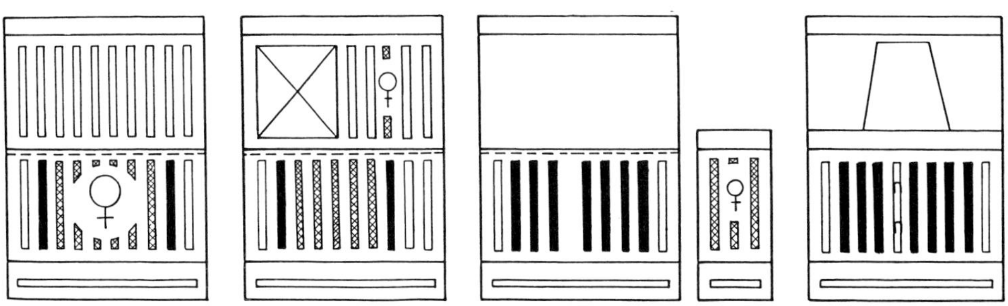

(48) Wichtig! Absperrgitter vor dem Flugloch.

(47)
Im Honigraum einer Blätterbeute wird die Königin auf fünf Waben abgesperrt.

unmittelbar vor der Zuchtstoffgabe mit der offenen Brut ganz zu entfernen. So ist das Pflegevolk gezwungen, über dem gereichten Zuchtstoff Weiselzellen zu errichten.

Das zum Pflegen vorgesehene Volk soll Brut- und Honigraum gut besetzen. Neun Tage vor Zuchtbeginn sucht man die Königin und setzt sie mit der Brutwabe, auf der sie sich befindet, zunächst seitlich auf den Wabenbock. Dann wird der Honigraum leergeräumt, die Bienen fegt man in den Brutraum. Anschließend gibt man die Brutwabe mit der Königin vom Wabenbock in den Honigraum und rechts und links daneben je zwei Leerwaben, so daß sich im Honigraum fünf Waben befinden (47). Der restliche Raum wird mit einem Schied abgesperrt. Das Honigraumflugloch bleibt geschlossen. Vor das Flugloch im Brutraum gibt man ein Absperrgitter, damit keine fremde Königin zufliegen kann (48). Man achte aber ständig darauf, daß dieses Gitter nicht mit Drohnen verstopft wird. Wenn das Pflegevolk im Stapel mit anderen Völkern steht, ist weiterhin zu empfehlen, den Fluglochbereich mit Blenden gegen ein Überlaufen der Pflegevolkbienen in andere Völker abzuschirmen.

Neun Tage später ist sämtliche Brut im Brutraum verdeckelt. Jetzt ist die Zeit gekommen, das Pflegevolk zu entweiseln. Zunächst wird der Brutraum auf evtl. angesetzte Nachschaffungszellen durchgesehen. Sind solche vorhanden, was sehr selten der Fall ist, so bricht man diese aus. Eine möglichst brutleere Wabe aus dem Brutraum wird entnommen. Statt dessen gibt man eine Wabe mit ein- bis eineinhalbtägigen Maden und den anhängenden Bienen aus dem Honigraum (jedoch ohne Königin!) nach unten in den Brutraum. Diese Wabe wird mit einem Reißnagel gekennzeichnet und kommt in die Mitte des Brutnestes.

Die Königin gibt man mit einer Brutwabe in einen Ablegerkasten. Der Ableger wird mit Bienen aus anderen Völkern verstärkt (im Mai/Juni ohne Risiko). Keineswegs

(49)
Angenommene Weiselzellen nach 24-stündiger Pflege. (Foto: WEHLAU, Archiv NWDIZ).

(50)
Weiselzelle etwa 1 Tag vor dem Verdeckeln. Die Zelle rechts daneben wurde nicht in Pflege genommen. (Foto: WEHLAU, Archiv NWDIZ).

verwende man dazu die Ammenbienen aus dem Honigraum. Sie werden für die Pflege der Weiselzellen im Pflegevolk benötigt und sind deshalb in den Brutraum abzufegen. Die anfallenden Brutwaben kann man ohne Bienen mit in den Ableger geben oder auf die Honigräume anderer Völker verteilen, die eine solche Mehrbelastung vertragen. Anschließend wird der Honigraum des Pflegevolkes abgedeckt.

Nach Ablauf von mindestens sechs Stunden, besser aber am nächsten Tag, wird dann der Zuchtrahmen mit dem Zuchtstoff gegeben. Nach welcher Methode das Zuchtgut gegeben wird, ob Bogenschnitt, Zellschneiden oder Umlarven, spielt nur eine untergeordnete Rolle. Die gekennzeichnete Wabe mit den ein- bis eineinhalbtägigen Larven, die vorher aus dem Honigraum in den Brutraum gegeben wurde, wird nun wieder entnommen, und die anhängenden Bienen werden in das Volk gefegt. Diese Wabe gibt man einem anderen Volk in den Honigraum, nachdem man die Nachschaffungszellen entfernt hat. An den Platz der entnommenen Brutwabe, in der Mitte des Pflegevolkes, wird der vorbereitete Zuchtrahmen mit 20–25 Zellen oder die Bogenschnittwabe eingehängt. Anschließend füttert man das Volk sofort mit verdünntem Honig. Gut eignet sich dazu ein Futtereimer. Das Füttern wird bis zum Verdeckeln der Zellen (4 bis 5 Tage) fortgesetzt.

Zwölf Stunden nach dem Einhängen des Zuchtstoffs wird die Zahl der angesetzten Weiselzellen kontrolliert (49). Sind fünfzehn bis zwanzig Zellen angenommen, ist das ein zufriedenstellendes Ergebnis, denn die geringe Anzahl der Zellen kommt den Weisellarven durch bessere Pflege zugute, und es entstehen kräftige, große Königinnen.

Die Zellen bleiben bei diesem Verfahren bis zum Verschulen bzw. bis zum Schlüpfen im Pflegevolk. Anschließend wird dieses Volk zum Füllen der Begattungskästchen aufgeteilt.

Dieses Zuchtverfahren hat sich besonders dort als geeignet erwiesen und ist zu empfehlen, wo jährlich nur wenige Königinnen benötigt werden, wo man also mit ein oder zwei Zuchtserien und dementsprechend mit ein oder zwei Pflegevölkern auskommt. Der Vorteil des Verfahrens liegt darin, daß die Zellen vom Anfang bis zum Verdeckeln kontinuierlich mit Futtersaft versorgt werden und nicht – wie bei der getrennten Pflege im Starter und Finisher – ein Futterstop beim Umhängen eintreten kann.

Da das Pflegevolk bei diesem Verfahren für die Füllung der Begattungskästchen aufgeteilt wird und die jungen Königinnen dann weiterhin von ihren Pflegebienen umgeben sind, entstehen sehr harmonische Begattungsvölkchen, die ein gutes Paarungsergebnis erwarten lassen.

Besonders in den Anfängen der künstlichen Weiselzucht wurde empfohlen, die Königin schon neun Tage vor Zuchtbeginn zu entfernen. Das war das klassische Zuchtverfahren der »Zucht im weisellosen Volk«. Der Nachteil dieser Methode bestand darin, daß das Pflegevolk seine Kraft zunächst auf die Pflege wilder Nachschaffungszellen verschwendete. Diese Zellen wurden dann nach neun Tagen, vor der eigentlichen Zuchtstoffgabe, ausgebrochen. So war die erste Pflegestimmung schon vorüber. Außerdem wird in einem Volk ohne offene Brut nur vermindert Futtersaft produziert.

Bei dem zuerst beschriebenen Verfahren, bei dem die Königin lediglich neun Tage vorher abgesperrt wird, hat das Volk ständig jüngste Brut zu versorgen. Dadurch, daß zunächst eine Brutwabe mit jungen Larven an die Stelle gegeben wird, wohin später der Zuchtstoff gelangt, ist gewährleistet, daß dieser gut mit Ammenbienen belagert und ausreichend mit Futtersaft versorgt wird.

7.2 Zucht über den Vorbrütekasten

Für den Transport von Zuchtstoff eignet sich das Zuchtverfahren über den sog. An- oder Vorbrütekasten am besten. Es ist wirtschaftlich, da man damit sicher arbeitet und einen verhältnismäßig hohen Prozentsatz angenommener Zellen erzielt. Es beruht darauf, außerhalb des Pflegevolkes in dem Anbrütekasten einen weisellosen Volksteil zu schaffen, dem man die Zellen mit dem Zuchtstoff für die erste Pflege übergibt. Nach

(51) *Vorbrütekasten*

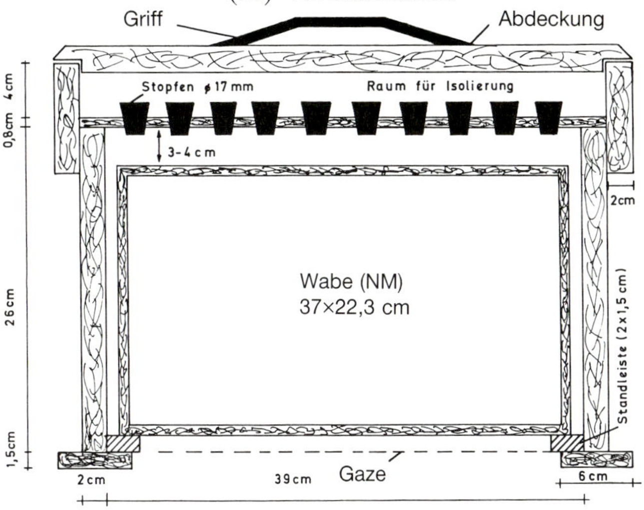

Bauskizze (Längsschnitt)-(Maße für Normalmaß)

(52) Vorbrütekästen nach FISCHLEIN. Die Zuchtstopfen sind teilweise farbig markiert.

24 Stunden bringt man dann die angenommenen Weiselzellen mit den Pflegebienen in das vorbereitete Pflegevolk, in dem sie bis zum Schlüpfen verbleiben.

Zunächst benötigt man einen Vorbrütekasten. Er läßt sich einfach aus ca. 2 cm starken Brettern herstellen. Ebenso geeignet ist wasserfeste Spanplatte. Aber auch ein Ablegerkasten ist mit wenigen Handgriffen zu einem Vorbrütekasten umzubauen. Maße und Aufbau sind aus der beigefügten Zeichnung und den Photos zu ersehen (51/52). Der Anbrütekasten soll drei, besser vier oder fünf Waben im Standmaß fassen. Für eine feste Abstandsregelung der Waben und eine Lüftung vom Boden oder von der Stirnseite her ist zu sorgen. Am einfachsten ist es, den Boden mit einer weitmaschigen, verzinkten Gaze zu benageln (52). Allerdings soll der Kasten dann auf zwei Leisten stehen, damit ständig von unten her eine Luftzufuhr möglich ist und die Bienen bei der dichten Besetzung nicht verbrausen.

Die Abdeckung nach oben erfolgt mit einer ca. 8 mm starken Sperrholzplatte, in der sich die Löcher für die Zuchtstopfen befinden. Es können je nach Anzahl der Waben 36 bis 60 Bohrungen von 17 mm Durchmesser sein. Es eignen sich auch gut die käuflichen Zuchtlatten, die man als Abdeckung nebeneinander legen kann (52). Zwischen Waben und Deckbrett soll ein lichter Abstand von 3 bis 4 cm bleiben, damit sich die Bienen unter den Näpfchen gut sammeln und diese weiter ausziehen können. Über der Abdeckung sollte noch Raum zur Aufnahme einer Isolierschicht (Wellpappkissen, Styropor- oder Schaumgummimatte) zum Halten der Brutwärme vorhanden sein. Das Ganze kann man mit einem Holzdeckel verschließen. Zweckmäßig ist auch ein Handgriff oder ein Tragegurt.

Das als Pflegevolk vorgesehene Volk soll stark, vital und gesund sein. Im übrigen gilt das unter »Auswahl des Pflegevolkes« Gesagte. Vier bis fünf Stunden vor dem eigentlichen Umlarvtermin wird der Anbrütekasten gefüllt. Der Brutkörper des für die Pflege vorgesehenen Volkes wird auf den Wabenbock gestellt und nach der Königin durchgesehen. Die Wabe mit der Stockmutter kommt zurück in die Beute. Sind die

(53) *Zucht über den Vorbrütekasten*

I

Vorbereitung des Vorbrüters

1. Auswahl eines gesunden starken Volkes als Pflegevolk.
2. Von 6–8 Waben werden die Jungbienen in den Vorbrütekasten gefegt. (Achtung! Königin bleibt im Volk). Der Vorbrüter soll zu ⅓ mit Bienen (lose Masse) gefüllt sein.

II

Belarven des Vorbrüters und erste Pflege der Zellen.

1. Der mit Wasser-, Pollen- und Futterwabe gefüllte Vorbrütekasten wird nach Eintreten der Weiselunruhe belarvt.
Die Larven bleiben zur ersten Pflege 24 Stunden im Vorbrüter.

III

Endpflege der Zellen im Pflegevolk.

1. Drei bis vier Waben mit offener Brut werden in den Honigraum gehängt.
2. Zwischen die offene Brut werden die vorgepflegten Zellen (max. 20 Stück) gegeben.
3. Bei fehlender Tracht wird gefüttert.

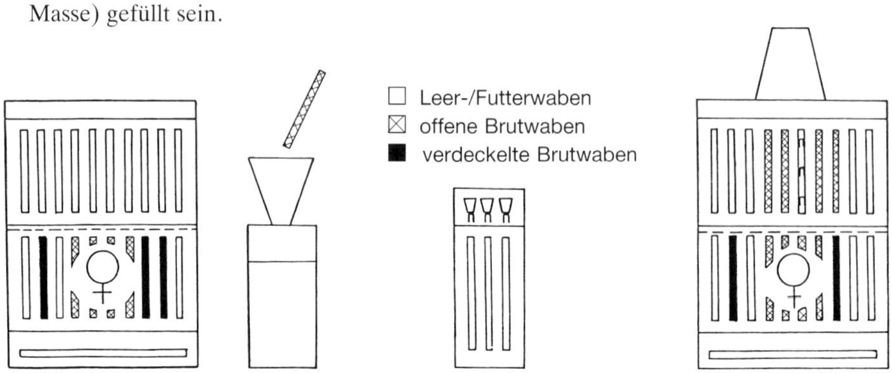

meisten Flugbienen von den Waben abgeflogen, fegt man von acht bis zehn Brutwaben mit offener Brut (je nach Größe des Vorbrüters) die Bienen in den Anbrütekasten (54). Dieser soll gut bis zur Hälfte gefüllt sein. Gerade eine ausreichende Anzahl von Ammenbienen ist für die Annahme und gute Pflege von ausschlaggebender Bedeutung. Aus Erfahrung kann vor einer ungenügenden Besetzung nicht eindringlich genug gewarnt werden. Bei Umlarvtagen erlebt man es immer wieder, daß Imker mit mangelhaft gefüllten Vorbrütern erscheinen. Die Annahme und Pflege sind dann natürlich entsprechend gering und damit ist die ganze vorbereitende Arbeit umsonst. Selbstverständlich darf die Königin unter keinen Umständen mit in den Vorbrüter gelangen. Zu viele Flugbienen im Vorbrüter stiften Unruhe und sind für die Pflege der Zellen nutzlos. Daher wird vor allem auf Jungbienen geachtet. Die abgefegten Waben kommen zurück in die Beute.

Zu den Bienen im Vorbrüter gibt man Futterwaben mit einer ausreichenden Menge von Honig und Pollen, der nicht fehlen darf. Dazu kommt eine Wasserwabe. Diese gewinnt man, indem man Wasser auf eine Wabenfläche gießt; durch Klopfen an den Wabenschenkeln entweicht die Luft, und die Zellen füllen sich mit Wasser. Man achte peinlich darauf, daß die zugehängten Waben weder Stifte noch Brut enthalten. Anderenfalls könnten die Bienen über offener Brut unerwünschte Weiselzellen errichten und so die Annahme des gebotenen Zuchtstoffes verweigern. Außerdem soll dadurch erreicht werden, daß nur an einer Stelle Brutwärme erzeugt wird, nicht etwa noch über verdeckelter Brut in der unteren Hälfte des Vorbrüters. Hat man sich davon überzeugt, daß die Waben fest stehen und sich während des Transportes nicht bewegen können, deckt man den Kasten mit dem Einsatz, der die Zuchtstopfen enthält, ab. Will

(55)
Die letzten Bienen werden in den Vorbrüter gefegt. Anschließend wird er mit dem Einsatz für die Zuchtstopfen abgedeckt.

(54)
Zum Füllen des Vorbrüters eignet sich ein aufsetzbarer Blechtrichter besonders gut. Mit einer Feder werden die Bienen von Brutwaben abgefegt.

man umlarven, müssen die Zuchtstopfen mit Weiselbechern aus Wachs oder Kunststoff versehen sein. Will man geschnittene Zellen geben, verwendet man Klemmstopfen. Anschließend deckt man den Vorbrütekasten mit der Isoliermatte und dem Deckel ab. Für drei bis vier Stunden kommt er nun an einen kühlen Ort. Nach dieser Wartezeit fühlen sich die Bienen weisellos und heulen.

Auf dem Stand mit dem Zuchtvolk wird umgelarvt. Der Zuchtstoff kann aber auch in anderer Form gegeben werden. Will man von mehreren Völkern Zuchtstoff entnehmen, empfiehlt es sich, die Stopfen farbig zu kennzeichnen, damit später Verwechslungen ausgeschlossen sind (52). Ist der letzte Stopfen belarvt, wird die Wärmematte wieder aufgelegt, damit keine Brutwärme verlorengeht. Die Zellen werden schnell in Pflege genommen und mit Futtersaft versorgt. Schon nach einer halben Stunde kann man

(56)
Schon nach kurzer Zeit kann die Annahme kontrolliert werden. Die Bienen hängen meist wie hier an den Zellen und versorgen sie mit Futter.

(57)
Links: angenommene Zelle.
Rechts: Zelle, die nicht in Pflege genommen wurde.

(58) *Terminplan für Zucht über einen Vorbrüter*

die Annahme kontrollieren und evtl. nachlarven (56). Aus Erfahrung wird dazu geraten, mit dem Transport des Anbrüters etwa eine Stunde zu warten, wenn die Annahme gesichert ist. Auf der Fahrt kann es nämlich vorkommen, daß die erste, entscheidende Pflege vernachlässigt wird. Für die weiteren 24 Stunden kommt der Vorbrüter an einen kühlen, doch nicht zu kalten Platz im Hause. In der warmen Bienenhütte bestünde die Gefahr des Verbrausens. Nach dieser Zeit werden die angenommenen Zellen (57) mit den Ammenbienen in das Pflegevolk überführt, in dem sie bis zum Schlüpfen verbleiben. Die Zuchtstopfen werden je nach ihrer Anzahl in ein bis zwei Zuchtrahmen untergebracht. Dabei nimmt man schon eine gewisse Auslese vor. Nur gut gepflegte Zellen mit reichlich Futtersaft sollte man weiter verwenden. Gute Erfahrungen wurden damit gemacht, den Zuchtrahmen in den Honigraum eines weiselrichtigen Pflegevolkes zwischen nach oben gehängte offene Brutwaben zu geben, wo sich die meisten Ammenbienen befinden. Dazu kommen die Bienen aus dem Anbrüter. Diese pflegen die Zellen sofort weiter, während die Bienen des Pflegevolkes zunächst noch gar kein Bedürfnis haben, Weiselzellen zu pflegen, und es aus diesem Grunde für längere Zeit zu einer Unterbrechung der Fütterung kommen kann. Mehr als 20 Zellen sollten bei diesem Verfahren einem Volke nicht zugemutet werden. Sonst wird ihnen keine ausreichende Pflege zuteil, was sich sehr negativ auf die Qualität der späteren Königinnen auswirkt. Enthält der Anbrüter mehr gut gepflegte Zellen, was in der Regel der Fall sein wird, so kann man damit den Honigraum eines zweiten starken und gut versorgten Volkes bestücken, nachdem man auch hier mindestens 3 Waben mit offener Brut nach oben gehängt hat (Achtung, Königin im Brutraum belassen!). Die Ammenbienen des Vorbrüters sind bei mehreren Pflegevölkern entsprechend aufzuteilen.

Die Weiselzellen verbleiben bis zum Schlüpfen im Honigraum des Pflegevolkes. Nach vier bis fünf Tagen werden sie verdeckelt. Diese Tage sind entscheidend für die Ernährung und somit für die Qualität der zu erwartenden Königinnen. Aus diesem Grund ist dafür zu sorgen, daß sich genügend Ammenbienen im Honigraum befinden. Das ist nur dann der Fall, wenn die Pflegevölker stark genug sind und sich im Honigraum viel offene Brut befindet. Außerdem ist bis zur Verdeckelung der Zellen bei fehlender Tracht mit einer Heniglösung zu reizen (Eimerfütterung).

Es wird immer wieder die Frage gestellt, ob Völker mit den Weiselzellen im Honigraum schwärmen. Aus umfangreichen Erfahrungen heraus kann diese Frage verneint werden. Es sind keine Fälle bekannt, wo ein mit der weiteren Pflege der Zellen betrautes Volk schwärmte. An dieser Stelle sei auch daran erinnert, daß häufig aus Unachtsamkeit in dem Honigraum eines Volkes eine Weiselzelle oder gar eine Königin übersehen wurde und das Volk dabei nicht schwärmte.

Neben der Zucht im Honigraum des weiselrichtigen Volkes kann man natürlich auch nach jedem anderen Aufzuchtverfahren im weiselrichtigen oder weisellosen Pflegevolk die Zellen zuende pflegen lassen. Zum Beispiel besteht ein anderes, recht brauchbares Verfahren darin, das Pflegevolk erst kurz vor Zuhängen der Zuchtserie zu entweiseln. Der Zuchtrahmen mit den bereits in Pflege genommenen Zellen wird zwischen zwei Waben mit offener Brut gehängt. Auch hierbei kommen die Ammenbienen des Vorbrüters mit in das Volk. Vielfach verwenden die Bienen aber ihre Kraft noch auf die Pflege wilder Zellen, die sie über der offenen Brut auf den Waben errichten. Diese wilden Nachschaffungszellen müssen rechtzeitig ausgebrochen werden. Durch eine Vielzahl solcher wilder Zellen kann die Versorgung der Zuchtserie sehr zu wünschen übriglassen. Auch bei diesem Verfahren ist täglich mit Honiglösung zu reizen.

Das hier geschilderte Zuchtverfahren über den Vorbrüter hat sich über viele Jahre bewährt. Es ist überall besonders dort zu empfehlen, wo Zuchtstoff transportiert werden muß. Bei vielen Instituten, bei Muttertierstationen, auf Prüfständen und auf Ständen von Züchtern werden jährlich Umlarvveranstaltungen abgehalten, bei denen Zuchtstoff abgegeben wird. Auf mittleren Ständen kann häufig mit *einer* Zuchtserie der Jahresbedarf an Königinnen gedeckt werden.

7.3 Zucht über Starter und Finisher

Hier handelt es sich um eine Zuchtmethode, die vorwiegend von den kommerziellen Zuchtbetrieben angewendet wird, also dort, wo jährlich eine große Zahl von Königinnen benötigt wird. Schon der Name läßt erkennen, daß dieses Verfahren in den USA entwickelt wurde und von dort zu uns gekommen ist (60). Es ist besonders geeignet für Magazinbetriebsweisen.

Das Verfahren geht, ebenso wie die Zucht über den Vorbrüter, von einer geteilten Pflege der Zellen aus. Die erste Pflege erfolgt im sog. »Startervolk«, die Endpflege wird in anderen, den sog. »Finisher-Völkern« durchgeführt. Im Gegensatz zu dem vorgenannten Verfahren handelt es sich bei dem Starter um ein ganzes Volk, das nicht nur für eine, sondern für vier bis fünf Serien die erste Pflege übernimmt.

(59) Königinnenzuchtstation von MIEL CARLOTA/Mexiko. (Foto: SOHNEMAN, Archiv NWDIZ).

Für die Auswahl des Startervolkes gilt das in dem Abschnitt »Auswahl des Pflegevolkes« Gesagte. Als Mindeststärke für einen vollwertigen Starter gilt ein Magazinvolk, das mindestens zwei, besser drei Zargen stark belagert. Zur Erstellung solcher Startervölker, insbesondere dann, wenn man sie schon Anfang Mai zur Zucht einsetzen will, kann folgende Empfehlung gegeben werden:

An einem warmen Frühlingstag wird dem als Starter vorgesehenen und auf zwei Zargen eingewinterten Volk ein Ablegervolk (eine Zarge) über Absperrgitter aufgesetzt. Beide Königinnen bleiben dabei erhalten und beginnen mit dem Brutgeschäft. Die obere Königin wird Anfang Mai mit einem kleinen Ableger entnommen. Auf diese Weise entsteht ein sehr starkes Volk, das schon früh als Pflegevolk eingesetzt werden kann. Aber auch andere starke und vitale Völker sind als Starter geeignet.

(60) *Aufzucht über Starter und Finisher*

I

Auswahl eines gesunden starken Volkes als Starter

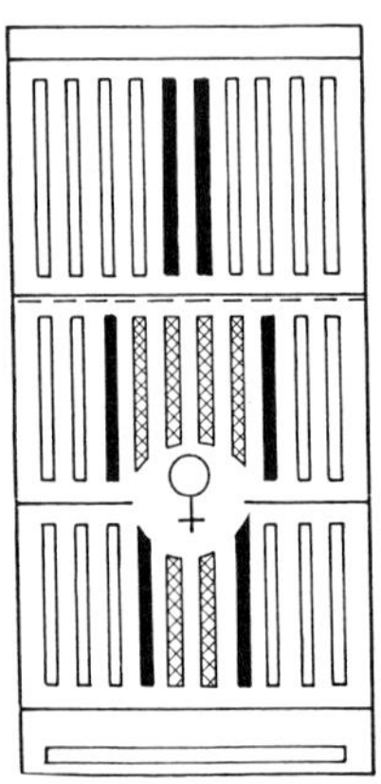

II

Vorbereiten des Starters

1. Mit der Königin wird ein Ableger gebildet.
2. Das Volk wird auf eine Zarge zusammengestaucht.
3. In den Starter gelangen nur Futter- und verdeckelte Brutwaben.

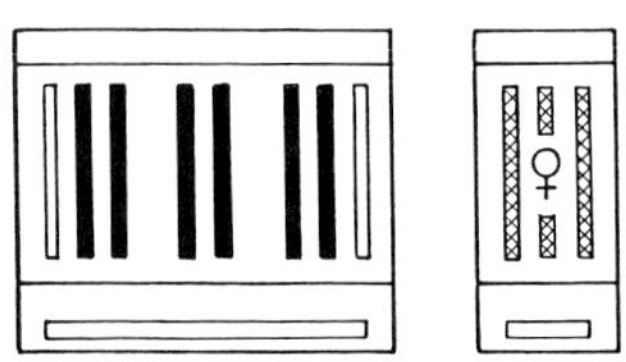

III

Einhängen der Zuchtserien

1. In die Wabengassen werden zwei Zuchtrahmen gegeben.
2. Bei fehlender Tracht ist zu füttern.

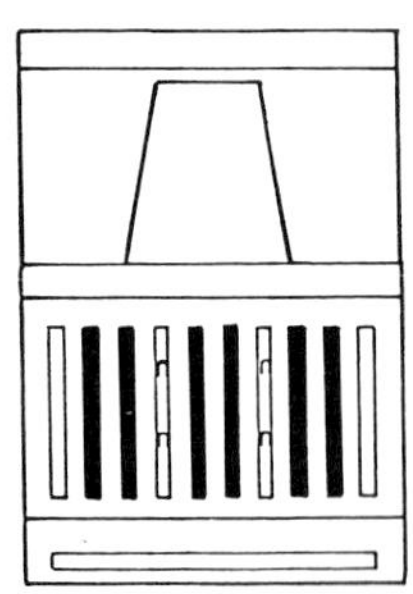

☐ Leer-/Futterwaben
☒ offene Brutwaben
■ verdeckelte Brutwaben

(61)
Startervolk – auf einem Raum zusammengestaucht. Links daneben der Ableger mit der Königin.

(62)
Der Starter wird ständig gefüttert.

Es ist zweckmäßig, das Startervolk möglichst getrennt von anderen Völkern aufzustellen. Das erleichtert viele Zuchtarbeiten, verhindert aber auch, daß sich ein Teil der Bienen des weisellosen Starters bei benachbarten Völkern einbettelt oder zu ihnen überläuft.

Etwa 3–4 Stunden vor Ansetzen der ersten Zuchtserie wird das Startervolk vorbereitet. Zunächst gibt man die Königin mit ein oder zwei Waben offener Brut in einen Ablegerkasten. Das gesamte Volk wird dann auf eine Zarge zusammengestaucht. An die Seiten dieser Zarge gibt man je eine Honigwabe, beidseits daneben eine Pollenwabe. Der restliche Raum wird mit verdeckelten und auslaufenden Brutwaben aufgefüllt. Offene Brutwaben dürfen nicht im Starter verbleiben. Zwei Wabengassen, etwa in der Mitte der Zarge, werden freigelassen. Von den restlichen Waben werden alle Bienen in den Starter abgestoßen. Die Waben werden auf andere Völker verteilt, die offenen Brutwaben auf die Honigräume der Völker, die als Finisher vorgesehen sind.

Der so entstandene Starter quillt förmlich vor Bienen über (61). Das ist wichtig und ein ganz entscheidender Faktor. Der Erfolg beim Ansetzen einer Zucht hängt in erheblichem Maße von dem Verhältnis zwischen Bienen und Raum ab. Je mehr Bienen auf engstem Raum, desto vorteilhafter ist es für die Annahme der Zuchtserie. Vergessen werden sollte auch nicht das Absperrgitter vor dem Flugloch, denn jedes weisellose Volk zieht umherfliegende junge Königinnen an.

Kurze Zeit nach Bildung des Starters tritt Weiselunruhe ein. Das Volk heult kräftig,

(63) *Terminplan für Zucht über Starter und Finisher*

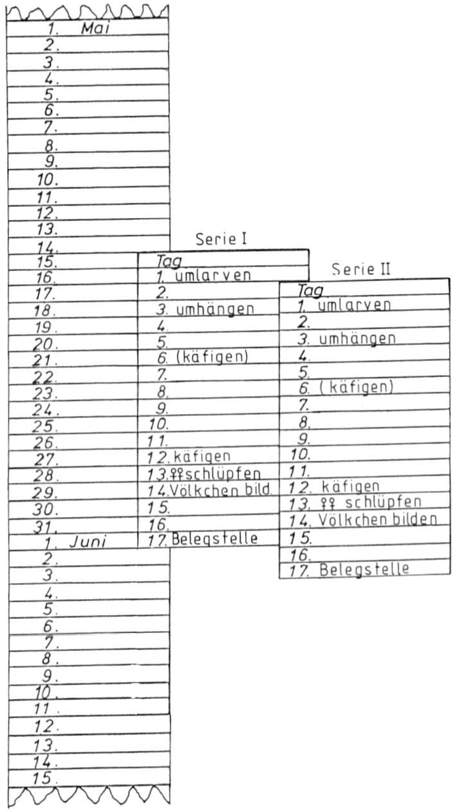

und die Bienen laufen aufgeregt an der Beutenfront herum. In den beiden verbliebenen Wabengassen haben sich Jungbienen gesammelt und aufgekettet. Hier hängt man drei bis vier Stunden später je einen Zuchtrahmen mit ca. 20 belarvten Weiselnäpfchen ein. Insgesamt werden dem Starter also etwa 40 Zellen gegeben. Bei fehlender Tracht wird mit einer dünnflüssigen Koniglösung (1:1) im Futtereimer, dessen Sieb man mit Klebestreifen etwas verkleinern kann, gefüttert (62). Der gebotene Zuchtstoff wird rasch in Pflege genommen. Schon nach wenigen Stunden sind die Larven gut mit Futtersaft versorgt. Sie verbleiben 24 bis maximal 48 Stunden im Startervolk. Anschließend wird der Starter neu belarvt.

Nach dieser Zeit kommen die Zellen für die Endpflege in die Honigräume der Finisher-Völker. Hier gilt das bei »Zucht über den Vorbrütekasten« Gesagte. Als Finisher-Volk ist jedes starke Wirtschaftsvolk geeignet. Wichtig ist vor allem – und darauf sei an dieser Stelle noch einmal ausdrücklich hingewiesen – daß sich im Honigraum genügend offene Brut mit ihren Ammenbienen befindet. Ein Volk, das für die Endpflege eingesetzt wird, sollte mindestens über drei, besser vier offene Brutwaben im Honigraum verfügen. Zwischen die offene Brut wird die Zuchtserie gegeben, wobei einem Volk nicht mehr als 20 Zellen gleichzeitig zugemutet werden sollten. Die Zellen bleiben bis zum Verschulen in den Finisher-Völkern.

7.4 Zucht im weiselrichtigen Volk

Das Absperrgitter behindert den vollkommenen Austausch der Königinnensubstanz im Volk, auf der die Harmonie und innere Ordnung beruhen. Dem Praktiker ist bekannt, daß im Honigraum in einigem räumlichen Abstand zur Königin beim Vorhandensein genügend offener Brut bisweilen Nachschaffungszellen herangezogen werden. Diese Erfahrung liegt der Zucht im weiselrichtigen Volk zugrunde.

Besonders erfolgreich ist dieses Verfahren in wärmeren Regionen. Deshalb wird es dort von den kommerziellen Königinnenzüchtern gern angewandt. Unter unseren klimatischen Bedingungen ist es nur in der Hauptsaison, im Juni und Juli, mit Erfolg durchführbar. Im Mai und Ende Juli/Anfang August werden die Zellen nicht angenommen. Nicht alle Völker sind zur Pflege von Zellen im Honigraum bereit; die Pflegewilligkeit ist hier noch weniger voraussagbar als bei weisellosen Pflegevölkern. Auf jeden Fall ist es sehr vorteilhaft, wenn die für dieses Verfahren vorgesehenen Völker zuvor schon als Finisher-Völker für die Weiterpflege von angebrüteten Weiselzellen aus weisellosen Startern eingesetzt wurden. So sind sie schon in Pflegestimmung. Dies wird schon seit vielen Jahren an der österreichischen Bundeslehr- und Versuchsanstalt für Bienenkunde – Außenstelle Lunz – mit Erfolg praktiziert. Die ersten Serien werden in weisellosen Völkern gestartet, erst Ende Mai/Anfang Juni beginnt die Zucht in den weiselrichtigen Völkern, mit denen man zuvor die Endpflege der Zellen durchgeführt hatte. In Lunz, aber auch in den USA (Roberts, Mackensen) arbeitet man mit Magazinen, in Italien (Piana) und in der Süd-UdSSR (Zuchtstation Krasnaja Poljana) in Lagerbeuten. Beide Möglichkeiten sind vom Prinzip her ähnlich. Sie werden im folgenden kurz beschrieben.

7.4.1 Magazin

Das als Pflegevolk vorgesehene Volk soll brutfreudig und stark sein und mindestens drei Zargen gut besetzen. Den Brutraum mit der Königin engt man auf die unterste Zarge ein. Über das Absperrgitter gibt man den Honigraum ohne Brut, jedoch mit Futterwaben. In die oberste Zarge hängt man 4–6 Waben mit offener Brut und den darauf befindlichen Bienen. In der Mitte beläßt man eine Wabengasse für die Aufnahme der Zuchtserie. Den restlichen Raum füllt man mit verdeckelten Brutwaben auf. In der Wabengasse sammeln sich die 9–11 Tage alten Pflegebienen als dichter Pelz. Etwa drei Stunden später wird ein belarvter Zuchtrahmen mit 20 Zellen eingehängt. Bei mangelnder Tracht ist ständig mit einer Honig-Zuckerlösung zu füttern. Die angebrüteten Zellen kann man bereits nach 48 Stunden entnehmen und – wie bei den vorher beschriebenen Verfahren – in Honigräumen anderer Völker fertig pflegen lassen. Sie können aber auch bis zum Verdeckeln im Volk verbleiben.

7.4.2 Lagerbeute

Zunächst wird ein starkes, mindestens 20 Waben belagerndes Pflegevolk in einer Lagerbeute ausgewählt. Gut eignet sich z. B. die Trogbeute T 120 (65). Der Wabenbestand wird geordnet: Zwei oder drei Pollen- und Futterwaben kommen an die Stirnseite der Beute, dann folgt die Brut. Die restlichen Futterwaben bilden den Abschluß. Durch ein senkrechtes Schied mit einem 8×15 cm großen Absperrgitter wird der Brutkörper geteilt.

In dem vorderen Teil befindet sich die Königin. Im hinteren Teil wird zwischen zwei Waben mit offener Brut eine Wabengasse geschaffen, in die man einen Zuchtrahmen

(64) *Zucht im weiselrichtigen Volk (Magazin)*

I

Auswahl eines gesunden starken Volkes als Pflegevolk, das bereits für die Endpflege eingesetzt wurde

II

Vorbereiten und Start im weiselrichtigen Volk

1. Der Brutraum wird auf eine Zarge eingeengt. In den ersten Honigraum gelangt keine Brut, in den zweiten gibt man 6 Waben mit offener Brut.
2. In diesen zweiten Honigraum wird eine Zuchtserie gegeben.
3. Bei fehlender Tracht wird gefüttert.

III

Endpflege im Finisher

1. Auswahl starker Völker als Finisher.
2. Die Völker werden durch Umhängen offener Brut in den Honigraum zur Pflege vorbereitet.
3. Die Zuchtserie wird nach jeweils 48 Stunden (max. 5 Tagen) aus dem Starter in den Finisher gegeben.
4. Bei fehlender Tracht (nur bei offenen Zellen) wird gefüttert.

☐ Leer-/Futterwaben
☒ offene Brutwaben
■ verdeckelte Brutwaben

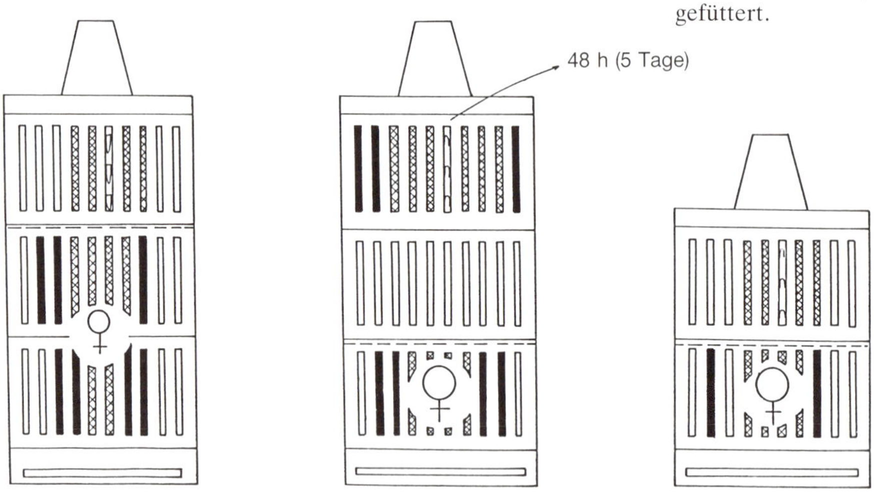

mit ca. 15–20 belarvten Zellen gibt. Mit Honig-Zuckerlösung ist ständig über der Zuchtserie zu füttern. Bereits nach 48 Stunden können die angenommenen Zellen auf Honigräume weiselrichtiger Völker zur Endpflege verteilt werden. Dem Pflegevolk

(65)
Für die Zucht im weiselrichtigen Volk ist die Trogbeute T 120 gut geeignet. Hinter dem senkrechten Schied befindet sich das Abteil mit der Zuchtserie.

(66) *Zucht im weiselrichtigen Volk (Lagerbeute)*

I

Start im weiselrichtigen Volk

1. Auswahl eines starken Volkes als Starter.
2. Das Brutnest wird geordnet, in den hinteren Honigraum gibt man offene Brut.
3. Das Zwischenschied mit Absperrgitter wird eingehängt.
4. Zwischen die offene Brut im hinteren Raum gibt man die Zuchtserie (max. 20 Zellen).
5. Bei fehlender Tracht wird gefüttert.

II

Endpflege im Finisher

1. Nach max. 5 Tagen werden die Zellen umgehängt.
2. Sind die Zellen bereits verdeckelt, können in einem Honigraum mehrere Serien gleichzeitig gepflegt werden. Sie werden durch verdeckelte Brutwaben voneinander getrennt.

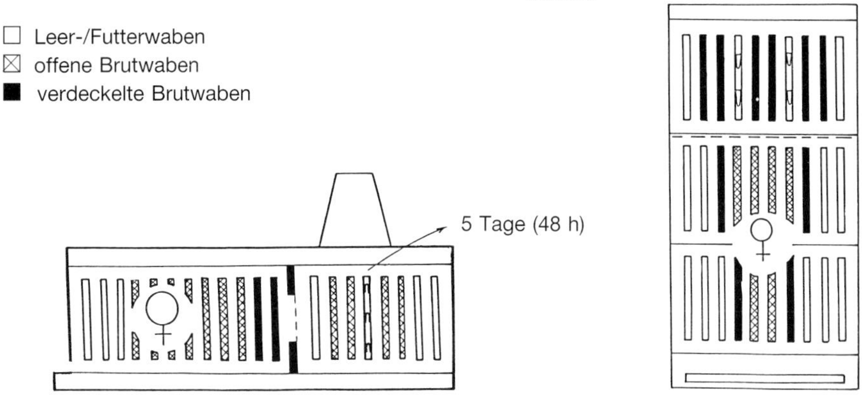

wird eine neue Serie gegeben. Die Zellen können aber auch bis zum Verdeckeln im Volk bleiben.

Gleichgültig, ob Magazin oder Lagerbeute, die Bienen müssen auf die Annahme und Aufzucht von Weiselzellen »dressiert« werden. Die ersten Serien werden oft mäßig angenommen, die folgenden meist besser. Große Serien, wie in weisellosen Völkern oder gar im Starter, wird man nie erreichen. Mit 10–20 Zellen wird man zufrieden sein. Ist ein Volk einmal in Pflegestimmung, so muß es wie eine Milchkuh ständig gemolken werden, damit die Futtersafterzeugung nicht zurückgeht. Ob dem weiselrichtigen Volk im 48-Stunden-Turnus jeweils eine neue Serie gegeben wird, oder ob die Zellen bis zum Verdeckeln im Volk belassen werden, ist für die Annahme der folgenden Serien nicht von Bedeutung. Das hängt vielmehr von der Anzahl der Pflegevölker und von dem Bedarf an Königinnen ab. Länger als fünf Tage sollte man mit dem Austausch der Zuchtserie nicht warten, da dann die Pflegestimmung abnimmt. In der Praxis wird sich für jeden Betrieb ein Turnus einspielen, in dem der Austausch der Zuchtserien erfolgt. Dabei wird es immer einmal Verschiebungen durch Witterungseinflüsse, andere zwingende Arbeiten oder durch mangelnde Verfügbarkeit von Zuchtstoff geben. Wichtig ist nur, daß man sich die Haupttermine für die einzelnen Serien genau notiert. Sonst gibt es spätestens beim Schlüpfen böse Überraschungen.

Der Austausch der einzelnen Serien soll zügig und möglichst in einem Arbeitsgang erfolgen. Wartet man nach der Entnahme der angenommenen Zuchtserie mit dem Zuhängen neuer belarvter Zellen mehrere Stunden, errichten die Bienen über der

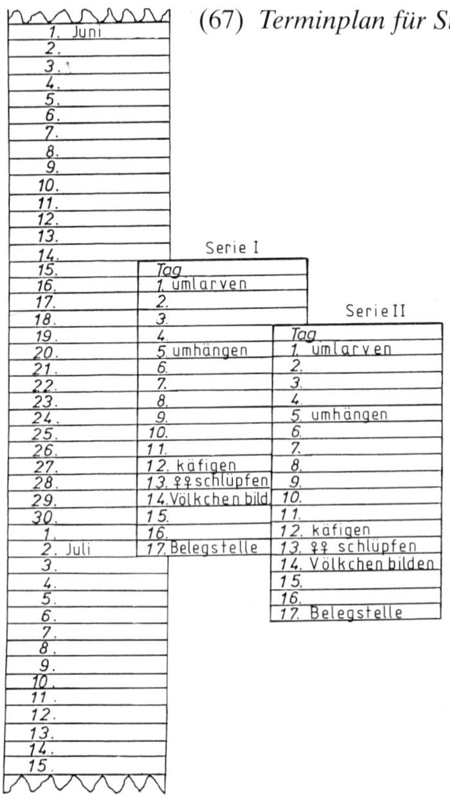

(67) *Terminplan für Start im weiselrichtigen Volk*

offenen Brut benachbarter Waben wilde Zellen, oder aber die Pflegestimmung läßt nach.

Es muß dafür Sorge getragen werden, daß im Honigraum in unmittelbarer Nähe des Zuchtrahmens ständig ausreichend offene Brut vorhanden ist. Daher hängt man möglichst bei jedem Austausch der Zuchtserie auch offene Brut aus dem Brutraum in den Honigraum.

Die weiselrichtigen Pflegevölker sind über einen relativ langen Zeitraum im Einsatz und sind bei fehlender Tracht ständig zu füttern. Bei dieser Dauerreizung ist es unvermeidbar, daß Zucker in den Honig gelangt. Die Waben dieser Völker hebt man als Futterwaben für Ableger auf oder schleudert sie gesondert zwecks Gewinnung von Futterhonig zur Herstellung von Honigzuckerteig, den man in der Königinnenzucht reichlich benötigt.

Häufig wird empfohlen, für die Zucht im weiselrichtigen Volk die ersten Serien feucht umzularven. Dies ist jedoch nicht erforderlich. Bessere Annahmeergebnisse werden damit nicht erzielt.

Da sich die Pflegevölker nicht verbrauchen, ist diese Methode zur kontinuierlichen Erzeugung von Königinnen guter Qualität geeignet. Da aber weit weniger Zellen als bei anderen Verfahren angenommen werden, und vor allem bei weitem nicht alle Völker auf die Pflege abgerichtet werden können, hat sich dieses Verfahren in Deutschland nicht so durchsetzen können wie in anderen Ländern. Dabei mögen klimatische Bedingungen aber auch langjährige Zuchtauslese auf besonders schwarmträges Bienenmaterial eine wesentliche Rolle spielen.

8. Pflege der Weiselzellen bis zum Schlupf

Mit dem Verdeckeln der Weiselzellen ist die Pflege der Larven durch die Bienen abgeschlossen. Zu ihrer weiteren Entwicklung brauchen die verdeckelten Zellen nur Ruhe sowie richtige Temperatur und Luftfeuchtigkeit. Damit nach dem Schlupf der ersten Königin die restlichen Zellen nicht ausgebissen werden (68), müssen die Zellen vorher entweder verwertet oder gekäfigt (verschult) werden. Zu zwei Terminen sind sie relativ unempfindlich. Das ist einmal kurz nach dem Verdeckeln, also etwa 5 Tage nach dem Umlarven, und zum anderen nach der letzten Häutung der Puppe, in den letzten zwei Tagen vor dem Schlüpftermin. Königinnen benötigen 16–17 Tage zu ihrer Entwicklung. In Ausnahmefällen, bei sehr warmen Wetter, kann die Entwicklungszeit auch etwas kürzer sein. Das Hantieren mit den Zellen sollte also nur zu den oben genannten Zeiten geschehen.

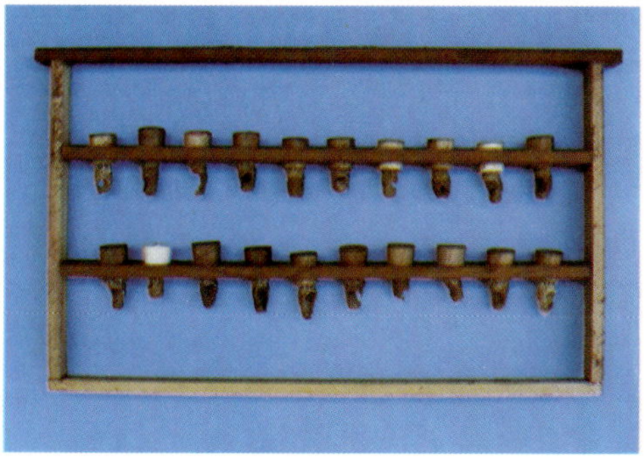

(68)
Zuchtrahmen mit ausgebissenen Zellen.

Beim frühen Termin hat man den Vorteil, daß die Zellen nicht mehr eingebaut werden können. Dies kommt bei guter Tracht oft vor. Aber auch ein späteres Ausbeißen der Zellen, bedingt durch eine Schlechtwetterperiode, eine zugeflogene oder eine im Volk geschlüpfte Königin, kann nicht mehr geschehen. Es kann vorkommen, daß zum vorgesehenen Termin noch nicht alle Zellen verdeckelt sind, weil beim Umlarven sehr junge Maden verwendet wurden oder sich die Entwicklung verzögert hat. In diesem Fall dürfen nur die verdeckelten Zellen genommen werden. Die noch offenen verschult man am nächsten Tag oder erst einen Tag vor dem Schlüpftermin.

Zum zweiten Termin ist folgendes zu sagen: Es ist am günstigsten, die Zellen möglichst spät zu verwerten oder zu käfigen, also erst einen Tag vor dem Schlüpfen, (d. h. am 11. Tag nach der Zuchtstoffzugabe). Es darf jedoch keine Königin zu früh geschlüpft sein. Das kann vorkommen, wenn beim Umlarven zu alte Larven verwendet worden sind. Deshalb sollte man mit der Verwertung der Zellen nicht bis zum Abend warten. Es könnte sonst zum Ausbeißen der übrigen Zellen oder zum Schwärmen kommen. Muß man jedoch aus Zeitgründen zwei Tage vor dem Schlüpftermin verschulen, wartet man am besten bis zum Abend, weil die Puppen aus sehr jungen Larven gerade in der letzten Häutungsphase sind und durch die Störung absterben können. Sie bleiben dann in den Zellen stecken.

8.1 Verwertung der Zellen

Will man seine Königinnen nicht auf eine Belegstelle schicken, sondern am Stande begatten lassen, und arbeitet man hier mit Ablegern, so wird man in der Regel die Zellen kurz vor dem Schlüpftermin direkt in die Ableger geben. Das ist jedoch mit einem gewissen Risiko verbunden. Es ist nicht sicher, daß auch alle Königinnen schlüpfen. Schwerer wiegend ist, daß man einer Zelle nicht ansehen kann, ob eine unvollständig ausgebildete oder zu kleine Königin schlüpfen wird. Arbeitet man dagegen mit kleinen Begattungsvölkchen, in Mehrwaben- oder Einwabenkästchen, wird man in der Regel nur gezeichnete Königinnen zusetzen. Hier kann man die Königin zunächst auf Größe und vollständige Ausbildung der Gliedmaßen prüfen. Zum anderen lassen sich unbegattete Jungköniginnen auch leichter und gefahrloser zeichnen. Man kann gezeichnete Königinnen auch später in den Begattungsvölkchen schneller wiederfinden und herausfangen. Lediglich in Ausnahmefällen wird man kleinen Begattungsvölkchen Zellen geben. Das ist z. B. der Fall, wenn man Begattungsvölkchen mehrmals verwenden will. Nach dem Ausfangen der begatteten Königin lassen sich nur Weiselzellen gefahrlos zusetzen, weil unbegattete Jungköniginnen in der Regel nicht angenommen werden. Aber auch ein falsches Bienengemisch bei der Bildung der Begattungsvölkchen (Bienen aus Völkern in Schwarmstimmung) kann ein Zusetzen von Zellen erfordern (vgl. Kapitel »Herrichten der Begattungsvölkchen«).

(69)
Eine mit Sägemehl gefüllte Zigarrenkiste eignet sich gut auch für den längeren Transport von schlüpfreifen Weiselzellen.

(70)
Zum Transport von Weiselzellen eignet sich ein Styroporblock mit entsprechenden Bohrungen.

8.2 Verschulen der Zellen

Zum Verschulen der Zellen gibt es eine Vielzahl verschiedener Schlüpfkäfige (71). Am bekanntesten ist der Schlüpfkäfig nach ZANDER. Dieser Käfig ist an die Beweiselungskammer des Einwabenkästchens angepaßt. Es ist ein ausgebohrtes Klötzchen aus Linden-, Pappel- oder Buchenholz von 2,1 cm Stärke, 4,5 cm Höhe und 3,8 cm Breite. Die kreisrunde Bohrung mißt 2,9 cm. Eine Breitseite ist mit einem Drahtgeflecht versehen, dessen Maschenweite so bemessen ist, daß die Bienen die Königin im Käfig füttern können. Auf der anderen Seite ist eine dünne, abnehmbare Plexiglasscheibe.

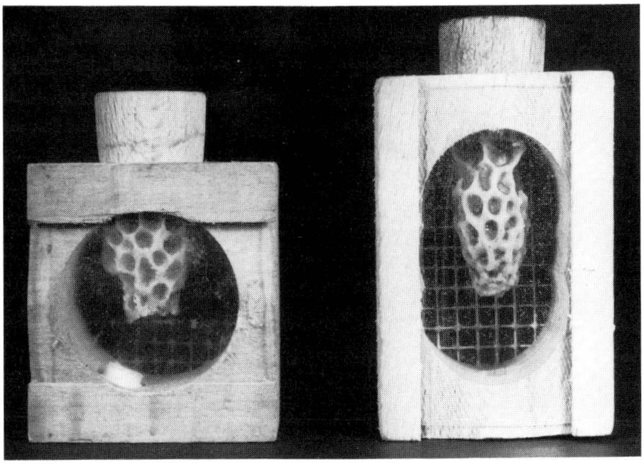

(71)
Handelsübliche Schlüpfkäfige. Links: Orig. Zander-Schlüpfkäfig. Rechts: Etwas höherer Käfig (nach DIN 11663).

Oben befindet sich eine Bohrung von 16 mm zur Aufnahme des Zuchtstopfens. Seitlich am Grund des Innenraumes ist eine Bohrung von 1 cm zur Aufnahme des Futters angebracht. Man kann diese Käfige selbst herstellen. Wichtig ist, daß unterhalb der Zellspitze genügend Raum bleibt, damit die Königin ungehindert schlüpfen kann. In jüngster Zeit haben sich Lockenwickler aus Kunststoff für das Verschulen der Zellen immer mehr durchgesetzt. Sie sind billig und leicht zu reinigen. Die üblichen Holzstopfen passen genau in die Öffnung. Lockenwickler aus Kunststoff sind in den Kaufhäusern überall erhältlich*. Man achte darauf, daß sie einen ∅ von 18–20 mm haben. Nicht zu empfehlen sind dagegen Holzkäfige, die auf einer Seite mit einem Absperrgitter versehen sind (Durchgangskäfige) (72), damit die Bienen die Zellen belaufen. Hier werden die Königinnen häufig von den Bienen angefallen, abgestochen oder an Flügeln und Gliedmaßen beschädigt. Auch passieren kleine, junge Königinnen häufig das Durchgangsgitter, solange ihr Chitinpanzer noch nicht vollständig erhärtet ist. Will man die Königin inmitten von Bienen schlüpfen lassen, arbeitet man besser mit großen Okulierkäfigen, die aus dünnen Brettchen hergestellt werden. Diese Käfige sind auf der Vorderseite mit einer Glasscheibe versehen (73a/73b). Wegen ihrer Größe und wegen des Aufwandes beim Verschulen wird man nur in Ausnahmefällen mit diesen Käfigen arbeiten.

Da die Zellen bis zum Schlüpfen nicht mehr von den Bienen gepflegt zu werden brauchen und für die weitere Entwicklung nur die richtige Temperatur und Luftfeuchtigkeit benötigen, kann man sie sowohl im Volk als auch im Brutschrank schlüpfen

* Hersteller: Fa. Christian Stöhr, Kronacher Straße, 8641 Marktrodach, Lockenwickler Typ K 20 als Schlüpfkäfig, Typ K 25 als Versandkäfig.

(72)
Durchgangskäfig mit Absperrgitter. Nicht empfehlenswert.

(73a/73b)
In diesen größeren Okulierkäfigen kann man die Königin inmitten von Bienen schlüpfen lassen und auch mehrere Tage mit Bienen halten.

lassen. Gibt man die Käfige mit den Zellen in ein Volk, so benötigt man dafür einen speziellen Rahmen mit zwei (drehbaren) Leisten, worauf die Käfige gestellt werden. Geländerartige Holzstäbchen an den Seiten oder aber auch Weckringe verhindern ein Herauskippen. Das ist ein sog. Hürdenrahmen. Er nimmt ca. 20 Käfige auf. Verwendet man Lockenwickler, versieht man die Rähmchen mit stärkeren Leisten, in denen sich entsprechende Bohrungen befinden (74).

Arbeitet man mit einem Brutschrank, kann man die Käfige einzeln hineinstellen oder aber in Leisten mit Nut geben. Als Ständer für Lockenwickler verwendet man Holz- oder Styroporblöcke mit entsprechenden Bohrungen.

In jedem Fall – ob kleine oder große Käfige, ob Unterbringung im Volk oder im Brutschrank – müssen die Käfige mit Futter versehen werden. Die Bienen in Okulierkäfigen brauchen außerdem Wasser. Das Herstellen von Futternäpfchen aus Wachs, wie es früher empfohlen wurde, die mit flüssigem Honig gefüllt werden, ist sehr zeitaufwendig. Es genügt, wenn man in jeden Käfig ein erbsengroßes Stück Zuckerteig gibt. Dieser Teig soll abgelagert und noch einmal mit etwas Honig durchgeknetet sein, damit er nicht hart wird. Flüssiger Honig darf nicht in die Bohrungen der Schlüpfkäfige

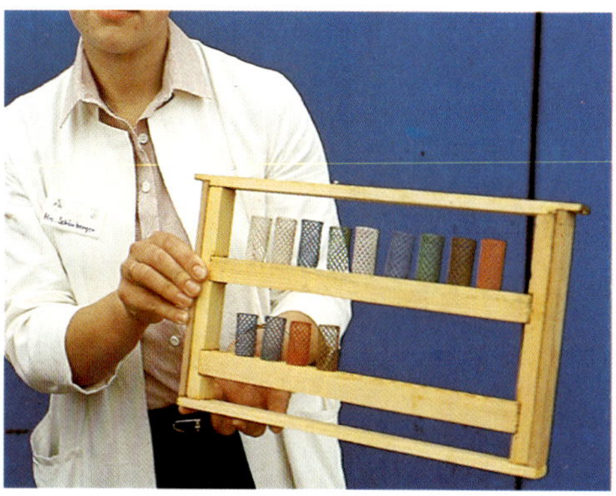

(74)
Hürdenrahmen mit Lockenwicklern.

gegeben werden, weil die Königinnen sich allzuleicht verschmieren. Wer in Lockenwicklern käfigt, kann diese einfach in kandiertem Honig drehen. Der mit Bohrlöchern versehene Holzblock, in dem sie untergebracht werden, sollte mit Firnis oder Lack behandelt sein, damit die Feuchtigkeit aus dem Honig nicht in das Holz einziehen kann.

Für die flüssige Fütterung der Bienen in den großen Okulierkäfigen gibt es mehrere Möglichkeiten. Am besten bewährt hat sich ein einfacher Schraubverschluß von Flaschen, der mit dünnem Honigwasser gefüllt und mit einem Wabenstückchen ohne Mittelwand versehen wird (nach SCHULZE-EVERDING).

Zum Verschulen nimmt man den Zuchtrahmen vorsichtig aus dem Pflegevolk, fegt die Bienen möglichst mit einer Feder ab und transportiert ihn so, daß die Zellen senkrecht stehen. Verbaute Zellen müssen vorsichtig mit einem dünnen, angewärmten Messer ausgeschnitten und vor allem an der Spitze freigemacht werden (75). Durch leichtes Drehen löst man die Stopfen mit den Zellen aus dem Zuchtrahmen und setzt sie in die mit Futter versehenen Käfige (76). In die kleinen Käfige dürfen keine Bienen gelangen, weil sie das Futter schon aufgezehrt hätten, ehe die Königin schlüpft. Die Königin würde dann im Brutschrank verhungern. In die Okulierkäfige, die mit flüssigem Futter versehen werden müssen, gibt man einen Eßlöffel voll Jungbienen, ehe man die Zellen einsetzt. Beim Schlüpfen im Pflegevolk stellt man die Lockenwickler oder Käfige in den Hürdenrahmen. Die Käfige werden mit dem Drahtgitter abwechselnd nach der einen und der anderen Seite eingestellt. Der Hürdenrahmen wird an der Stelle in das Volk gegeben, wo sich vorher der Zuchtrahmen befand.

Wenn jährlich viele Königinnen erzeugt werden, lohnt sich die Investition für einen Brutschrank (77). Darin ist die Schlüpfkontrolle übersichtlich und weniger arbeitsauf-

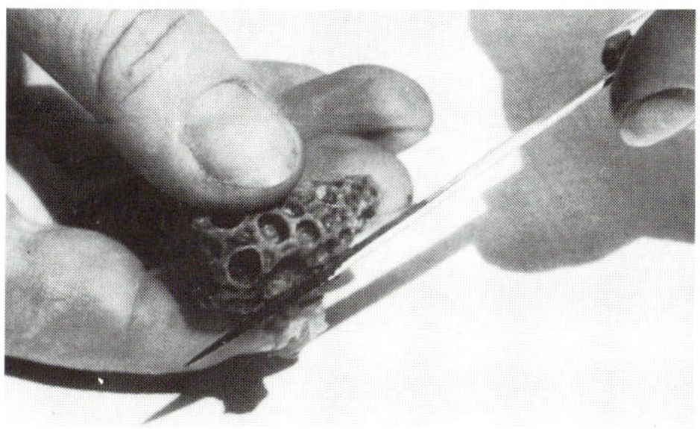

(75) Ausschneiden verbauter Zellen. (Foto: JORDAN, Archiv NWDIZ).

(76) Verschulen der Zellen in Lockenwickler.

(77) Blick in den Brutschrank.

wendig. Einen Brutschrank kann der geschickte Bastler auch selbst durch Umarbeitung eines ausgedienten Kühlschrankes herstellen. Dabei ist jedoch zu beachten, daß eine Temperatur von 35 °C auf ±1° eingehalten werden muß. Die Toleranz liegt also enger als bei Brutschränken für Geflügel.

Vor dem Besetzen wird der Brutschrank auf 35 °C einreguliert. Arbeitet man mit Okulierkäfigen, in denen Bienen die Zellen belaufen und wärmen, sollte man die Temperatur um einige Grade verringern. In allen anderen Fällen jedoch führt ein längeres Absinken der Temperatur um mehr als 2 °C zu einer Verzögerung der Entwicklung und zu Schäden bei den Königinnen. Sie können sich dann häufig nicht aus der Zelle befreien oder schlüpfen mit verkrüppelten Flügeln. Eine höhere Temperatur dagegen führt zu einer Beschleunigung der Entwicklung und zu einem vorzeitigen Schlupf. Eine Übergangstemperatur von 2 °C genügt häufig schon zum Absterben der Puppe.

(78) Helle und dunkle Königin auf der Wabe (Foto: Institut Oberursel)

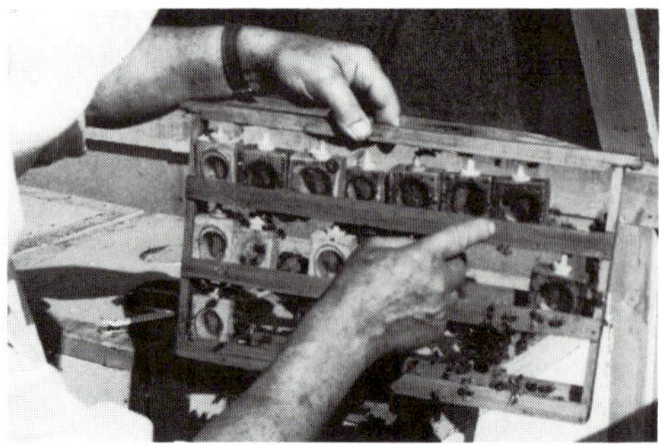

(79) Kontrolle des Hürdenrahmens.

Die relative Luftfeuchtigkeit schwankt im Sommer im Brutnest eines Bienenvolkes zwischen 35 und 50% (nach Büdel). Im Brutschrank sollte man für eine relative Luftfeuchtigkeit zwischen 50 und 70% sorgen. Zu diesem Zweck stellt man flache mit Wasser gefüllte Schalen ein. Bei größeren Brutschränken empfiehlt es sich außerdem, feuchte Tücher einzulegen. Arbeitet man bei der Aufzucht mit weisellosen Pflegevölkern, so beläßt man eine Zelle zum Schlupf im Volk, alle übrigen kann man in den Brutschrank geben. Vom Schlüpftermin an muß täglich mindestens zweimal kontrolliert werden. Dabei sollte man aber den Schrank nicht über die gesamte Kontrollzeit offen stehen lassen, sondern jeweils zwei bis drei Hürden entnehmen und den Schrank wieder schließen. Die Temperatur sinkt sonst für längere Zeit zu weit ab, und das ist schädlicher, als wenn man die Zellen für kurze Zeit der Zimmertemperatur aussetzt. Da der Raum in den Käfigen sehr eng ist, müssen die Zellen entfernt werden, wenn die Königinnen geschlüpft sind. Es kommt sonst vor, daß Königinnen wieder in ihre Zelle kriechen und dann versuchen, sich an der Seite durchzubeißen, da sie die Zelle rückwärts nicht wieder verlassen können. Das abgeschrotete Wachs kann das Futter zudecken, so daß die Königin verhungert, wenn nicht bald Abhilfe geschaffen wird. Länger als einen Tag sollte man die Königinnen nicht in den kleinen Käfigen belassen. Wenn man sie noch nicht gleich verwerten kann, gibt man sie mit frischem Futter und einigen Jungbienen in größere Käfige.

Läßt man die Königinnen im Volk schlüpfen, genügt ab Schlüpftermin eine tägliche einmalige Kontrolle, weil die Bienen die Königinnen durch das Gitter füttern (79).

gegeben werden, weil die Königinnen sich allzuleicht verschmieren. Wer in Lockenwicklern käfigt, kann diese einfach in kandiertem Honig drehen. Der mit Bohrlöchern versehene Holzblock, in dem sie untergebracht werden, sollte mit Firnis oder Lack behandelt sein, damit die Feuchtigkeit aus dem Honig nicht in das Holz einziehen kann.

Für die flüssige Fütterung der Bienen in den großen Okulierkäfigen gibt es mehrere Möglichkeiten. Am besten bewährt hat sich ein einfacher Schraubverschluß von Flaschen, der mit dünnem Honigwasser gefüllt und mit einem Wabenstückchen ohne Mittelwand versehen wird (nach SCHULZE-EVERDING).

Zum Verschulen nimmt man den Zuchtrahmen vorsichtig aus dem Pflegevolk, fegt die Bienen möglichst mit einer Feder ab und transportiert ihn so, daß die Zellen senkrecht stehen. Verbaute Zellen müssen vorsichtig mit einem dünnen, angewärmten Messer ausgeschnitten und vor allem an der Spitze freigemacht werden (75). Durch leichtes Drehen löst man die Stopfen mit den Zellen aus dem Zuchtrahmen und setzt sie in die mit Futter versehenen Käfige (76). In die kleinen Käfige dürfen keine Bienen gelangen, weil sie das Futter schon aufgezehrt hätten, ehe die Königin schlüpft. Die Königin würde dann im Brutschrank verhungern. In die Okulierkäfige, die mit flüssigem Futter versehen werden müssen, gibt man einen Eßlöffel voll Jungbienen, ehe man die Zellen einsetzt. Beim Schlüpfen im Pflegevolk stellt man die Lockenwickler oder Käfige in den Hürdenrahmen. Die Käfige werden mit dem Drahtgitter abwechselnd nach der einen und der anderen Seite eingestellt. Der Hürdenrahmen wird an der Stelle in das Volk gegeben, wo sich vorher der Zuchtrahmen befand.

Wenn jährlich viele Königinnen erzeugt werden, lohnt sich die Investition für einen Brutschrank (77). Darin ist die Schlüpfkontrolle übersichtlich und weniger arbeitsauf-

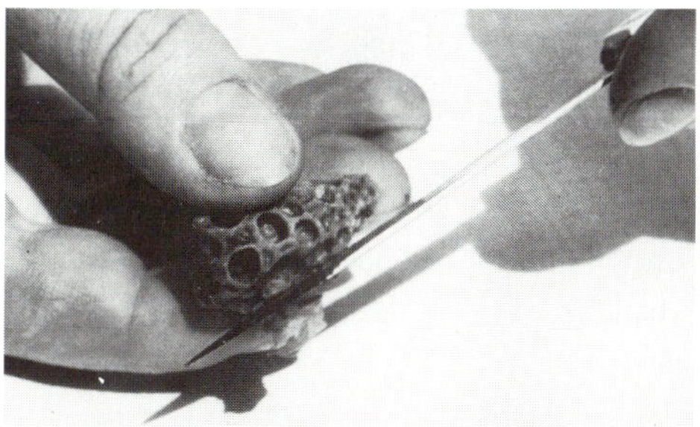

(75) Ausschneiden verbauter Zellen. (Foto: JORDAN, Archiv NWDIZ).

(76) Verschulen der Zellen in Lockenwickler.

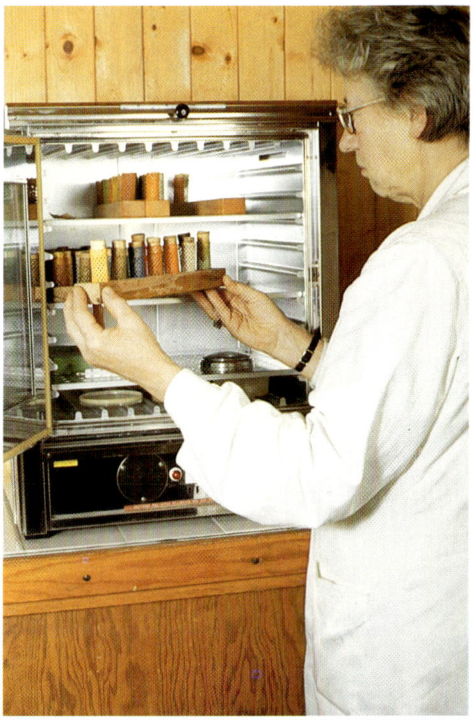

(77) Blick in den Brutschrank.

wendig. Einen Brutschrank kann der geschickte Bastler auch selbst durch Umarbeitung eines ausgedienten Kühlschrankes herstellen. Dabei ist jedoch zu beachten, daß eine Temperatur von 35 °C auf ±1° eingehalten werden muß. Die Toleranz liegt also enger als bei Brutschränken für Geflügel.

Vor dem Besetzen wird der Brutschrank auf 35 °C einreguliert. Arbeitet man mit Okulierkäfigen, in denen Bienen die Zellen belaufen und wärmen, sollte man die Temperatur um einige Grade verringern. In allen anderen Fällen jedoch führt ein längeres Absinken der Temperatur um mehr als 2 °C zu einer Verzögerung der Entwicklung und zu Schäden bei den Königinnen. Sie können sich dann häufig nicht aus der Zelle befreien oder schlüpfen mit verkrüppelten Flügeln. Eine höhere Temperatur dagegen führt zu einer Beschleunigung der Entwicklung und zu einem vorzeitigen Schlupf. Eine Übergangstemperatur von 2 °C genügt häufig schon zum Absterben der Puppe.

(78) Helle und dunkle Königin auf der Wabe (Foto: Institut Oberursel)

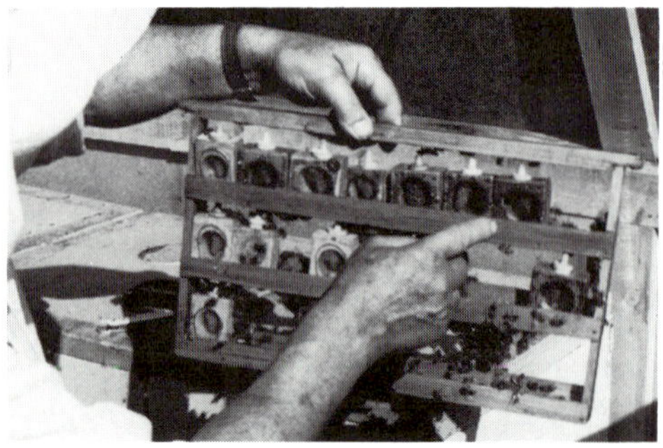

(79) Kontrolle des Hürdenrahmens.

Die relative Luftfeuchtigkeit schwankt im Sommer im Brutnest eines Bienenvolkes zwischen 35 und 50% (nach BÜDEL). Im Brutschrank sollte man für eine relative Luftfeuchtigkeit zwischen 50 und 70% sorgen. Zu diesem Zweck stellt man flache mit Wasser gefüllte Schalen ein. Bei größeren Brutschränken empfiehlt es sich außerdem, feuchte Tücher einzulegen. Arbeitet man bei der Aufzucht mit weisellosen Pflegevölkern, so beläßt man eine Zelle zum Schlupf im Volk, alle übrigen kann man in den Brutschrank geben. Vom Schlüpftermin an muß täglich mindestens zweimal kontrolliert werden. Dabei sollte man aber den Schrank nicht über die gesamte Kontrollzeit offen stehen lassen, sondern jeweils zwei bis drei Hürden entnehmen und den Schrank wieder schließen. Die Temperatur sinkt sonst für längere Zeit zu weit ab, und das ist schädlicher, als wenn man die Zellen für kurze Zeit der Zimmertemperatur aussetzt. Da der Raum in den Käfigen sehr eng ist, müssen die Zellen entfernt werden, wenn die Königinnen geschlüpft sind. Es kommt sonst vor, daß Königinnen wieder in ihre Zelle kriechen und dann versuchen, sich an der Seite durchzubeißen, da sie die Zelle rückwärts nicht wieder verlassen können. Das abgeschrotete Wachs kann das Futter zudecken, so daß die Königin verhungert, wenn nicht bald Abhilfe geschaffen wird. Länger als einen Tag sollte man die Königinnen nicht in den kleinen Käfigen belassen. Wenn man sie noch nicht gleich verwerten kann, gibt man sie mit frischem Futter und einigen Jungbienen in größere Käfige.

Läßt man die Königinnen im Volk schlüpfen, genügt ab Schlüpftermin eine tägliche einmalige Kontrolle, weil die Bienen die Königinnen durch das Gitter füttern (79).

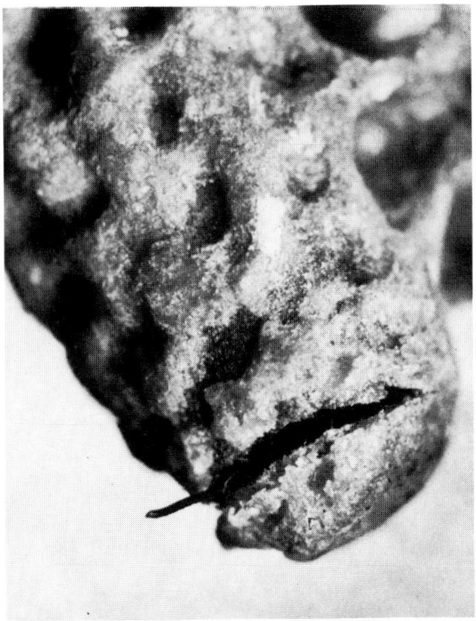

80a)

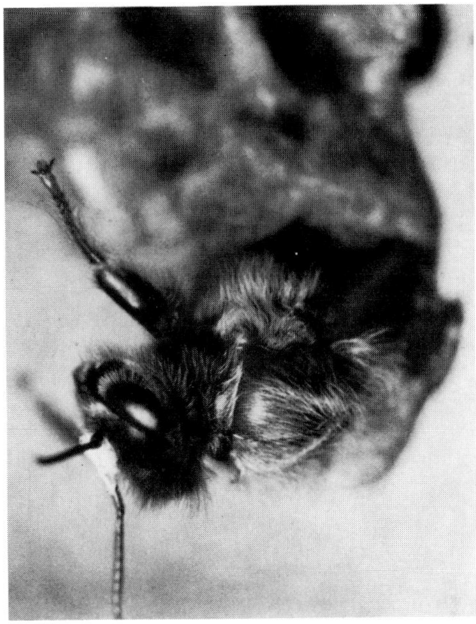

80b)

80c)

(80a) Die schlüpfende Königin öffnet die Zelle. (Foto: WEGENER, Archiv NWDIZ).

(80b) Die Königin schlüpft. (Foto: WEGENER, Archiv NWDIZ.

(80c) Die soeben geschlüpfte Königin versorgt sich mit Futter. (Foto: TOMANEK, Archiv NWDIZ).

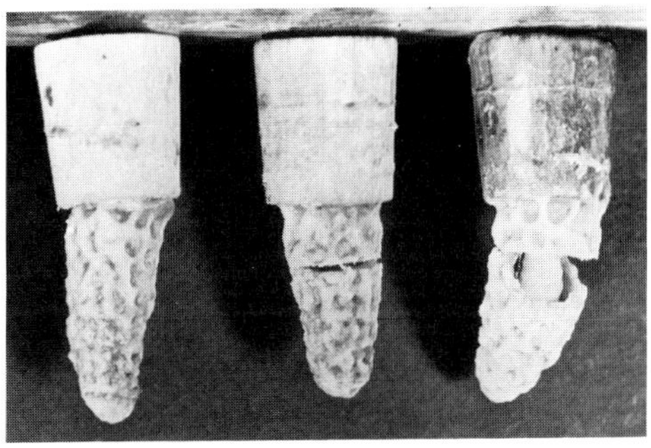

(81) Zur Kontrolle kann die Zelle vorsichtig angeschnitten und zurückgeklappt werden.

Aber auch im Volk kann es vorkommen, daß Königinnen wieder in ihre Zellen kriechen und sich nicht selbst wieder befreien können. Länger als zwei Tage sollte man Jungköniginnen weder im Brutschrank noch im Volk aufbewahren; andernfalls werden sie später meist schlechter angenommen.

Schlüpfen einige Königinnen oder eine ganze Serie nicht zum vorausberechneten Termin, kann man ohne Gefahr für die Königin die Zelle durch einen Querschnitt in den oberen Teil öffnen, etwas zurückklappen und den Inhalt kontrollieren (81). Das ist wichtig um zu erfahren, mit wie vielen Königinnen noch zu rechnen ist. Schlüpfen einige Königinnen mit 2–3 Tagen Verspätung, also am 14. oder 15. Tag nach dem Umlarven, so sind entweder die Larven durch das Pflegevolk nicht gleich mit Nahrung versorgt worden oder die Zuchtserien sind während ihrer Entwicklung unterkühlt. Solche zu spät geschlüpften Königinnen sind auszusondern.

Bei der Schlüpfkontrolle werden die Königinnen gleichzeitig beurteilt. Zunächst wird die vollständige Ausbildung aller Gliedmaßen überprüft. Königinnen mit verkrüppelten Flügeln oder unvollständig ausgebildeten Beinen werden ausgeschieden, ebenso zu kleine Königinnen. Bei der Beurteilung der Größe der jungen Königin ist nicht die Größe des Hinterleibes maßgebend. Diese ändert sich in den ersten drei Wochen. Zu beachten ist vielmehr der Durchmesser des Brustabschnittes. Der geübte Züchter wird dieses Kriterium bald abschätzen können und alle Königinnen mit zu kleinem Brustabschnitt ausscheiden (82).

Die Ausfärbung des Chitinpanzers findet noch in der Zelle statt und ist zum Teil temperaturbedingt. In der Regel ist der Hinterleib von Carnica-Königinnen dunkel oder schwarz. Schlüpfen die Königinnen aber bei höherer Temperatur eventuell etwas vorzeitig, so ist häufig eine hellbraune Färbung der ersten beiden Hinterleibsringe, ja sogar des ganzen Hinterleibes festzustellen (78). Diese helle Färbung ist kein negatives Qualitätsmerkmal. Viele Imker bevorzugen diese Königinnen sogar, weil sie von ihnen eine größere Vitalität erwarten. Dies ist jedoch bisher nicht belegt.

Die hellbraune Färbung des Hinterleibes ist nicht zu verwechseln mit dem Italienergelb. Tritt dieses bei Carnica-Königinnen auf, so ist es eindeutig auf eine Italienereinkreuzung zurückzuführen. Mit dem Zuchtvolk bzw. mit dem Zuchtstoff ist in solchen Fällen etwas nicht in Ordnung.

(82)
Königin aus Zuchtserie (links) und wilder Nachzucht (rechts). Beachte die unterschiedliche Breite des Bruststücks! (Foto: RUTTNER, Archiv NWDIZ).

9. Zeichnen der Königinnen

Sind die Königinnen geschlüpft, werden sie gezeichnet. Dies geschieht, um stets ihr Alter zu kennen, um sie später in einem Volk leichter zu finden und um immer zu wissen, ob es sich noch um dieselbe Stockmutter handelt. Für den Züchter ist das Zeichnen der Königinnen somit unerläßlich.

Oftmals wird eingewandt, man solle Königinnen erst nach der Begattung zeichnen, weil sie mit Zeichen beim Begattungsflug häufig verloren gehen oder den Vögeln zum Opfer fallen. Diese Befürchtung ist jedoch unbegründet.

Die Königinnen werden in turnusmäßigem Wechsel mit einer von fünf Farben gezeichnet. Die Reihenfolge ist wie folgt festgelegt:

1986	1987	1988	1989	1990
1991	1992	1993	1994	1995
weiß	gelb	rot	grün	blau

Zu Überschneidungen dieser Farben kann es nicht kommen, da eine Königin in der Regel keine fünf Jahre alt wird. Früher war es üblich, die Königinnen mit Farben oder aufgeklebten farbigen Stanniolplättchen zu zeichnen. Heute haben sich jedoch allgemein die im Handel erhältlichen Opalithplättchen durchgesetzt. Sie haben einen Durchmesser von 1,5–2 mm und sind leicht gewölbt. So lassen sie sich gut auf dem Rückenschild auflegen.

Auf jeden Fall ist es ratsam, die Königinnen indidivuell zu markieren. Zeichnet man sie nur mit einem runden, farbigen Plättchen, ist man vor Verwechslungen nie ganz sicher. Das beginnt schon beim Hochzeitsflug auf der Belegstelle. Wegen der massierten Aufstellung der Königinnen kommt es hier doch relativ häufig vor, daß eine Königin ein anderes Begattungsvölkchen anfliegt und dort bereitwillig angenommen wird. Ist sie nicht individuell markiert, sondern nur mit einem farbigen runden Plättchen versehen, kann der Züchter dies nicht feststellen.

Bei Verwendung von Plättchen mit Nummern von 1–99 kann es nicht zu Verwechslungen kommen. Diese Plättchen sind mit ca. 2 mm etwas größer, aber dennoch gut auf dem Rückenschild aufzukleben (83). Bisweilen sind die Nummern schlecht zu lesen. Bei einigen Herstellern schaben sich die Ziffern im Laufe der Zeit ab.

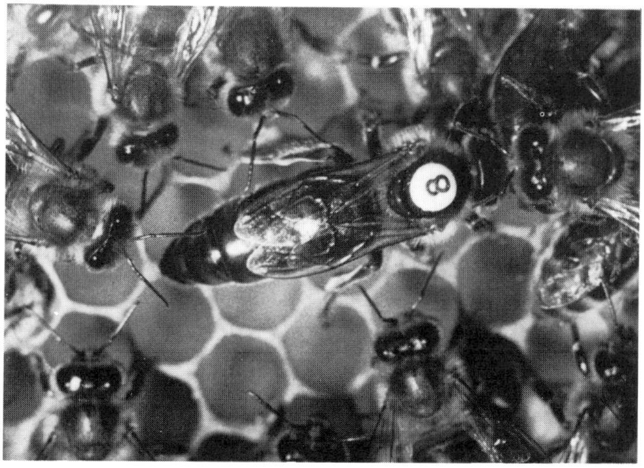

(83)
Königin mit Nummernplättchen.

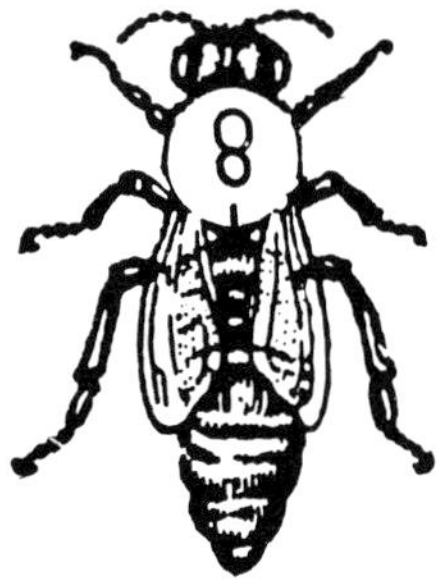

(84) Individuelle Markierung der Königin mit Nummernplättchen.

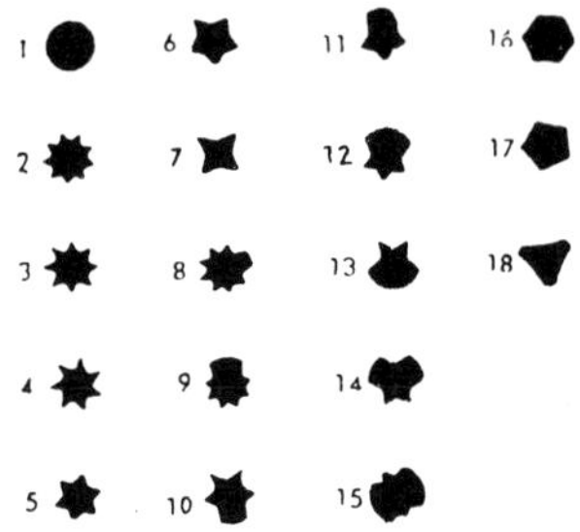

(85) *Opalith-Formplättchen*
Die verschiedenen Formen von Opalith-Zeichenplättchen ermöglichen ein individuelles Zeichnen von Königinnen. Die Plättchen sind gewölbt und haben leuchtende Farben.

Eine weitergehende individuelle Markierung nehmen die schleswig-holsteinischen Züchter vor. Auf der Zuchtkarte vermerken sie in Form eines Uhrzeigers, wie das Nummernplättchen aufgelegt wurde (84).

Für die Praxis reichen in der Regel die etwas kleineren Formplättchen aus. Sie gibt es in Stern-, Dreieck-, Viereck-, Herz- und vielen anderen Formen (85/86). Es hat sich bewährt, Geschwistergruppen gleicher Anpaarung jeweils mit derselben Form zu zeichnen. So sieht man später gleich, welcher Geschwistergruppe das Volk zuzuordnen ist. Das ist für die praktische Arbeit am Bienenstand häufig von großer Bedeutung.

Als Klebstoff für die Opalithplättchen hat sich der im Imkerhandel angebotene Schellack als geeignet erwiesen. Farbloser Azeton-Nagellack tut es auch. Es muß jedoch vor Experimenten gewarnt werden, weil viele kosmetische Artikel Beimengun-

(86)
Königin mit Formplättchen gezeichnet.
(Foto: TOMANEK, Archiv NWDIZ).

(87) *Zeichengerät*

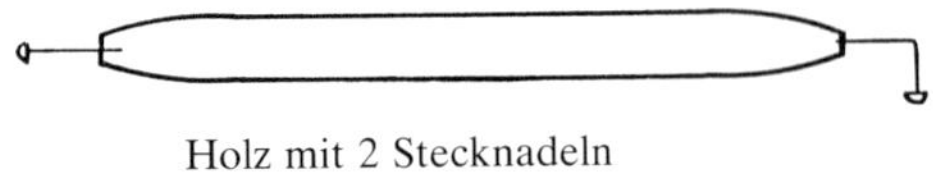

Holz mit 2 Stecknadeln

(88)
Zeichnen der Königin. (Foto: EVENIUS, Archiv NWDIZ).

gen enthalten, die für die Königin schädlich sein können. Als Zeichengerät empfiehlt sich ein leicht angespitztes Streichholz. Wer viele Königinnen zu zeichnen hat, wird ein Hölzchen mit zwei eingedrückten Stecknadeln nehmen (87).

Das Zeichnen der Königinnen geschieht in einem geschlossenen Raum. Hat man am Stand bei den Pflegevölkern keinen solchen Raum zur Verfügung, kann man diese Arbeit auch im Auto durchführen. Zum Zeichnen fängt man die Königin aus dem Schlüpfkäfig heraus und nimmt sie sanft zwischen Daumen und Zeigefinger, wobei das Rückenschild nach oben zeigt (88). Bei dieser Gelegenheit kontrolliert man gleichzeitig, ob alle Gliedmaßen vorhanden und gut ausgebildet sind. Königinnen mit Mißbildungen, wie etwa fehlenden Gliedmaßen oder verkrüppelten Flügeln, scheidet man aus. Wird die Königin in Ordnung befunden, beginnt der Zeichenvorgang. Zunächst bringt man mit dem Streichholz oder Stecknadelkopf einen kleinen Tropfen Schellack auf die Mitte des Rückenschildes. Man hüte sich davor, zuviel Klebstoff zu verwenden. Dieser läuft leicht zwischen Kopf und Rückenschild oder verklebt die Flügelansätze, so

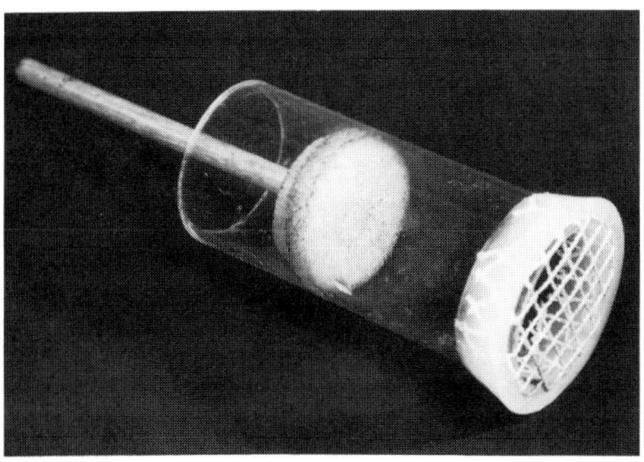

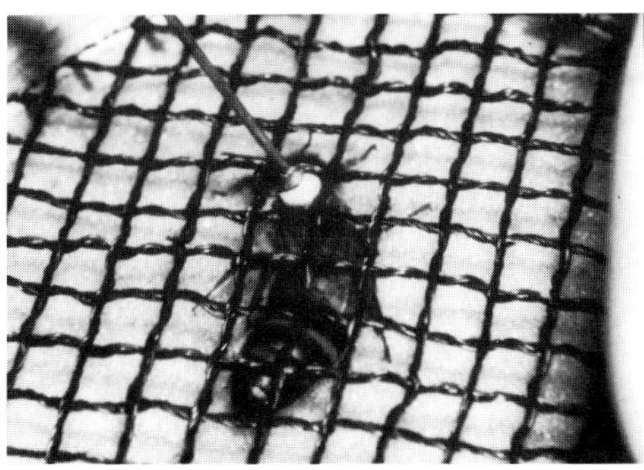

(89)
Zeichnen der Königin unter dem Netz
a) Im Handel erhältliches Zeichengerät

b) Mit dem gepolsterten Kolben wird die Königin unter das Netz geschoben und dort gezeichnet.

daß die Königin nicht ausfliegen kann und zugrunde geht. Dann nimmt man mit der zuvor etwas mit Speichel benetzten zweiten Nadel bzw. mit der anderen Seite des Streichholzes das Opalithplättchen auf und drückt es mit der Hohlseite in den Klebstoff auf dem Rücken der Königin. Dabei ist darauf zu achten, daß das Plättchen möglichst weit nach hinten gesetzt wird. Nach dem Zeichnen gibt man die Königin wieder zurück in den Schlüpfkäfig, damit der Geruch des Schellacks verfliegt, bevor sie zugesetzt wird.

Wer es nicht wagt, die Königin zwischen den Fingern zu zeichnen, bedient sich zweckmäßigerweise des im Fachhandel befindlichen Zeichennetzes (89 a/b). Es handelt sich dabei um ein Glasrohr, dessen eines Ende mit einem Perlonnetz bespannt ist. Am freien Ende läßt man die Königin einlaufen. Mit einem Holzkolben mit Schaumstoffauflage schiebt man sie unter leichtem Druck gegen das Zeichennetz, so daß sie sich kaum noch bewegen kann. Das Rückenschild befindet sich unter einer Masche. Dort ist das Zeichenplättchen leicht mit Schellack aufzukleben. Nach dem Zeichenvorgang zieht man den Holzkolben zurück und setzt die Königin wieder in den Schlüpfkäfig.

Ein anderes Hilfsmittel ist ein Zeichennetz, das auf die Wabe aufgesteckt werden kann. Auch unter diesem Netz kann die Königin gefahrlos gezeichnet werden.

10. Wahl der Begattungsstelle

Sind die Königinnen geschlüpft und muß man sie nun unterbringen, so stellt sich zunächst die Frage, wo man sie begatten lassen will. Hier gibt es mehrere Möglichkeiten: Die Standbegattung, die Begattung auf einer Land- oder Inselbelegstelle und die instrumentelle Besamung.

Für Wirtschaftsköniginnen reicht die Begattung am eigenen Stande in der Regel aus. Das gibt nach allen Erfahrungen sehr vitale F_1-Völker, die infolge eines Heterosis-Effektes auch sehr gute Leistungen bringen. Wenn in der Umgebung die Carnica bereits überwiegt, erhält man relativ friedliche Völker, die sich gut bearbeiten lassen. Der Vorteil der Standbegattung liegt darin, daß die Königinnen bereits zum Schlüpfen oder kurz danach in Mehrwabenkästchen oder Ablegern untergebracht werden können. Die biologischen Voraussetzungen (Wärme, Gefahr der Nosema) sind hier wesentlich günstiger als in den naturwidrigen Einwabenkästchen.

Wer in der Nähe einer Landbelegstelle oder eines Reinzuchtgebietes wohnt, sollte dort seine Königinnen begatten lassen.

Die instrumentelle Besamung und die Inselbelegstellen werden hauptsächlich für die eigentliche Züchtung genutzt, da die Kosten für die Besamung bzw. für die Beschikkung einer Inselbelegstelle relativ hoch liegen. Sowohl die anerkannten Besamungsstellen als auch die Inselbelegstellen stehen jedem Züchter offen. Im Süden haben die Besamungsstellen eine größere Bedeutung für die Züchtungspraxis. Dagegen machen die Züchter im Norden stärker von der Inselbeschickung wegen der geringen Entfernung zur Küste Gebrauch. Außerdem ist die Kapazität der Inselbelegstellen wesentlich größer. Auf jeder Insel können ohne Schwierigkeiten je Jahr 1000–2000 Königinnen zur Begattung aufgestellt werden.

Sowohl bei der instrumentellen Besamung als auch bei der Begattung auf einer Insel erreichen wir eine hundertprozentige Paarungskontrolle. Aus der Genetik und aus der züchterischen Erfahrung ist bekannt, daß gerade die Honigbiene stark inzuchtgefährdet ist. Das muß man bei der Auswahl des Drohnenmaterials für die instrumentelle Besamung bzw. bei der Wahl der Inselbelegstelle berücksichtigen. Die Angaben für die Drohnenvölker auf den Inselbelegstellen werden jährlich rechtzeitig in der imkerlichen Fachpresse veröffentlicht. Ist das Material, aus dem die Königinnen gezogen wurden, abstammungsmäßig mit dem Drohnenmaterial auf der Belegstelle verwandt, so kann das leicht zu Inzuchtdepressionen, d. h. zu weniger starken und leistungsschwächeren Völkern führen. Der Imker tut daher gut daran, Hybriden innerhalb der Carnica (Linienkombinationen) zu erstellen.

Der Züchter, bei dem man sein Zuchtmaterial beschafft, kann in der Regel Auskunft geben, welches Drohnenmaterial sich für die Anpaarung am besten eignet. Es sollte mit dem Ausgangsmaterial möglichst nicht verwandt sein, andererseits haben sich nicht alle Kombinationen als geeignet erwiesen. Aus diesem Grunde erkundige man sich zuvor, mit welcher Anpaarung bisher gute Ergebnisse erzielt wurden. In der Regel können die Landeszuchtobleute hier Auskunft erteilen. Bewährtes sollte man wiederholen. Bei Linien, die über viele Generationen selektiert wurden, kann man davon ausgehen, daß die Kombinationseignung über mehrere Jahre anhält.

11. Bildung von Begattungsablegern

Die Bildung und der Einsatz von Begattungsablegern ist ein Thema, das mehr unter dem Aspekt der Betriebsweise zu sehen ist. Lediglich der Freizeit- und eventuell der Nebenerwerbsimker wird zu dieser Möglichkeit greifen, seine Königinnen begatten zu lassen. Der Königinnenzüchter wird in der Regel nicht mit Begattungsablegern arbeiten, da der Einsatz von Waben, Brut und Bienen zu groß und somit unwirtschaftlich ist. Deshalb soll diese Möglickeit hier auch nur kurz behandelt werden.

Begattungsableger sind Völkchen mit mindestens 3 Waben im Standmaß. Vielerorts wird auch mit Halbwaben gearbeitet, die später zusammengeklammert und in normale Beuten umgesetzt werden können. Doch dies ist nicht zu empfehlen. Man muß mit zu vielen Einzelteilen hantieren, wodurch die Arbeit unnötig erschwert wird.

11.1 Ablegerkästen

Zunächst benötigt man Ablegerkästen. Sie sollen möglichst einfach und leicht gebaut sein und 3 bis 5 Waben im Standmaß fassen (91). Wichtig ist, daß sie über eine hintere Futterkammer und eine gute Lüftung verfügen. Zweckmäßig ist die Behandlung von oben. Für den Transport müssen die Waben fest sitzen, und der Deckel sollte mit wenigen Handgriffen festzusetzen sein. Gut bewährt hat sich der in der Zeichnung dargestellte Kasten (90). Der Magazinimker kann auf besondere Ablegerkästen ver-

(90) *Ableger- und Versandkasten*

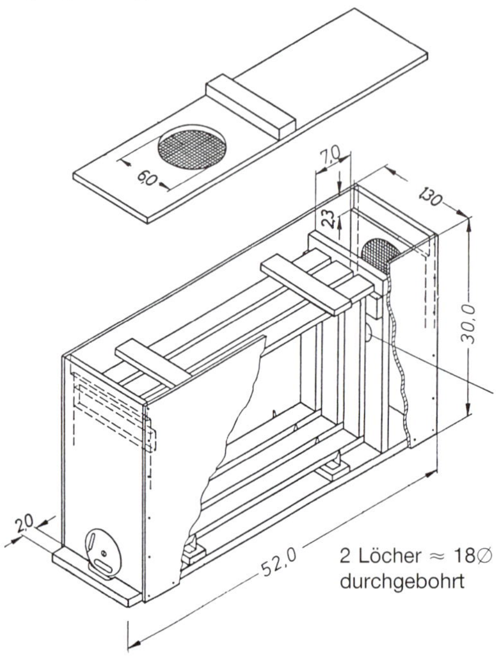

Abmessungen für Normalmaß
Sämtliche Abmessungen in cm

(91) Ablegerkasten für sieben Waben, rechts für fünf Waben.

zichten; er arbeitet statt dessen mit Böden, Deckeln und ganzen Zargen, die er dem Bedarf entsprechend einengen oder erweitern kann. Für den Transport von einem Stand zum anderen nehmen sie jedoch recht viel Platz in Anspruch.

11.2 Besiedlung

Begattungsableger werden mit mindestens drei Waben samt den darauf sitzenden Bienen gebildet. Sie erhalten eine Leerwabe (mit etwas Wasser), eine Futterwabe und wenigstens eine Wabe mit einer großen Fläche verdeckelter, möglichst schlüpfreifer Brut.

Offene Brut darf nicht vorhanden sein. Die Bienen könnten darüber wilde Zellen errichten, zum anderen verzögert sie häufig den Beginn der Eiablage der jungen Königinnen. Brutwaben sammelt man zur Zeit der aufsteigenden Entwicklung als Schröpfwaben zweckmäßigerweise in Sammelablegern, um sie dann bei Vorhandensein schlüpfreifer Weiselzellen in einzelne Ableger aufzuteilen. Beim Dreiwaben-Ableger sollen mindestens die beiden inneren Wabengassen gut mit Bienen besetzt sein. Notfalls fegt man Jungbienen hinzu.

11.3 Fütterung

Die dem Ableger zugegebene Futterwabe reicht in der Regel nicht aus, so daß eine zusätzliche Fütterung erforderlich ist. Hierfür bieten sich mehrere Möglichkeiten an:

Honigfutterteig
Der Teig wird hergestellt wie im Kapitel »Herrichten der Begattungsvölkchen« beschrieben. Diese Art der Fütterung hat sich bewährt.

Invertfutterteig
Billiger als Honigfutterteig ist Invertfutterteig. Auch mit ihm gibt es bei Ablegern keine Probleme. Er wird gut abgenommen. Verwendet werden kann der im Handel erhältliche fertige Teig (z. B. Apifonda). Etwas wirtschaftlicher ist die Eigenherstellung. Auf 1 kg Puderzucker gibt man 80 cm^3 Wasser, dem man in kaltem Zustand zuvor 1–2 g Invertin zugesetzt hat. Invertin (Hersteller Fa. MERCK) ist in der Apotheke oder Drogerie erhältlich. Bei geringerem Bedarf kann man den Teig kneten, bei größeren Mengen lohnt sich die Benutzung eines Betonmischers. Gut verarbeiten läßt sich auch der von der Zuckerindustrie (Frankenzucker/Ochsenfurt) angebotene Futterteigzukker »Apipuder«, der in 10 kg-Beuteln geliefert wird. Diesem Puderzucker werden 750 cm^3 Wasser nach Gebrauchsanweisung zugesetzt. Der Zucker durchfeuchtet im Plastiksack von selbst und ist nach einigen Tagen gebrauchsfertig.

Flüssigfutter
Auch Zuckerlösung ist für die Fütterung von Begattungsablegern geeignet. Sie sollte möglichst konzentriert sein (2:1), da dünnflüssigere Lösungen bei schleppender Abnahme leicht sauer werden.

Die Teigfütterung ist problemlos. Vor der Besiedlung der Kästen knetet man ein bis zwei Pfund in den Futterraum ein. Fehlt ein entsprechendes Futterabteil – wie z. B. bei Magazinzargen – hilft man sich mit Wabentaschen.

Problematischer ist die Flüssigfütterung. Offene Futtergefäße in Ablegerkästen sollte man meiden. Zu groß ist die Gefahr, daß Zuckerlösung verschüttet wird oder ausläuft; die Folge wäre Räuberei.

Besser eignet sich die Dosenfütterung von oben. Gut bewährt haben sich umgestülpte Honiggläser oder Plastikbecher, deren Deckel man durchlöchert und durch den die Bienen die Lösung langsam abnehmen. Auf jeden Fall muß man bei der Flüssigfütterung wesentlich vorsichtiger hantieren als bei der Teigfütterung. Man darf mit ihr auch erst einige Tage nach der Ablegerbildung beginnen, wenn die Völkchen bereits zur Ruhe gekommen sind und sich auf ihrem neuen Standort eingeflogen haben. Für diese Zeit befinden sich ausreichende Vorräte in den Waben.

11.4 Beweiselung

Begattungsableger werden vornehmlich mit schlüpfreifen Zellen beweiselt. Ab dem zweiten Tag vor dem Schlüpftermin sind die Zellen sowohl gegen Abühlung als auch gegen Erschütterungen unempfindlich. So kann man sie problemlos von einem Stand zum anderen transportieren und in die vorbereiteten Ableger geben. Man hängt die Zelle entweder von oben in eine der mittleren Wabengassen oder drückt sie möglichst ins Zentrum der mittleren Wabe. Auf jeden Fall sollte sie gut von Bienen umgeben sein. Nach drei Tagen kann man den Schlupf kontrollieren. Sollte die Königin nicht geschlüpft sein, gibt man eine andere Zelle hinzu. Suchen wird man die Königin wegen des großen Zeitaufwandes in der Regel nicht. Auch mit dem Zeichnen läßt man sich Zeit bis nach Beginn der Eiablage.

11.5 Aufstellung

Nach der Besiedlung und Beweiselung werden die Begattungsableger möglichst außerhalb der Flugzeit, in den Abendstunden oder am frühen Morgen, abseits vom Stand aufgestellt. Zweckmäßig ist es, wenn man die Ableger an einen anderen Ort verbringt, damit nicht zu viele Bienen in ihre alten Völker zurückfliegen. Auch sollte man die unmittelbare Nähe zu großen Völkern oder die Aufstellung im Block mit ihnen meiden. Einerseits würde dadurch gerade in Zeiten mangelnder Tracht die Gefahr der Räuberei verstärkt, andererseits verlieren die Begattungsableger häufig einen Teil ihrer Bienen an die wesentlich stärkeren Völker in der Nachbarschaft. Aber auch vom Hochzeitsflug heimkehrende Königinnen verirren sich leicht im Strom der übrigen Bienen und werden dann auf den Flugbrettern der Völker angefallen und abgestochen. So sind die Königinnenverluste hier bis zu 20% höher als bei einer isolierten Aufstellung.

Zweckmäßig ist überhaupt eine Aufstellung auf einem separaten Stand oder abseits der übrigen Völker. Man vermeide auch eine Blockaufstellung vieler Ableger. Eine Einzel- oder Zweieraufstellung sollte vorgezogen werden. Bei Platzmangel sollte man höchstens Vierergruppen bilden. Die Flugrichtungen sollten dabei jeweils wechseln. Günstig wirken sich Orientierungshilfen in Form von Bewuchs aus.

Eine Aufstellung unmittelbar auf dem Boden sollte man vermeiden. Das ist zu kalt. Durch einfache Lagerhölzer oder eine Styroporunterlage kann man hier Abhilfe schaffen. Plätze in tiefem Schatten aber auch in praller Sonne sind ungünstig. Gut eignen sich Randzonen von Pflanzungen.

Der Magazinimker verfährt bei der Aufstellung seiner Begattungseinheiten aus betriebstechnischen Gründen häufig ganz anders. Er setzt seine Ableger auf Wirtschaftsvölker über einen dazwischengelegten Gazerahmen. So wärmt das Hauptvolk den Ableger durch die aufsteigende Brutwärme. Die Flugrichtung wird entgegengesetzt zum Flug des Hauptvolkes gewählt, um Königinnenverluste so gering wie möglich zu halten. Der Vorteil dieser Verfahrensweise liegt in der einfachen Möglichkeit der späteren Völkervereinigung. Volksverjüngung und Verbesserung des Bienenmaterials gehen auf diese Weise Hand in Hand und sind, betriebstechnisch gesehen, in hervorragender Weise gelöst.

11.6 Begattungsableger und Belegstellen

Auf einigen Landbelegstellen, vornehmlich innerhalb großer Reinzuchtgebiete, ist die Anlieferung von Begattungsablegern zugelassen. In diesem Fall muß die Drohnenfreiheit natürlich gesichert sein. Fremde, mit den Begattungsvölkchen angelieferte Drohnen würden stören und die Belegstellenarbeit wertlos machen. Aus diesem Grunde werden bei der Besiedlung sämtliche Zellen mit Drohnenbrut zerstört. Die Bienen werden gesiebt (siehe »Herrichten der Begattungsvölkchen«). Gut eignet sich für diese Zwecke das von Pfefferle entwickelte Mehrzweckkästchen »Ruck-Zuck« (92). Es verfügt über eine seitlich anzuhängende Schütte mit dahinterliegendem Absperrgitter, durch die man die Bienen in den Kasten fegt. Eine zusätzliche Sicherheit für die Belegstellen bieten Drohnenabsperrgitter* vor den Fluglöchern. Diese Absperrgitter weisen einen Stababstand von 5,2 mm auf.

Der Vorteil von Begattungsablegern liegt in den günstigeren Entwicklungsbedingungen für die Königin. Die Völkchen wachsen harmonisch, und wenn man sie früh erstellt, kann man mit ihnen bis zum Spätsommer überwinterungsfähige Völker aufbauen. Dabei braucht man mit den Königinnen nicht viel zu hantieren, um sie mit mehr oder weniger umständlichen Verfahren in Völker einzuweiseln. Daher wird man

(92) *Ablegerkasten »Ruck Zuck« nach* Pfefferle

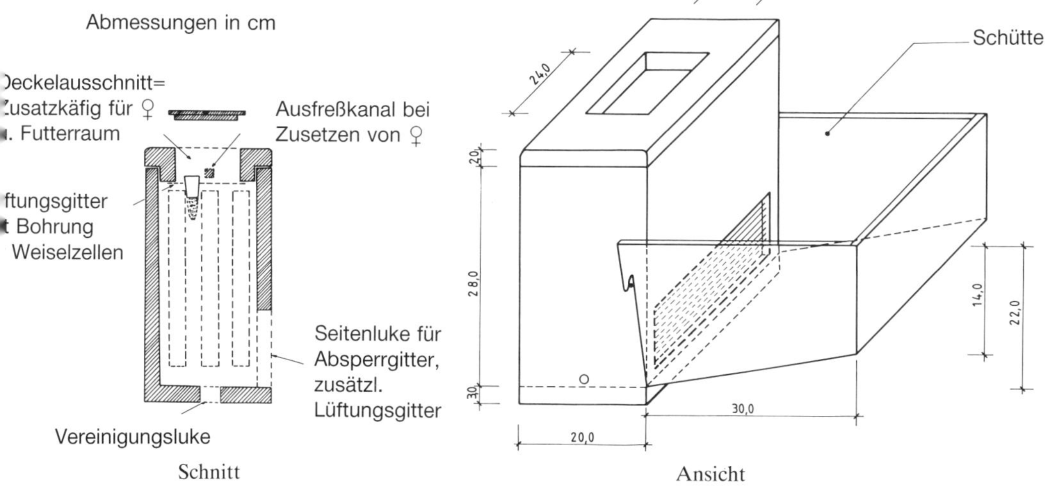

* Hersteller: Fa. K. Neuner, Ziegelhüttenweg 9, 8532 Bad Windsheim (Mfr.).

bei der Erstellung von Reserven und Wirtschaftsköniginnen gern diesen Weg wählen. Dem steht der hohe Aufwand gegenüber. Außerdem lohnt sich eine Wiederbeweiselung des Begattungsablegers beim Verlust der Königin nicht. Die Bienen sind häufig zu alt. Man löst den Ableger besser auf.

12. Herrichten der Begattungsvölkchen

Will man Belegstellen beschicken, ist die Verwendung von kleinen Begattungseinheiten zweckmäßig. Allein schon für den Transport auf die häufig recht schwierig zu erreichenden Belegstellen sind sie wegen ihrer kleinen Abmessungen und ihres geringen Gewichtes gut geeignet. Je kleiner die Begattungskästchen sind, desto geringer ist außerdem der Aufwand an Bienenmaterial und Futter. Bei einem eventuellen Verlust der Königin hält sich der Schaden in Grenzen. Auf der anderen Seite darf aber nicht vergessen werden, daß gerade die kleinen Begattungsvölkchen einem besonderen Streß und der Gefahr der Nosema ausgesetzt sind. Auf den abgelegenen Belegstellen – besonders im Hochgebirge – gibt es immer wieder Kälterückschläge, die von den Bienen verkraftet werden müssen. Zur Aufnahme der Begattungsvölkchen wurde eine Vielzahl unterschiedlicher Kästchen entwickelt, von denen im folgenden nur die wichtigsten beschrieben werden können. Grundsätzlich unterscheidet man Einwabenkästchen (EWK) (93) von Mehrwabenkästchen (MWK). Besonders die kleinen Einwabenkästchen sind naturwidrig und kalt. Für ihre Aufstellung benötigt man gut isolierte Schutzkästen. Mehrwabenkästchen dagegen können zumeist frei, direkt auf dem Boden oder einer einfachen Unterlage aufgestellt werden. Sie bestehen heute häufig aus wetterfestem, wärmedämmendem Kunststoff.

12.1 Einwabenkästchen (EWK)

Auf den Insel- und Landbelegstellen sind die genormten Einwabenkästchen (EWK) vorgeschrieben (94). Diese eignen sich besonders für weite Transportwege und ermöglichen eine schnelle Kontrolle der Völkchen auf Drohnenfreiheit und Eiablage der Königin. Das Kästchen faßt ein Rähmchen von ⅓ Normalmaß. Beidseitig des Rähmchens befinden sich Glasscheiben, die am Boden in einer Nut und oben mit je einer kleinen Stahlfeder gehalten werden. Über dem Rähmchen befinden sich der Aufstiegsraum (Beweiselungskammer) für die Bienen und ein Futterraum für ca. 500 g Futterteig. Der Aufstiegsraum wird in der Regel mit einem Holzdeckel, der Futterraum zur Kontrollmöglichkeit mit einer Glasscheibe abgedeckt. Am Boden des Kästchens befindet sich ein Lüftungsschieber. Vor dem Flugloch an der Stirnseite ist eine runde

(93)
Verschiedene Einwabenkästchen:
a) genormtes EWK; ⅓ NM, hier ohne Rähmchen.
b) EWK nach Kurpisch
c) Kleinst-EWK nach Franz.

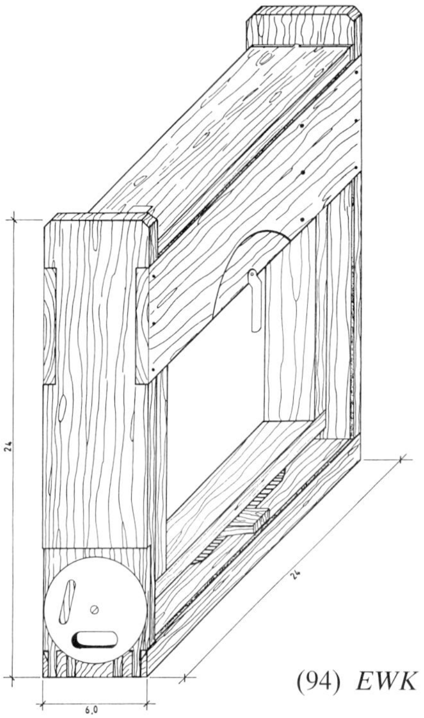

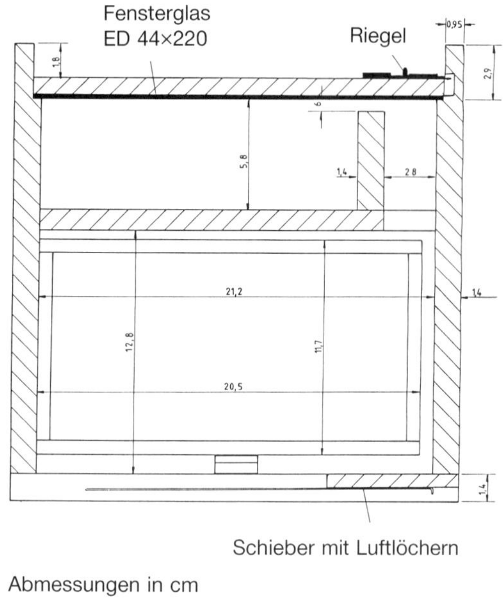

(94) *EWK 1/3 NM*

drehbare Verschlußscheibe (Vorbauscheibe nach dem Erfinder VORBAU benannt) mit einer großen und einer kleinen Öffnung angebracht. Die große Öffnung weist eine Weite von 12 mm aus, während die kleine (4,2 mm) wie ein Absperrgitter wirkt und ein Passieren der Königin verhindert.

Die Maße des genormten Einwabenkästchens sind aus unten stehender Skizze zu ersehen. Wegen der vielen Einzelteile ist ein Eigenbau nicht zu empfehlen. Um Millimeter längere oder breitere Kästchen verursachen beim Einbringen in die Schutzhäuser Schwierigkeiten und Mehrarbeit. Die Vorbauscheiben dürfen nicht hervorstehen und müssen am besten ins Holz eingearbeitet sein. Ihr völliges Festsitzen, ebenso wie das von Bodenschieber und Deckel, müssen stets kontrolliert werden. Die Bodenlüftungen müssen sauber und bei Bedarf (Totenfall) zu entfernen sein. Von der Verwendung von Absperrgittern innerhalb der EWK wird abgeraten. Schwache Völker müssen Gelegenheit haben, sich mit ihren Königinnen in einen der oberen Räume zurückziehen zu können. Oft kommen die Königinnen dort schnell in Eiablage. Es ist auch vorteilhaft, wenn die Futterkammer auf der ganzen Breite zugänglich ist. Bei EWK älterer Bauart mit nur engem Zugang empfiehlt es sich, das Trennungsschied zwischen Futter- und Beweiselungskammer mit der Kneifzange um ca. 1 cm zu kürzen und ein Stück Glas über die ganze Länge des EWK zu legen. Wenn man auf das Rähmchen im unteren Raum verzichtet, faßt der Raum etwas mehr Bienen, und man kann die Königin länger im Kästchen belassen. Dem Glasbruch auf dem Transport kann man durch Verwendung der sehr zweckmäßigen und Gewicht sparenden Plexiglasscheiben vorbeugen. Einziger Nachteil der Plexiglasscheiben ist, daß sie mit der Zeit trübe werden.

Neben dem genormten ⅓ NM EWK ist teilweise noch das ältere EWK nach ZANDER in Gebrauch. Im Aufbau gleicht es dem zuvor Genannten. Länge und Breite haben die

(95) *EWK nach* Franz

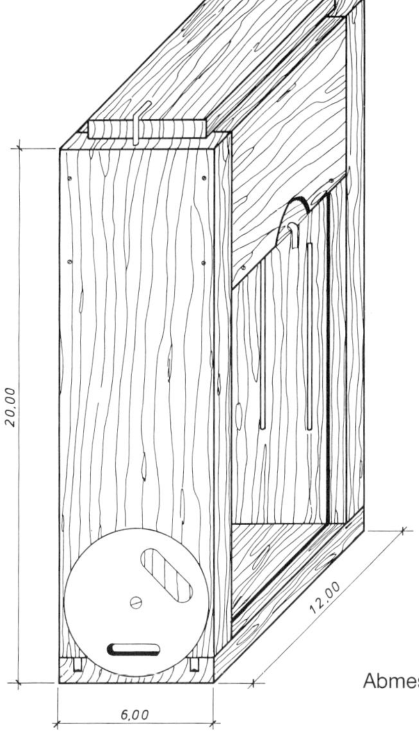

(96) *EWK nach* Kurpisch

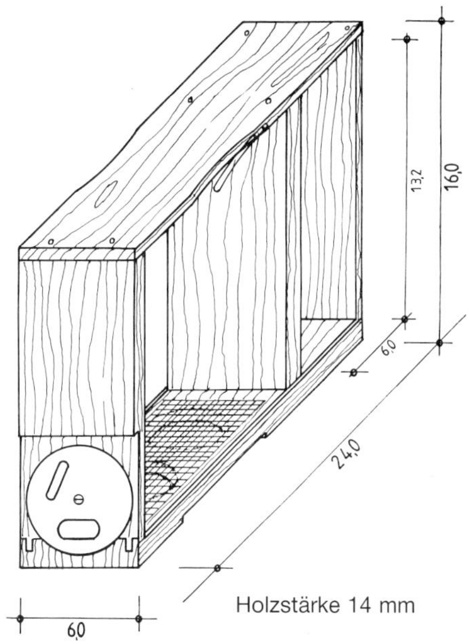

Abmessungen in cm

gleichen Abmessungen. Es ist lediglich 7 cm höher. Es faßt ein Rähmchen mit ½ Zandermaß und wegen des größeren Raumes auch mehr Bienen. Man kann die Königin länger darin belassen.

Um Futter und Bienenmaterial zu sparen, wurde an der Bayerischen Landesanstalt in Erlangen von dem dortigen Imkermeister Franz ein wesentlich kleineres Kästchen gleicher Bauart, aber halber Länge und ohne Rähmchen, entwickelt (95). Während ein normaler Schutzkasten zwei EWK aufnimmt, faßt er vier dieser Klein-EWK. Besonders zu Anfang der Zuchtsaison (Witterungsrückschläge) und in ungünstigen klimatischen Lagen ist dieses Kästchen jedoch nicht zu empfehlen. Auch sollte die Königin sofort nach begonnener Eiablage verwendet werden, damit sie nicht unnötig lange der Gefahr der Nosemainfektion ausgesetzt ist und nicht die Eiablage einstellt.

Gut bewährt hat sich seit einigen Jahren in Norddeutschland ein von Kurpisch entwickeltes, etwas abgewandeltes EWK (96). Es hat die gleichen Außenmaße wie das genormte ⅓ NM EWK und paßt in die genormten Schutzkästen. Dieses EWK ist jedoch wesentlich einfacher zu bauen. Die Abmessungen sind aus der Skizze zu ersehen. Der Futterraum ist nicht über, sondern hinter dem Völkchen angeordnet. Auf ein Rähmchen wird verzichtet. Der Draht wird durch Ösen im Boden und Deckel gezogen. Eine Glasscheibe befindet sich nur auf einer Seite und reicht über die gesamte Fläche einschl. Futterraum. Auf der gegenüberliegenden Seite ist eine Hartfaserplatte fest eingenagelt. An der etwas wärmeren Hartfaserplatte halten sich die Bienen lieber auf als an der kühlen Glas- oder Plexiglasscheibe. Zur Kontrolle reicht eine Scheibe aus. Da außer der Scheibe keine losen Einzelteile erforderlich sind, ist dieses Kästchen besonders bienendicht und für den Transport auch über weite Strecken geeignet.

12.2 Mehrwabenkästchen (MWK)

Auf vielen Landbelegstellen werden heute Mehrwabenkästchen zugelassen. Da die meisten Landbelegstellen gegen den Zuflug fremder Drohnen ohnehin nicht gesichert sind, verzichtet man hier auf die Kontrolle der Drohnenfreiheit und verläßt sich auf die Sorgfalt der Anlieferer. In der instrumentellen Besamung arbeitet man aus biologischen Gründen vorwiegend mit Mehrwabenkästchen.

Am Celler Institut wird nach dem Vorbild der Korbimker (Klindworth und van Bargen) der sog. Celler Pütscher verwendet (97). Dieser Pütscher ist denkbar einfach von jedem Bastler leicht selbst herzustellen und außerdem auch noch schnell sauberzumachen. Er bietet Platz für drei kleine Waben, hat ein ausreichend großes Futterabteil und ist warmhaltig genug, so daß man ihn einfach auf den Boden auf eine Styropor-Unterlage stellen kann. Kaputt gehen kann an dem Kästchen auch bei starker Beanspruchung gar nichts.

Der Name stammt aus der Korbimkerei. Pütscher sind kleine Körbe, auch Pötte genannt, in denen man unbegattete Königinnen mit Bienen eines Nachschwarms zur Begattung aufstellt. Das sind dann Begattungs- und zugleich Reservevölkchen. Nach diesen Pütschern aus Stroh wurden die Pütscher aus Holz entwickelt. Damit das Kästchen, wie die Körbe, für den Transport mit einem Sacktuch verschlossen werden kann, bekam es Boden- und Deckelteil. Das Kästchen ist quadratisch und hat ein Außenmaß von 15 cm (99). Die Höhe beträgt 13 cm. Dazu kommt der Deckel mit seitlichen Leisten zum besseren Anheben. Ein 6 cm hoher Rahmen am Deckel macht

(97) Celler Pütscher mit Völkchen.

(98) Kirchhainer Begattungskästchen (ohne Deckel).

(99) *Celler Pütscher*

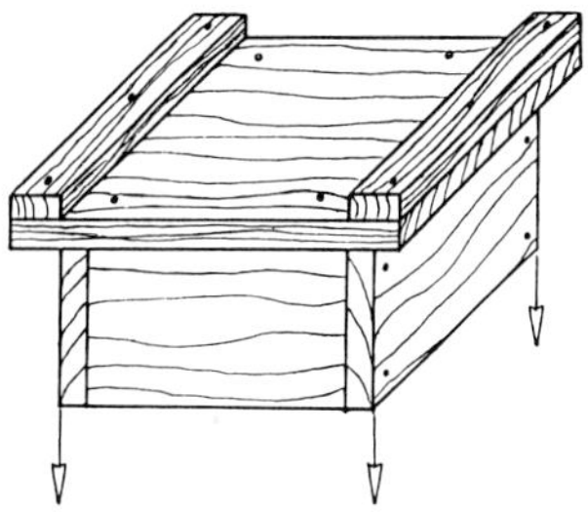

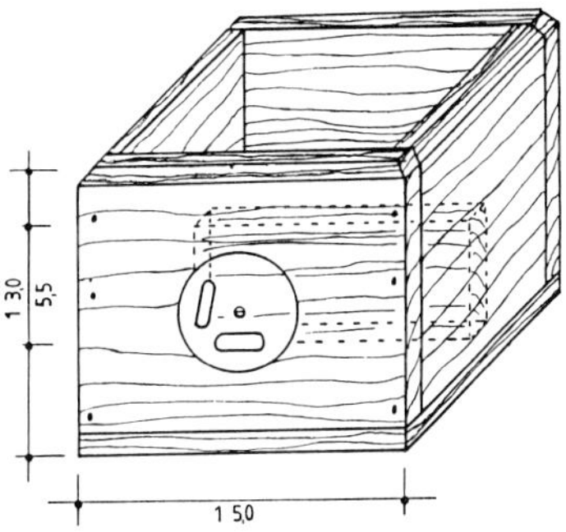

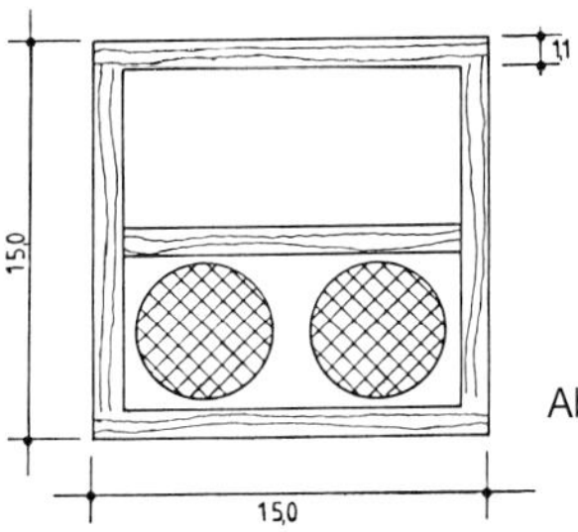

Abmessungen in cm

Grundriß

(100) *Kirchhainer Begattungskästchen*

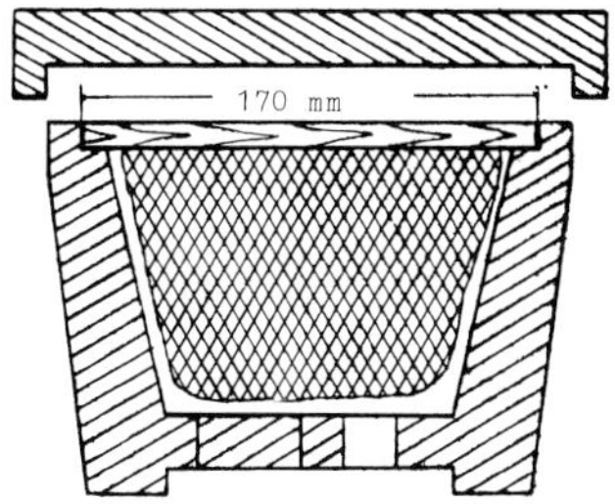

Vereinfachter Querschnitt durch Kirchhainer Begattungskästchen. Kästchenwandung und Überfalldeckel aus Hartstyropor (100 g/L). Trapezförmige Wäbchen an hölzernen Tragleisten. Flugloch im Unterboden. (Nach MAUL)

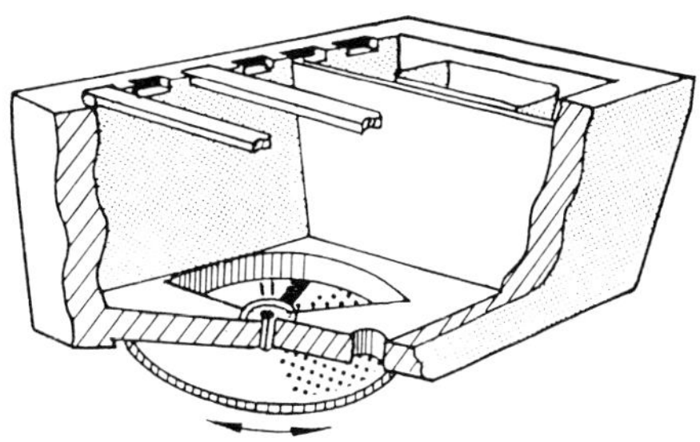

Schematische Ansicht des Kirchhainer Kästchens. Lüftung und Flugloch im Boden mit verstellbarer Scheibe. Einsatz für Flüssigfutter im Futterabteil. Für den Transport werden die beiden nicht benötigten Leisten aus dem Futterraum quer über die Rähmchenleisten gelegt, damit diese fest liegen. (nach WIENOLD)

den oberen Teil des Kästchens doppelwandig. Bei 11 mm Holzstärke und etwas Spielraum bleiben von den 15 cm Außenmaß 10 cm für den Innenraum, gerade genug für drei Waben. Das Flugloch liegt im unteren, einfachwandigen Teil der Vorderwand und ist mit einer Vorbauscheibe versehen. Der Bodenraum ist in der Mitte durch ein 5,5 cm hohes Brettchen unterteilt. Im vorderen Teil befinden sich im Boden zwei Lüftungslöcher von 4 cm Durchmesser, von innen mit Drahtgaze benagelt. Der hintere Raum dient als Futterabteil. Das Holz sollte möglichst astfrei und leicht sein. Die Stärke von 11 mm muß nicht unbedingt eingehalten werden, nur sollte man am Außenmaß von 15 cm festhalten. Das Zusammenfügen wird durch eine Nagelform erleichtert, die man leicht selbst herstellen kann.

In neuerer Zeit gibt es zunehmend Kästchen aus Hartstyropor. Diese sind von der Industrie preisgünstig herzustellen und sehr warmhaltig. Am weitesten verbreitet ist das Kirchhainer Begattungskästchen (98).

Wie der schematische Querschnitt zeigt, enthält es keine Rähmchen, sondern nur Tragleisten (100/101). Die schräge Seitenwand verhindert nach alter Erfahrung, daß die Waben seitlich angebaut werden. Um die Druckgußherstellung aus Hartstyropor zu erleichtern, wurden das Flugloch und die Lüftungslöcher in den Boden gelegt. Sie werden wechselseitig durch einen Holzwirbel verschlossen. Durch einen dreiseitigen Wulst am Boden entsteht ein Hohlraum, durch den die Bienen nach vorn abfliegen können. Das Kästchen enthält 4 Wäbchen (ca. ¼ NM), die in ein Normalrähmchen eingeklammert werden können. Dahinter liegt ein Futterraum im Volumen von 2 Wäbchen, der bei Bedarf nach Entfernung der Zwischenwand auch noch bebaut werden kann. Das Kästchen ist warmhaltig und wetterfest genug, braucht also keinen weiteren Schutz.

Sowohl beim Celler Pütscher als auch beim Kirchhainer Begattungskästchen sind die Waben nicht gedrahtet. Dies kann bei längeren Transporten, vor allem wenn man auf Bahn, Post oder Schiff angewiesen ist, von Nachteil sein. Es kommt vor, daß Waben beim Transport brechen.

Dieser Nachteil wird beim Lunzer Begattungskästchen ausgeschaltet (102). Dieses Kästchen faßt drei Holzrähmchen von 210×106 mm. Es ist ebenfalls aus Schaumstoff hergestellt, enthält jedoch einen festen Plastikeinsatz, der im vorderen Teil die Holzrähmchen aufnimmt und im hinteren Teil über eine Futterkammer für 1 kg Teig oder ½ l Flüssigfutter verfügt. Das Kästchen ist quaderförmig und hat keine hervorstehenden Teile. Somit ist es gut stapelbar. Flugloch und Lüftung sind in der Stirnseite angebracht. Es fehlt jedoch eine Vorbauscheibe zum Absperren der Königin. Hier muß man sich mit geschnittenen Absperrgittern helfen. Die Lunzer Kästchen sind wesentlich weicher geschäumt als die Kirchhainer Kästchen. Deshalb kommt es bei ihnen leicht zu mechanischen Beschädigungen der Außenschicht. Außerdem ist die Lüftung für weite Transporte nicht ausreichend.

Da Mehrwabenkästchen direkt, d. h. ohne Schutzhäuschen, im Gelände aufgestellt werden, sollte man sie mit den für das Bienenauge gut wahrnehmbaren Farben (weiß, gelb, blau, grün) streichen. Dadurch wird den Königinnen die Orientierung erleichtert. Für Holzkästchen eignet sich Lack-, Öl- oder Acrylfarbe, für die Styroporkästchen ist Binderfarbe zu empfehlen.

Jahrzehntelang wurde auf unseren Belegstellen ausschließlich mit den von Zander entwickelten Einwabenkästchen gearbeitet. Das hat sich bisher kaum geändert, obwohl heute auf einigen Belegstellen mit Zustimmung des Belegstellenleiters auch Mehrwabenkästchen aufgestellt werden dürfen. Warum die Einwabenkästchen trotz großer Mängel auf unseren Belegstellen immer noch fast ausschließlich verwendet

(102)
Lunzer Begattungskästchen aus Styropor mit PVC-Einsatz.

werden, hat zwei Gründe. Der erste ist, daß sie nun einmal angeschafft sind, ebenso die dazugehörigen Schutzhäuschen. Der zweite Grund liegt in der Möglichkeit der Kontrolle auf Drohnenfreiheit durch den Belegstellenleiter. Auch die Eiablage der Königin läßt sich leicht und schnell feststellen.

Dagegen gibt es aber auch eine ganze Anzahl von Nachteilen: Das Kästchen ist nicht bienengemäß, denn das kleine Völkchen lebt zwischen zwei kalten Glasscheiben auf einer Wabe und nicht in Wabengassen, wie es natürlich wäre. Wenn die Königin in Eiablage ist, sollte man sie nicht mehr allzu lange im Einwabenkästchen belassen, weil die kleine Wabe schnell bestiftet ist und es dann zu einem Brutstopp bei der Königin kommt. Das Reinigen ist sehr umständlich und zeitraubend, ebenso das Zusammensetzen. Die Entscheidung, ob Ein- oder Mehrwabenkästchen verwendet werden, hängt letztlich von den Bedingungen der gewählten Belegstelle ab.

12.3 Säubern und Desinfizieren der Begattungskästchen

Gerade die Königinnenzucht erfordert eine Reihe von unbiologischen, bienenwidrigen Eingriffen und Maßnahmen, die eine Verbreitung von Krankheiten, besonders der Nosema, sehr fördern. Die Bienen sind in den Begattungskästchen längere Zeit eingesperrt. Außerdem sind die Temperaturverhältnisse gerade in Schlechtwetterperioden ungünstig. Dadurch wird einer Infektion Vorschub geleistet. In unsauberen Zuchtkästen kann sich die Königin schon früh den Keim des Todes oder des vorzeitigen Versagens holen. Daher sind sowohl EWK als auch MWK vor jeder erneuten Besetzung gründlich zu reinigen.

Mit einem Spachtel werden sämtliche Teile von Wachs, Kittharz und Kotflecken befreit. Waben werden ausgeschnitten. Ferner ist auch peinlichst darauf zu achten, daß sämtliche Teigreste aus der Futterkammer entfernt werden. Diese bilden für die Begattungsvölkchen häufig eine Ansteckungsquelle, da sie infolge Bekotung oder Belaufen durch nosemakranke Bienen bereits Sporen enthalten.

Sämtliche Holz-, Glas- und Kunststoffteile sind mit 2%iger Ätzkalilauge, Soda- oder P 3-Lösung zu scheuern. Dadurch werden die Nosemasporen abgetötet.

Ätznatron (Natriumhydrocyd) ist in Drogerien für wenig Geld erhältlich. Man gibt 200 g davon auf 10 l heißes Wasser. Zweckmäßigerweise arbeitet man mit einer Plastikwanne, da die Lauge Metalle angreift. Zum Reinigen benutzt man Stielbürsten mit Kunststoffborsten, da Naturfasern von der Lauge angegriffen werden. Die Hände schützt man mit Gummihandschuhen. Vor allem muß man vermeiden, daß Spritzer ins Gesicht oder gar in die Augen kommen. Wenn das trotz aller Vorsicht geschieht, ist sofort mit Wasser nachzuspülen!

P 3 ist bei den Raiffeisenwarengenossenschaften und im Landhandel erhältlich. Es ist ein Produkt der Henkelwerke und wird vorwiegend in der Landwirtschaft zur Reinigung von Milchkannen und Melkanlagen benutzt. Es handelt sich dabei um ein Desinfektions- und wirkungsvolles Reinigungsmittel.

Nitrohaltige Mittel (z. B. Farbverdünnung, Benzin usw.) dürfen nicht verwendet werden, weil die Dämpfe schädlich sind. Kunststoffe (Plastik, Styropor) werden durch diese Mittel angegriffen und lösen sich auf.

Nachdem man die Teile abgebürstet hat, spült man sie gründlich ab und stellt sie zum Trocknen auf. Das Nachspülen hat den Zweck, daß Reste des Reinigungsmittels nicht antrocknen und eventuell später bei den Bienen zu Schäden führen.

Weil Lauge Farben angreift, werden EWK zweckmäßigerweise nicht mit einem Farbanstrich versehen. Wer es für nötig hält, kann sie vor dem ersten Gebrauch mit Leinölfirnis tränken.

12.4 Vorbereitung der Begattungskästchen

Nach dem Reinigen werden die Kästchen zusammengesetzt. Obwohl die EWK nach DIN 1163 genormt sind, haben die Einzelteile aus verschiedenen Herstellungen häufig etwas unterschiedliche Abmessungen. Scheiben, Rähmchen und Abdeckbrettchen passen untereinander nur selten. Daher tut man gut daran, sie nur aus einer Herstellungsserie zu nehmen. Diesen Ärger hat man bei den aus Kunststoff hergestellten Mehrwabenkästchen nicht. Aber auch hier muß man sich davon überzeugen, daß alle Einzelteile vorhanden sind, die Lüftungen frei sind und sämtliche beweglichen Teile so fest sitzen, daß sie sich beim Transport nicht lösen.

Verwendet man in den Begattungskästchen (EWK und Lunzer) Rähmchen, so sind diese dreimal V-förmig oder senkrecht zu drahten, damit der junge Bau beim Transport genügend Halt hat. Läßt man bei den EWK das Rähmchen fehlen, wird entweder zweimal waagerecht durch die beiden Seitenteile (genormtes EWK) oder zweimal senkrecht V-förmig (EWK nach Kurpisch, EWK nach Franz) durch Boden und oberes Brett gedrahtet. Transportiert man die Begattungskästchen selbst und werden sie keinen großen Erschütterungen ausgesetzt, so kann man auf das Drahten verzichten.

Die Begattungskästchen werden mit 2–3 cm breiten Leitwachsstreifen versehen. Andernfalls wird Wirrbau errichtet, was die Kontrolle und das Ausfangen der Königin sehr erschwert. Die Mittelwandstreifen werden in die Rähmchen eingelötet (EWK, Lunzer Begattungskästchen). Verzichtet man beim EWK auf das Drahten, wird der Leitwachsstreifen mit flüssigem Wachs am Rähmchen bzw. am oberen Brettchen angegossen.

Ebenso werden die Leitwachsstreifen an den Leisten des Kirchhainer Kästchens und im Deckel des Pütschers befestigt.

Die weit verbreitete Unsitte, Streifen oder vorjährige Waben stehen zu lassen, ist grundsätzlich falsch. Diese Altwaben, auch wenn sie noch so schön aussehen, können in starkem Maße Nosemasporen enthalten. Ferner handelt es sich bei einem Begattungsvölkchen biologisch gesehen um eine Art Nachschwarm, der das Bedürfnis zum Bauen hat.

12.5 Fütterung

Als Futter für die Begattungsvölkchen werden Futterteig und Flüssigfutter verwendet.

Schickt man die Begattungsvölkchen auf Belegstellen, so müssen sie über einen Futtervorrat verfügen, der auch bei ungünstiger Witterung mindestens 3 Wochen reicht. Hier eignet sich Honigfutterteig am besten. Invertzuckerteig, wie er im Handel angeboten wird, ist für Begattungsvölkchen ungeeignet. Er verkrustet zu schnell und kann dann von den Bienen nicht aufgenommen werden.

Honigfutterteig stellt man aus drei Gewichtsteilen Puderzucker und einem Gewichtsteil Honig her. Anstelle von Honig kann man auch Futterhonig verwenden, den man aus überschüssigen Futterwaben ausschleudert. Auf keinen Fall nehme man Auslandshonig. Dieser kann Faulbrutkeime enthalten und so zu einer Infektion der Völker führen.

Zur Teigherstellung wird der Honig erwärmt, so daß er flüssig wird. Das Kneten des Teiges nimmt man in einer flachen Wanne vor, indem man in den Zucker eine Vertiefung drückt, einen Suppenlöffel Honig zugibt und solange duchknetet, bis kein Puderzucker mehr an den Händen schmiert und klebt.

Manche Züchter geben den Honig und Puderzucker schichtweise in ein Gefäß und stellen dieses an einen warmen Platz. Nach zwei Tagen hat der Honig den Puderzucker durchfeuchtet, so daß sich der Teig jetzt gut verkneten läßt.

Wenn größere Mengen Teig benötigt werden, lohnt sich der Einsatz einer Teigknetmaschine der Bäcker oder ein Betonmischer. Zunächst gibt man den Puderzucker hinein, anschließend den Honig. Der Teig wird solange durchgeknetet, bis er die richtige Konsistenz erreicht hat.

Der Teig darf weder klebrig noch so weich sein, daß er verlaufen kann. Die Bienen würden darin verkleben. Er muß sich gut formen lassen. Wasser sollte bei der Herstellung nicht verwendet werden. Andernfalls würde der Teig später hart und könnte von den Bienen nicht abgenommen werden. Verelenden, Verhungern oder Ausziehen der Völkchen wären die Folge.

Gut eignet sich erfahrungsgemäß der für diese Zwecke im Handel angebotene Futterteig. Mit ihm gibt es keine Mißerfolge.

Der Teig wird in die Futterkammer der Begattungskästchen eingeknetet (103). Das geht am einfachsten unmittelbar nach der Herstellung. Dann ist er noch geschmeidig. Bei Holzkästchen empfiehlt es sich, den Futterraum zuvor mit flüssigem Wachs auszustreichen oder zwischen Holz und Teig ein Stück Pergamentpapier zu legen. So kann die Feuchtigkeit aus dem Teig nicht in das Holz ziehen. Bei der Füllung der Futterkammer achte man darauf, daß ein kleiner Raum hinter der Zugangsöffnung frei bleibt, damit den Bienen zum Abtragen eine größere Fläche zur Verfügung steht (104). Beim EWK sollte man zusätzlich im unteren Raum einen etwa walnußgroßen Klumpen Futter bieten. So haben die Völkchen eine größere Oberfläche Teig zur Verfügung. Sie bauen dann schneller.

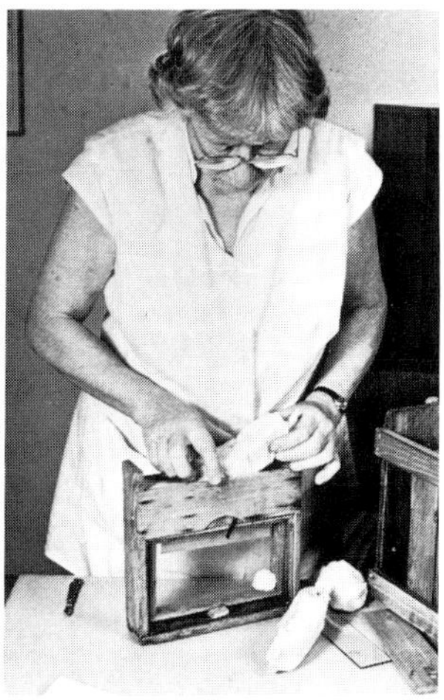

(103) Einfüllen des Futterteiges.

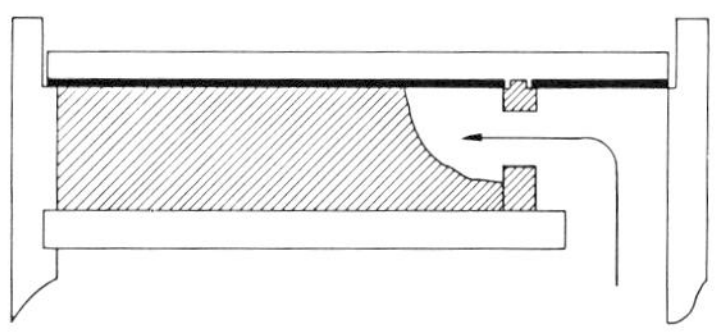

(104) Futterteig in der Futterkammer

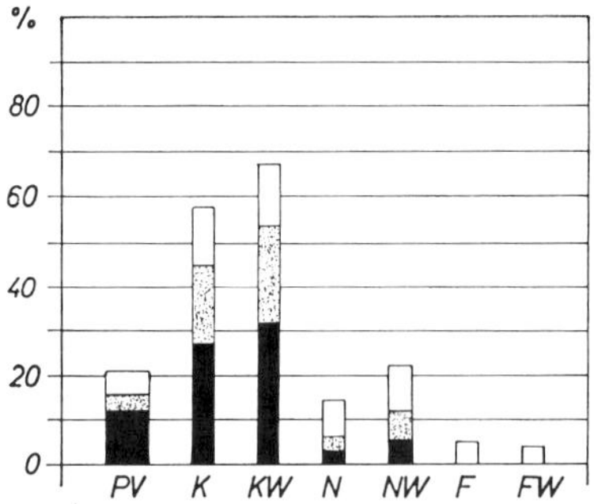

(105) Zusammenfassende Darstellung der Ergebnisse der Nosemauntersuchung bei den verschiedenen Versuchsgruppen. Die Höhe der Säulen gibt den Prozentsatz der nosematösen Bienen an. Der schwarz ausgefüllte Säulenabschnitt bedeutet Bienen mit Befallsstufe III, der punktierte Abschnitt Befallsstufe II und der leer gelassene Abschnitt Befallsstufe I.
PV = Pflegevölker vor der Auflösung zur Besiedelung der EWK,
K = Kontroll-EWK, d. h. EWK mit einfachem Futterteig,
KW = weisellose Kontroll-EWK,
N = EWK mit Nosemack-haltigem Futterteig,
NW = weisellose EWK mit Nosemack-haltigem Futterteig,
F = EWK mit Fumidil-haltigem Futterteig,
FW = weisellose EWK mit Fumidil-haltigem Futterteig.

In einigen Mehrwabenkästchen (Lunzer u. Kirchhainer Begattungskästchen) ist eine flüssige Fütterung möglich. Nach Ruttner soll eine möglichst dickflüssige Lösung (2:1) verwendet werden. Die Bienen bauen dann besser. Eine dünnflüssige Lösung wird leicht sauer. Bei Flüssigfütterung muß man in die Futterkammer Schwimmer in Form von Stroh, feinen Ästen oder Styropor geben, damit die Bienen nicht ertrinken. Sie ist bei der Beschickung von Belegstellen wegen folgender Nachteile nicht zu empfehlen:
1. Für den Transport muß das Futter entfernt werden.
2. Es besteht erhöhte Gefahr der Räuberei.
3. Es muß häufiger gefüttert werden.
Infolge der geringen Zahl der Bienen in den Begattungsvölkchen und ihrer hohen Leistung bei der Brutpflege besteht erhöhte Nosemagefahr. Aus diesem Grunde soll nach den Zuchtrichtlinien des Deutschen Imkerbundes dem Futter ein Nosemabekämpfungsmittel zugegeben werden. Die Notwendigkeit hierfür hat Vorwohl anschaulich dargestellt. Er verglich den Nosemabefall von EWK-Völkchen
a) mit Futterteig ohne Zusatz,
b) mit Nosemack-Futterteig,
c) mit Fumidilfutterteig.
Die EWK-Völkchen mit Fumidilteig kamen am gesündesten von der Belegstelle zurück. Die oben stehende Grafik zeigt dieses deutlich (105).

Wegen seiner guten Wirkung wird Fumidil* allgemein empfohlen. Eine Flasche reicht für 15,6 kg Teig. Das Mittel wird schon bei der Teigherstellung eingearbeitet. Man mischt das Pulver zunächst mit einem Mixer mit etwa 250–500 g Honig gründlich durch und gibt diese Menge dann zu dem übrigen für die Teigherstellung benötigten Honig. Auch bei Flüssigfütterung ist Fumidil erforderlich. Hier richtet man sich nach der Gebrauchsanweisung (1 g je l Lösung, unabhängig von der Konzentration).

Nach Mautz (mündl. Mitteilung) ist die Haltbarkeit von Fumidil wesentlich größer als allgemein angenommen. Noch 8 Jahre nach dem Verfallsdatum wurde eine 80%ige

* Fumidil ist in Deutschland nicht im Handel erhältlich, jedoch in einigen Nachbarländern.

Wirkung nachgewiesen. Im Futterteig ist Fumidil fast unbegrenzt haltbar. Flüssigfutter dagegen sollte wegen der Bildung von giftigen Hefen immer frisch angesetzt werden.

Der Zusatz eines Nosemaheilmittels zum Futter kann auf den Belegstellen nicht kontrolliert werden. Wer es nicht verwendet, fügt sich selbst größten Schaden zu.

12.6 Besiedlung der Kästchen mit Bienen

Die Bienen für die Begattungsvölkchen sollen aus gesunden, vitalen Völkern stammen. Auf keinen Fall darf man sie aus schwachen Völkern nehmen, die zurückgeblieben sind und deshalb für die Tracht nicht genutzt werden können. Solche Völker sind meist nosemakrank. Die Bienen würden die jungen Königinnen infizieren. Hohe Ausfallquoten wären die Folge.

Das Bienengemisch soll hauptsächlich Jungbienen im Alter bis 21 Tage enthalten. Die Bienen sollen bauen. Außerdem ist damit zu rechnen, daß die Königin erst nach 3 Wochen mit der Eiablage beginnt. Diese Bienen müssen dann auch noch die Brut pflegen. Daher achte man besonders auf junge Bienen. Man gewinnt sie am besten durch Abfegen von Waben mit offener Brut.

Außerdem soll man keine Stecher für die Begattungsvölkchen verwenden. Dadurch vermeidet man manchen Verdruß auf der Belegstelle. Die Arbeiten des Belegstellenleiters, vor allem das Nachfüttern, werden so erleichtert.

Wichtig ist, daß die Völker, aus denen die Bienen für die Begattungsvölkchen genommen werden, nicht in Schwarmstimmung sein dürfen. Verwendet man Bienen aus Völkern, die bestiftete, offene oder gar verdeckelte Schwarmzellen haben, werden die Jungköniginnen gleich nach dem Zusetzen abgestochen. Auch wenn man zur Füllung der Kästchen aus mehreren Völkern Bienen zusammenfegt, und nur eines davon befand sich in Schwarmstimmung, wird die gesamte Königinnen-Serie abgestochen, sofern man dies nicht rechtzeitig erkennt.

Je Begattungsvölkchen werden 200–250 cm^3 Bienen (je nach Kästchen) benötigt. Als Richtmaß gilt: Eine gut besetzte Wabe ergibt ein Begattungsvölkchen. Ein Volk reicht somit für 18 bis 22 Begattungsvölkchen. Das muß bei allen Zuchtplanungen bedacht werden.

Häufig wird empfohlen, für die Besiedlung der Begattungsvölkchen nur Bienen des Pflegevolkes zu verwenden. Dies ist keineswegs erforderlich, noch ist es bei allen Aufzuchtverfahren möglich, da die Pflegevölker ständig oder für mehrere aufeinanderfolgende Serien eingesetzt werden (Finisher). Folgende Möglichkeiten zur Gewinnung der Bienen kommen in Betracht:

Auflösen des Pflegevolkes

(z. B. bei Zucht im Volk mit 9 Tage gesperrter Königin). FALKENBERG rät, das Pflegevolk vor der Auflösung zu verstellen. So bleiben nur die Jungbienen zurück. Diese können von den Waben abgefegt werden. Die Flugbienen fliegen auf den gewohnten Platz zurück. Dort kann man einen Ableger mit einer geschlüpften Königin aufstellen. Läßt sich die Beute nicht verstellen, gibt man den gesamten Wabenbau auf den Wabenbock, läßt die Altbienen abfliegen und fegt anschließend die Bienen ab. So hat man reichlich junge Bienen.

Verwendung von Sammelablegern
Während der aufsteigenden Entwicklung fallen aus starken Völkern immer wieder überzählige Brutwaben an. Diese Schröpfwaben kann man in leeren Beuten zusammenstellen und dort die Bienen schlüpfen lassen. Wichtig ist, daß zumindest auf einer Wabe offene Brut vorhanden ist, über der die Bienen Weiselzellen errichten können. In diesen Sammelablegern schlüpfen ständig junge Bienen; sie ergeben das geeignete Bienengemisch.

Schröpfbienen aus weiselrichtigen Wirtschaftsvölkern
Ebenso wie Brutwaben fallen aus starken Völkern häufig auch Bienen an. Man schröpft die Völker, damit sie nicht in Schwarmstimmung geraten. Wichtig ist dabei, daß die Völker noch keine Schwarmanzeichen zeigen. Man achte peinlichst darauf, daß keine bestifteten, offenen oder verdeckelten Weiselzellen vorhanden sind. Man gewinnt die Bienen von (offenen) Brutwaben. Die Altbienen muß man zuvor abfliegen lassen. Die Bienen mehrerer Völker kann man zusammenfegen.

Aufteilung eines Nachschwarmes
Biologisch gesehen ist das Begattungsvölkchen zu vergleichen mit einem Nachschwarm. Daher lassen sich Nachschwärme auch gut aufteilen und für Begattungsvölkchen verwenden. Die Jungköniginnen müssen vorher ausgesiebt werden (Achtung, es können mehrere Königinnen sein!).

Will man Belegstellen beschicken, muß die Drohnenfreiheit der Begattungsvölkchen gewährleistet sein. Wird in einer Sendung auf einer Belegstelle auch nur ein Drohn gefunden, geht die gesamte Sendung unter Erhebung der vollen Belegstellengebühr zurück. Dazu kommen die Transportkosten. Ganz abgesehen davon, daß fremde Drohnen auf einer sicheren Belegstelle (z. B. Insel) die Zucht ganz erheblich stören können, kann dies für den Beschicker eine sehr teure Angelegenheit werden.

Gleichgültig, ob man das Pflegevolk auflöst, ob man die Bienen aus dem Sammelableger oder aus Völkern entnimmt oder ob man Nachschwärme aufteilt, auf jeden Fall sind die Drohnen vorher abzusieben. Dazu kann man die Schwarmsiebkästen verwenden. Die Siebe sollen nicht weiter als 4,2 mm sein, da sich manchmal kleinere Drohnen durch die Gitter zwängen.

(106) Marburger Feglingskasten

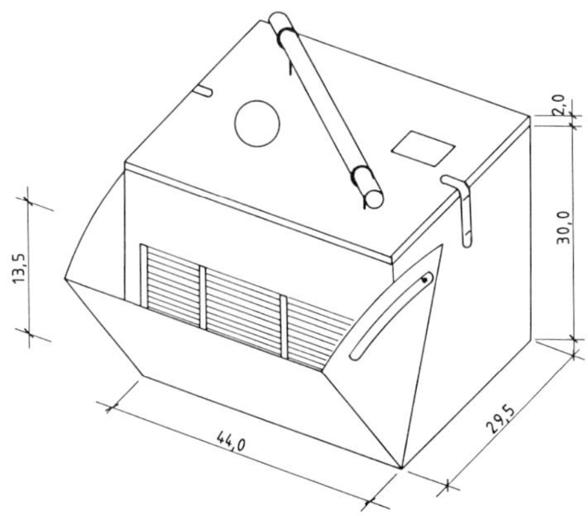

Maße in cm

Abmessungen für Normalmaß, Holzstärke 2 cm

(107) Marburger Feglingskasten.

(108) Jungbienen werden von Brutwaben abgefegt.

Gut eignet sich der Marburger Feglingskasten (nach PERKIEWICZ) (106/107). In den beweglichen Deckel wird zunächst eine junge Königin im Käfig eingehängt. Die Bienen fegt man in den seitlichen Trichter (108). Die Flugbienen fliegen dabei ab, die Jungbienen laufen durch das Absperrgitter in das dunkle Kasteninnere und sammeln sich um die Königin. Eine eventuell abgefegte Königin des Volkes findet man außen am Gitter wieder. Zum Schluß fegt man die Drohnen vom Absperrgitter ab und schließt den Trichter. Die Bienentraube soll nicht mehr als ⅓ des Kastens füllen, da sonst die Gefahr des Verbrausens besteht. Auch achte man auf eine ausreichende Belüftung. Bei größeren Zuchtserien wird man mit mehreren Feglingskästen arbeiten.

FALKENBERG schlägt ein recht praktisches Verfahren zur Siebung mit Hilfe von 2 Zargen vor. Man fegt die Bienen in eine leere Zarge, legt ein Absperrgitter auf, setzt eine leere Zarge darüber und hängt unter den Deckel eine junge Königin im Käfig. Um diese Königin bildet sich eine Bienentraube, die man dann verwenden kann.

Den Sieb-, Kunstschwarmkasten oder die Zarge mit den Bienen gibt man für einige Stunden an einen kühlen, jedoch nicht zu kalten Ort, damit sich die Bienen beruhigen. Verwendet man sie nicht am gleichen Tag, muß mit einer dünnflüssigen Zuckerlösung gefüttert werden.

Zur Besiedlung werden die Begattungskästchen nebeneinander aufgereiht, so daß sie zügig zu füllen sind (109). Bei den Mehrwabenkästchen werden die Deckel griffbereit

(109)
Besiedeln der EWK. Die Kästchen sind in Reihe gelegt, die Scheiben liegen griffbereit.

dahintergelegt, bei den EWK klappt man eine Scheibe schräg nach vorn. Sie bleibt in der Nut stehen, und das Kästchen kann nach der Füllung schnell geschlossen werden.

Die Bienen werden vor der Aufteilung mit Wasser aus einem feindüsigen Zerstäuber benetzt. Für das Füllen der Begattungskästchen wird allgemein eine ¼ l fassende Suppenkelle empfohlen. Man kommt damit aber schlecht in die Ecken des Siebkastens. Besser hat sich ein eckiger Schöpflöffel oder eine kleine Blechschaufel erwiesen. Es eignen sich auch kleine Plastikboxen für den Kühlschrank. Sie fassen ebenfalls ¼ l. Auch Milchtüten, auf ein Viertel gekürzt, leisten gute Dienste.

Zur Füllung der genormten EWK (⅓ NM) werden ca. 200 cm^3 Bienen benötigt, eine knappe Schöpfkelle (¼ l) wenn sie feucht sind, etwas mehr, wenn man sie nicht benäßt hat. Die ruhige Bienentraube soll etwa ½ Stunde nach dem Füllen das Kästchen halb ausfüllen (110). Zu starke Völkchen können auf dem Transport leiden, auf der Belegstelle womöglich ausziehen oder den Futterteig zu schnell aufzehren. Meist wird jedoch mit Bienen zu sehr gespart. Sind es dann vorwiegend Altbienen (häufig noch Nosematräger), ziehen die Völkchen schnell aus oder fliegen sich kahl, und die Königinnen sind meistens verloren.

Für das EWK nach Kurpisch wird etwa die gleiche Bienenmenge benötigt, für das alte größere EWK (nach Zander) ca. 250–300 cm^3, für das Erlanger EWK nur ca. 60–80 cm^3 Bienen. Das Kirchhainer und das Lunzer Mehrwabenkästchen kommen mit 250 cm^3 Bienen aus, etwas mehr werden für den Celler Pütscher benötigt.

Nachdem man die Bienen in die Kästchen eingefüllt hat, werden diese sofort geschlossen. Bei den EWK werden die Scheiben eingelegt, bei dem Celler Pütscher der Deckel aufgesetzt. Bei den Mehrwabenkästchen mit beweglichen Waben müssen vor Auflegen der Folie und des Deckels die Rähmchen bzw. Leisten eingesetzt werden.

Früher wurde empfohlen, die Bienen zur Füllung der Begattungsvölkchen mit Lachgas oder Äther zu betäuben. Damit wurden jedoch keine guten Erfahrungen gesammelt. Heute ist man davon abgekommen.

(110) Besiedelte EWK. Das linke Kästchen ist zu schwach, das rechte zu stark gefüllt. Die ruhige Traube soll – wie beim mittleren Kästchen – etwa den halben Raum ausfüllen.

12.7 Zusetzen der Königinnen

In der Regel wird man die Begattungskästchen mit jungen Königinnen beweiseln. Diese hat man zuvor kontrolliert schlüpfen lassen, auf Größe und vollständige Gliedmaßen ausgelesen und individuell gezeichnet. Gerade der letzte Punkt ist, wie schon dargestellt, für eine exakte Zuchtarbeit unerläßlich. Nur in Ausnahmefällen wird man schlüpfreife Weiselzellen verwenden. Ein hundertprozentiges Schlupfergebnis ist jedoch nicht immer gewährleistet.

Nach dem Füllen sollen die Begattungsvölkchen ein bis zwei Stunden – jedoch nicht länger – ruhig und etwas abgedunkelt (EWK) stehen. Nach dieser Zeit tritt Weiselunruhe auf und man kann die Königinnen zusetzen. Hat man die Völkchen vorwiegend aus Jungbienen gebildet, kann man die Königin problemlos durch das Flugloch zulaufen lassen. Dazu dreht man die Vorbauscheibe auf die große Öffnung und läßt die Königin einlaufen. Es hat sich bewährt, sie vorher in lauwarmem Wasser kurz unterzutauchen (111). Sie bewegt sich dann langsamer und wird von den Bienen besser angenommen. Bei den EWK kann man die Annahme durch die Glasscheibe gut beobachten. Dies empfiehlt sich jeweils bei den ersten zwei bis drei EWK einer Serie. Laufen die Königinnen ruhig und unbeschadet nach oben in die Bienentraube, ist alles in Ordnung, und man kann davon ausgehen, daß die ganze Serie angenommen wird.

In Celle werden Königinnen mit gutem Erfolg direkt beim Besiedeln der Begattungsvölkchen zu den Bienen gegeben. Die Annahme kann bei diesem Verfahren erst später kontrolliert werden.

Hat man infolge ungünstiger Witterung viele Flugbienen für dic Füllung der EWK verwandt, kann es zweckmäßig sein, die Königin im Käfig zuzusetzen. Dies ist auch für Kästen, die über Nacht weisellos standen, oder für unbegattete Königinnen, die einige Tage mit der Post unterwegs waren, zu empfehlen. Die EWK verfügen zum Zusetzen über eine besondere Beweiselungskammer. Hier hinein gibt man den Käfig mit der Öffnung nach unten. Man achte darauf, daß er nur mit wenig Futterteig in der richtigen Konsistenz verschlossen wird, damit die Bienen die Öffnung schnell freifressen können. Am nächsten Tag wird der Käfig unter Verwendung von wenig Rauch entfernt. Bei Mehrwabenkästchen hat sich der schmale Einhängkäfig (auch Iltis genannt) bewährt, da er sich gut in eine Wabengasse einschieben läßt. Beobachtet man, daß während des Zusetzens eine Königin angefallen oder gar eingeknäuelt wird, so ist dies

(111)
Die mit Wasser benetzte Königin läßt man durch das Flugloch zulaufen.

(112)
Zusetzen einer Zelle in der Beweiselungskammer des EWK.

meistens auf Bienen aus Völkern in Schwarmstimmung zurückzuführen. Man kann in einem solchen Fall davon ausgehen, daß auch sämtliche anderen Völkchen, die mit diesem Bienengemisch gebildet wurden, ihre Königin abstechen. Es ist fast unmöglich, solche Völkchen zu beweiseln. Hier hilft nur, statt der Königinnen schlüpfreife Weiselzellen zuzusetzen. Die Weiselzellen gibt man bei den EWK in die Beweiselungskammer (112). Mit etwas Wachs (geknetete Mittelwandstückchen) lassen sie sich gut an dem Deckel andrücken. Hier werden sie von genügend Bienen umgeben, die für die erforderliche Temperatur sorgen. Bei den Mehrwabenkästchen gibt man die Zellen zwischen zwei Wabenträger möglichst in die Mitte des Kästchens. Beim Celler Pütscher kann man die Zelle mit etwas Wachs im Deckel befestigen. Hat man keine Zellen zur Verfügung, hilft nur ein Entleeren der Kästchen und ein Füllen mit neuen, einwandfreien Bienen.

12.8 Wiederbeweiselung von Begattungsvölkchen

In klimatisch begünstigten Gebieten mit einer langen Zuchtsaison, in südlichen Breiten, werden die Begattungsvölkchen mehrmals hintereinander beweiselt und sind während der ganzen Zuchtsaison im Einsatz. Aber auch bei uns wird man besonders in größeren Zuchtbetrieben das Bienenmaterial der Begattungsvölkchen möglichst wirtschaftlich nutzen und die Völkchen deshalb mehrmals beweiseln. Wie oft man sie zum Einsatz bringen kann, hängt von folgenden Faktoren ab:
- Länge der Zuchtsaison,
- Zeitpunkt der Erstellung der Völkchen,
- Wetter,
- Zustand der Völkchen.

Dort, wo die Zuchtsaison früh beginnt und lange anhält, kann man die Völkchen drei-, vielleicht viermal nacheinander beweiseln. Das gilt besonders dann, wenn man sie schon zu Beginn der Zuchtsaison erstellt hat. Bei gutem Begattungswetter werden die Jungköniginnen schnell begattet und beginnen rasch mit der Eiablage. Je kürzer die Zeiten bis zur Eiablage sind, desto häufiger können die Völkchen eingesetzt werden. Aber auch der Zustand der Begattungsvölkchen spielt eine wesentliche Rolle. Weisellose Begattungsvölkchen sollten aufgelöst und nicht wieder verwendet werden. Kleinstbegattungsvölkchen (EWK nach Franz) sollten wegen der geringen Bienen-

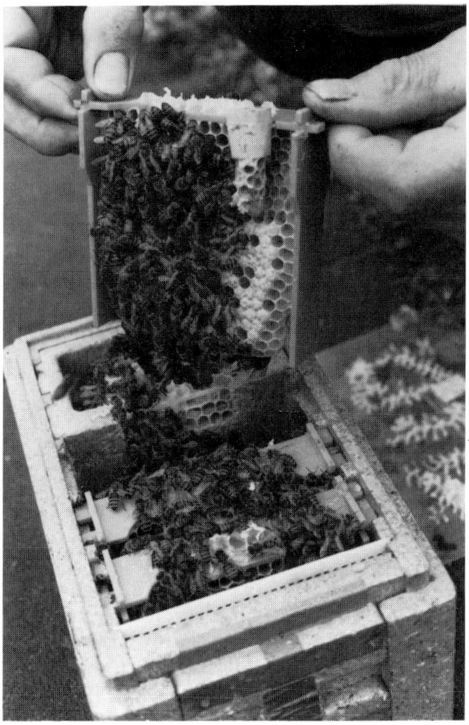

(114) *Zusetzkäfig (nach* MILLER)

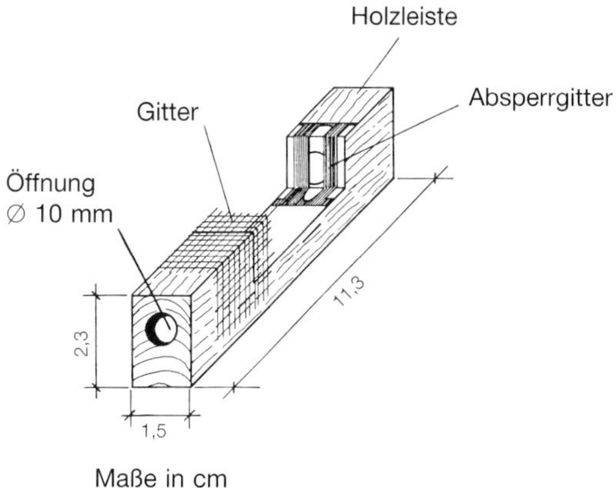

(113)
Einhängen einer Zelle in das schweizer Mehrwabenkästchen *Apidea.*

menge nicht wieder beweiselt werden. Die normalen Einwabenkästchen sollten nicht mehr als zweimal zum Einsatz gelangen. Mehrwabenkästchen, besonders, wenn sie gut besetzt sind, kann man in unseren Breiten in der Regel zwei- oder dreimal, in besonders günstigen Jahren vielleicht viermal zum Einsatz bringen.

In der Regel nehmen entweiselte Begattungsvölkchen mit offener Brut eine unbegattete Königin nicht an. Dagegen lassen sie sich mit schlüpfreifen Weiselzellen problemlos beweiseln (113). Um die Verluste so gering wie möglich zu halten, sollten die Zellen nicht jünger als 11, besser 12 Tage alt sein. Zu früheren Zeitpunkten sind die Zellen gegen Bewegungen und Unterkühlung recht empfindlich und könnten, besonders bei den unzureichend isolierten EWK, leicht Schaden nehmen.

Das Zusetzen der Zellen wurde bereits zuvor beschrieben.

PECHHACKER berichtet über gute Ergebnisse beim Zusetzen unbegatteter Königinnen mit einem Zusetzkäfig (nach MILLER). 1986 wurden damit an der Bundeslehr- und Versuchsanstalt – Außenstelle Lunz – viele Königinnen ohne nennenswerte Verluste in Begattungsvölkchen eingeweiselt (mündl. Mitteilung). Der Käfig verfügt über zwei Öffnungen, eine mit einem etwas größeren Durchmesser, durch die man die Königin einlaufen läßt, und eine etwas kleinere, die an einem Ende ein Absperrgitter enthält, das den Arbeitsbienen nur einzeln das Passieren ermöglicht (114). Nachdem man die Königin in den Käfig gegeben hat, wird die große Öffnung ganz, die kleine mit nur wenig Teig verschlossen. Den so vorbereiteten Käfig mit der Königin drückt man in den oberen Bereich einer Wabe im Begattungsvölkchen. Die kleine Öffnung wird rasch freigefressen, und einzelne Bienen gelangen zur Königin. Sie wechseln ständig und tragen den Duftstoff der Königin ins Volk. Bald wird auch die große Öffnung freigefressen, und die Königin wird sicher angenommen.

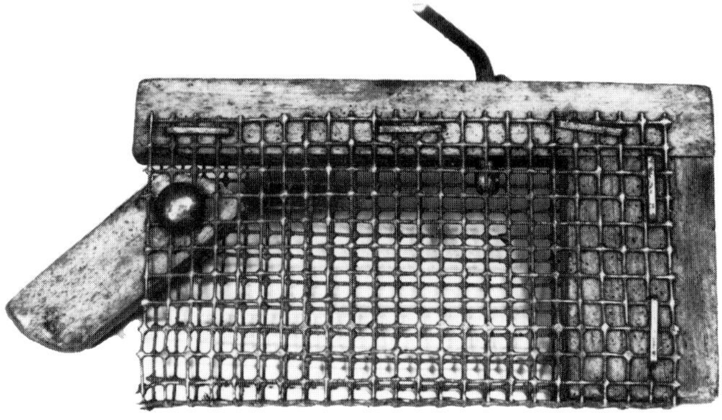

(115)
Der Einhängkäfig *Iltis*. Er ist ca. 6 mm breit und läßt sich in eine Wabengasse einschieben. Der drehbare Splint verhindert das Herunterfallen.

An der Hessischen Landesanstalt in Kirchhain werden die Begattungsvölkchen erst 9 Tage nach Entnahme der Königin wiederbeweiselt. Sämtliche Brut ist zu diesem Zeitpunkt verdeckelt. Vorhandene Weiselzellen werden ausgebrochen. Im EWK wird die neue Königin im Schlüpf- oder Zusetzkäfig unter Zuckerteigverschluß in der Beweiselungskammer zugesetzt. Bei Mehrwabenkästchen hat sich der schmale Einhängkäfig (Iltis) bewährt, den man in eine Wabengasse schiebt (115).

Das zuletzt beschriebene Verfahren ist relativ aufwendig, da man zunächst die Weiselzellen ausbrechen muß. Zum anderen gehen durch die Wartezeit 9 Tage verloren. Am sichersten und problemlos ist die Wiederbeweiselung mit einer Zelle. Man hat dann aber gegenüber den anderen Verfahren zunächst ungezeichnete Königinnen in den Völkchen. Das Zeichnen vor der Begattung ist wegen des großen Aufwandes beim Herausfangen aus dem Kästchen zu aufwendig. Man wird die Königin daher erst bei der späteren Verwendung zeichnen.

Das Ausfangen der begatteten Königin und die Wiederbeweiselung der Kästen kann direkt auf der Belegstelle erfolgen. Unbegattete Königinnen, aber auch schlüpfreife Zellen lassen sich leicht zur Belegstelle transportieren.

In der Regel wird man die Kästchen jedoch nach Hause holen, bei Bedarf die begattete Königin herausfangen und das Völkchen wieder beweiseln. Dabei ergänzt man gleichzeitig die Futtervorräte. Während der Zeit auf dem Heimstand müssen die Völkchen mit kleinem Flugloch aufgestellt werden, damit keine fremden Drohnen zufliegen. Bei EWK kontrolliere man vor dem erneuten Versand zur Belegstelle den Schlupf bzw. die Annahme der Königin. Bei Mehrwabenkästchen kontrolliert man in der Regel nur den Schlupf der Zellen. Nicht geschlüpfte Zellen werden dabei gegen neue ausgetauscht. Wichtig ist stets eine Information an den Belegstellenleiter über die Wiederbeweiselung der Völkchen. Andernfalls kommt es zu Verwirrung und Rückfragen auf der Belegstelle, da die Völkchen über Brut, nicht aber über Stifte verfügen.

Die mehrmalige Nutzung von Begattungsvölkchen ist auf jeden Fall bei Mehrwabenkästchen, jedoch auch bei EWK zu empfehlen. Nicht jeder wird sie ein zweites Mal auf eine Belegstelle schicken. Aber für die Erzeugung von standbegatteten Wirtschaftsköniginnen bietet sich diese Möglichkeit geradezu an. Bei einer frühen Belegstellenbeschickung hat man immer eine ausreichende Zahl von entweiselten Begattungsvölkchen, die hierzu bestens geeignet sind. Weiselzellen sind um diese Zeit häufig ein Nebenprodukt. Zusätzliches Bienenmaterial wird nicht benötigt. So ist die Erstellung dieser Wirtschaftsköniginnen praktisch gratis, und man verfügt bis in den Spätsommer hinein über ausreichend Reserven.

12.9 Pflege der Völkchen bis zum Transport

Die Begattungsvölkchen mit den unbegatteten Königinnen sind, biologisch gesehen, mit Nachschwärmen zu vergleichen. Aus diesem Grunde wird allgemein empfohlen, die Völkchen in einem kühlen Raum für drei bis fünf Tage bei Dunkelhaft aufzustellen, damit sie zu einer Einheit zusammenwachsen.

Als Aufstellungsort eignet sich ein abgedunkelter, nicht zu kühler Raum. Die Temperatur sollte zwischen 15 und 20 °C liegen, damit die Bienen bauen. Ein kalter Kellerraum ist ebenso wie die oft überhitzte Bienenhütte ungeeignet.

Vor der Dunkelhaft sind die Fluglochverschlüsse und vor allem die Lüftungsöffnungen zu kontrollieren. Eine ausreichende Luftzufuhr muß während der gesamten Dunkelhaft gewährleistet sein. Für die Aufstellung der EWK eignen sich gut die mit Gaze versehenen Transportkisten, in denen sie auf Lücke stehen. Nicht geeignet dagegen sind die einfachen Transportgestelle. Hier stehen die Kästchen dicht an dicht und erwärmen sich gegenseitig so stark, daß es zum Verbrausen einzelner Völkchen kommen kann. Man hilft sich dadurch, daß man ein Kästchen aus dem Gestell herausnimmt und die übrigen auf Abstand setzt (116). Gut isolierte Mehrwabenkästchen wird man in der Regel in Transportgestellen aufstellen können, auch wenn hier die Kästchen dicht an dicht stehen. Es ist jedoch auf eine ausreichende Lüftung zu achten.

Die Begattungsvölkchen benötigen während der Dunkelhaft Wasser. Täglich gibt man ein- bis zweimal mit dem Zerstäuber zwei bis drei Spritzer Wasser durch die Lüftungsöffnung. Bei den EWK kann man sich die Arbeit erleichtern, indem man das Transportgestell mit den Kästchen bis ca. ¼ der Höhe in einen mit lauwarmem Wasser gefüllten Behälter eintaucht. Die Völkchen nehmen dadurch keinen Schaden. Ein einmaliges Tauchen am Tag reicht aus.

Die Dauer der Dunkelhaft beträgt drei bis fünf Tage. Hier ist man etwas abhängig von den Anlieferungsterminen der Belegstellen. Die Bienen sollen auf jeden Fall zum Zeitpunkt des Versandes schon eine kleine Wabe gebaut haben (117). Bei einem kürzeren Zeitraum als drei Tage ist dies nicht der Fall. Die Bienen sind dann häufig auf der Belegstelle nicht ortsgebunden. Die Völkchen ziehen aus oder viele Bienen fliegen auf andere Völkchen. Eine zu lange Dunkelhaft von mehr als fünf Tagen bedeutet für die Bienen eine sehr große Streßsituation, durch die sie Schaden nehmen können.

(116) Bei Kellerhaft dürfen die Kästchen nicht zu dicht stehen (Wärmeentwicklung). Aus den Transportgestellen nimmt man deshalb jeweils 1 EWK heraus und stellt die anderen auf Abstand.

(117) Kontrolle der EWK. Wenn eine Wabe gebaut wurde, ist alles in Ordnung.

Die Dunkelhaft gehört von jeher zur züchterischen Praxis und wird allgemein in der deutschen Imkerliteratur als notwendiger Arbeitsgang empfohlen. Dabei ist diese Maßnahme mit vielen Nachteilen für das Begattungsvölkchen verbunden, welche Streßsituationen hervorrufen und damit die Anfälligkeit gegenüber Krankheiten erhöhen. Die Bienen können nicht ausfliegen, um die Kotblase zu entleeren, um Pollen für die Ernährung und Wasser für die Aufbereitung des Futters zu holen. Aus diesem Grunde wird von vielen Züchtern seit Jahren mit gutem Erfolg auf die Dunkelhaft verzichtet. Statt dessen werden die Völkchen nach dem Zusetzen der Königin am späten Abend oder am nächsten Morgen bei kleinem Flugloch aufgestellt. Der Aufstellungsort wird so gewählt, daß die Kästchen kühl und im Schatten stehen. Gut eignet sich hierfür ein Platz im Gebüsch oder in einer Nadelholzpflanzung möglichst dicht am Boden. Auch sollte die Entfernung zu jenen Bienenstöcken, aus denen die Füllbienen für die Begattungskästchen stammen, mehr als 800 m betragen.

Die unter diesen Bedingungen zusammenwachsenden Völkchen bauen schneller als bei Dunkelhaft. Sie wirken harmonischer und sind ruhiger, was vor allem auch für den Transport eine Rolle spielt. Außerdem ist man auch nicht so eng an die Frist von drei bis fünf Tagen gebunden. Dies kann für die Anlieferung auf Belegstellen, die nur einmal wöchentlich Sendungen entgegennehmen, von großer Bedeutung sein. Länger als sechs oder sieben Tage sollte man jedoch die Völkchen nicht mit kleinem Flugloch stehen lassen, denn nach dieser Zeit werden die Königinnen bereits brünftig und zum Ausflug gedrängt. Nur bei durchgängig schlechter Witterung kann man den Zeitraum eventuell etwas verlängern.

Die Aufstellung der Völkchen im Freien bedeutet gegenüber der Dunkelhaft für den Züchter keine Mehrarbeit. Die täglichen Kontrollen und das Tränken der Völkchen entfallen. Bei EWK ist lediglich eine ausreichende Zahl von Schutzhäuschen erforderlich. Der bessere Zustand dieser Völkchen, vor allem auch in seuchenhygienischer Hinsicht, darf dabei nicht außer acht gelassen werden.

13. Versand der Begattungsvölkchen

Belegstellen sind in den meisten Fällen abgelegene Plätze, die häufig weit entfernt und schwer zu erreichen sind. Dies gilt besonders für unsere sicheren Belegstellen im Hochgebirge oder auf den Inseln vor der ost- und nordfriesischen Küste. Hierhin müssen die Begattungsvölkchen oft über weite Entfernungen transportiert werden. Aber auch zu den Landbelegstellen oder zu den Besamungsstellen ist es oft ein viele Kilometer langer Weg.

(118)
Nach Neuwerk werden die Transportkästen auf dem Wattwagen transportiert.

13.1 Transportmittel

Auf Landbelegstellen werden die Begattungsvölkchen meistens mit dem Auto angeliefert. Nur bei größeren Entfernungen wird die Bahn als Transportmittel benutzt. Bei der Anlieferung auf Inselbelegstellen ist der Versand als Expreßgut mit Bahn und Schiff üblich, da die eigene Anlieferung einen sehr hohen Zeitaufwand erfordert. Viele Züchter gehen auch dazu über, die Begattungsvölkchen zu den Fähranlegern an der Küste zu bringen, um sie von dort auf die Inseln zu schicken. Will man hiervon

(119)
Auf den Inseln gibt es häufig keine Autos. Die Transportgestelle mit den EWK werden mit Pferdefuhrwerk, Elektrokarren o. Fahrradanhänger zu den Belegstellen befördert.

Gebrauch machen, so muß man sich vorher über die Abfahrtszeiten der Schiffe erkundigen. Diese liegen an jedem Tag anders, da sie sich nach den Gezeiten, nach Ebbe und Flut, richten. Auskunft hierüber können die Belegstellenleiter geben.

Die eigene Anlieferung hat den Vorteil, daß man vorsichtig mit den Kästen hantiert. Gerade auf dem Bahntransport kommt es immer wieder zu Schäden an den Transportgestellen, zu Glasbruch und längeren Transportzeiten. Eventuelle Schäden sind sofort bei der Bahn bzw. Reederei zu melden. Für größere Züchtergemeinschaften erscheint es ratsam, Sammeltransporte durchzuführen. Dadurch können die hohen Transportkosten erheblich gesenkt werden. Rechtzeitige Zuchtplanungen sind dazu in Abstimmung mit den Belegstellenterminen erforderlich.

13.2 Transportkästen

Ob Transport mit dem Auto, der Bahn oder dem Schiff, auf jeden Fall benötigt man Transportkästen. Bei dem Transport mit dem Auto können sie etwas leichter sein. Für EWK wurde ein allseits mit Gaze bespannter Transportkasten entwickelt (120). Er faßt 6 EWK, die zur besseren Belüftung in einem cm Abstand stehen. Der Kasten ist abschließbar und für einen langen Transport mit der Bahn auch bei großer Hitze geeignet. Bei geringeren Entfernungen mit Schiff und Bahn, sowie für den Transport mit dem Auto genügen einfachere Transportgestelle ohne Gaze und ohne Abstandsre-

(120) *Transportkasten für 6 EWK mit Gaze* Maße in cm

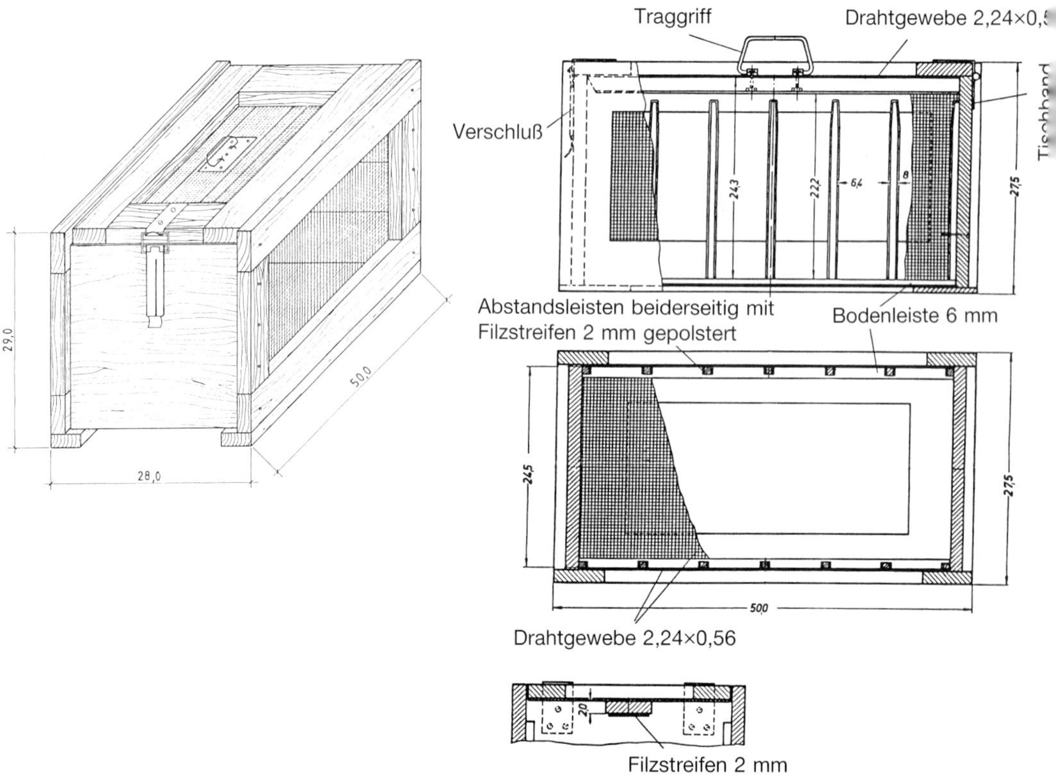

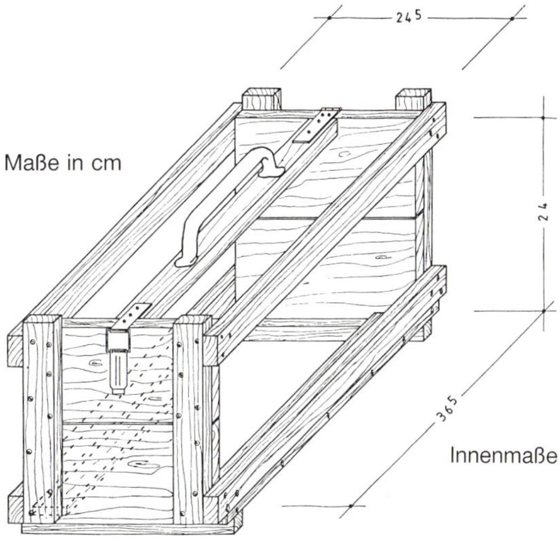

(121) *Transportgestell für 6 EWK*

gelung (121/122). Auf jeden Fall sollten nur Kästen bis zu 6 EWK Inhalt Verwendung finden. Oft werden die Kästen auf ihrem Weg zur Belegstelle umgeladen. Auf den Belegstellen müssen sie von den Betreuern durch unwegsames Gelände getragen werden.

Auch weitesten Transport überstehen EWK, Königinnen und Völkchen gut, wenn sie gut verpackt sind. Sehr wichtig ist, daß die EWK so fest im Transportkasten stehen, daß sie sich auch bei starken Erschütterungen nach keiner Richtung bewegen können. Die Scheiben müssen fest sitzen. Das kann man durch Dazwischenschieben von Papier oder Wellpappe leicht erreichen. Dem Glasbruch kann man auch durch Verwendung der sehr zweckmäßigen und auch Gewicht sparenden Plexiglasscheiben vorbeugen.

Ähnliche Transportgestelle wie für EWK wurden auch für die Mehrwabenkästchen entwickelt (123). Auf jeden Fall ist von irgendwelchen Behelfskisten aus Pappe oder Holz mit oftmals völlig unzureichender Lüftung sowie mit mangelhaften Verschlüssen dringend abzuraten. Nicht selten kommt es hier zu Hitze- oder Transportschäden bei den Völkchen.

(122) Einfaches Transportgestell für 6 EWK.

(123) Transportgestelle für Mehrwabenkästchen.

13.3 Auswahl der Völkchen

Auf keinen Fall sende man Völkchen ab, die daheim noch nicht zu bauen anfingen (124). Man soll sie dann lieber noch einige Tage stehen lassen. Bei solchen Völkchen, die nach Tagen noch nicht bauen, stimmt etwas nicht (Königin, Futterteig, Zugang zum Futter, Zusammensetzung des Völkchens, Aufstellungsraum, Temperatur im Aufstellungsraum). Wenn Königinnen solcher Völkchen überhaupt noch vorhanden sind, gehen sie meistens verloren. Bei EWK sollte vor dem Versand das Vorhandensein der Königinnen überprüft werden.

Vor dem Abtransport werden die Lüftungen und die Fluglochverschlüsse überprüft. Außerdem spritzt man mit dem Zerstäuber etwas Wasser durch die Lüftungsgitter. Man kann auch den gefüllten Transportkasten bis zu etwa ¼ der Höhe der Kästchen kurz ins Wasser tauchen.

13.4 Signieren, Versandpapiere und Termine

Sämtliche Transportgestelle und Begattungskästchen müssen gut lesbar und unverwischbar (Stempel oder Filzstift) den Namen des Anlieferers tragen. Es kommt immer wieder vor, daß geliehene oder gebraucht gekaufte Kästen nicht umsigniert wurden. Das kann auf der Belegstelle zu unangenehmen Verwechslungen führen.

Sofern Zuchtkarten Verwendung finden, müssen diese ausgefüllt mit einem Reißstift am Deckel des EWK befestigt werden. Bei Mehrwabenkästchen fügt man sie in einem Umschlag der Sendung bei.

Beim Versand ist auf die exakte Anschrift zu achten. Rücksendepapiere sind in jedem Fall ausgefüllt beizufügen. Gut bewährt haben sich die roten Aufkleber »Vorsicht, lebende Bienen!« (125). Sie bewirken einen vorsichtigeren Umgang mit dem Kästen durch das Bahn- bzw. Schiffspersonal. Wo erforderlich, sind Gesundheitsbescheinigungen des Veterinäramtes beizufügen.

Auch überprüfe man noch einmal die Annahmetermine der Belegstelle. Die Belegstellenleiter sind häufig nur an bestimmten Wochentagen auf der Belegstelle anwesend. Zum falschen Zeitpunkt eingehende Sendungen bleiben oftmals lange – zudem noch in der Sonne – stehen und nehmen Schaden.

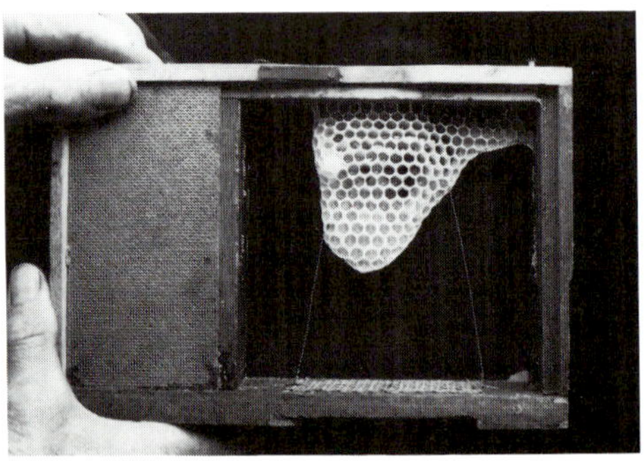

(124) Hier stimmt etwas nicht – wenig gebaut und Weiselnäpfchen. Die Königin ist verloren gegangen.

(125) Der rote Aufkleber: »Vorsicht, lebende Bienen, Oben – nicht stürzen« sollte bei Bahn- und Schifftransport nicht fehlen.

13.5 Zusammenfassen kleinerer Sendungen

Es ist sehr vorteilhaft, wenn sich benachbarte Züchter bei Lieferungen zusammentun. Wenn zwei oder mehr Transportkästen angeliefert werden, kann der erste schon zurückgesandt werden, sobald er sich füllen läßt. Andernfalls muß die gesamte Sendung warten, bis die letzte Königin in Eiablage ist. Für diesen Fall sind vorsorglich doppelte Rücksendepapiere (bei Bahn- und Schiffstransport) beizufügen.

Der Transport der Begattungskästchen zur und von der Belegstelle ist häufig ein wesentlicher Kostenfaktor bei der Erstellung der Königinnen. Daher soll gerade hier nach kostensenkenden Möglichkeiten gesucht und der Transport gut organisiert sein.

Teil II

Paarung

Zucht im eigentlichen Sinn ist ohne Paarungskontrolle nicht möglich. Eine wichtige Rolle spielen dabei die Belegstellen. Die Auswahl der Drohnenvölker sowie die Aufzucht und Pflege der Drohnen sind hier von besonderer Bedeutung in der Zuchtarbeit.

Die Arbeiten auf der Belegstelle verdienen besondere Beachtung. Die folgenden Darstellungen sollen ein Leitfaden für den Belegstellenleiter sein. Es sollte aber auch der Züchter über die Bedingungen für die Paarung sowie das Verhalten der Königinnen bis zur Eiablage Bescheid wissen.

Neben den Belegstellen haben heute auch die Besamungsstellen ihren festen Platz in der praktischen Zuchtarbeit. Das Verfahren wird deshalb kurz beschrieben.

1. Paarungsbiologie und Paarungskontrolle

Der Erfolg einer Zucht ist in hohem Maße von der Paarungskontrolle abhängig. Dieser Grundsatz gilt für die gesamte Tierzüchtung. Großtier- und Geflügelzüchter haben bei der Paarungskontrolle keine nennenswerten Schwierigkeiten, da sie die Möglichkeit haben, die ausgewählten männlichen und weiblichen Tiere zur Paarung gezielt zusammenzubringen. Die Paarungsüberwachung bei den Bienen ist dagegen sehr viel schwieriger durchzuführen. Königinnen und Drohnen paaren sich in der Luft, fern der Kontrolle durch den Imker (143 a/b). Die einzige Möglichkeit, die Paarung zu überwachen, liegt in einer isolierten Aufstellung der Geschlechtstiere, auf sog. Belegstellen.

(126 a) Copula eines Drohns mit einer fixierten Königin auf einem Drohnensammelplatz (Foto: KOENIGER).

(126 b) Heimkehrende Königin mit Begattungszeichen (Foto: KOENIGER).

1.1 Historisches

Die ersten Belegstellen wurden vor dem 2. Weltkrieg von den Schweizer Bienenzüchtern eingerichtet und wurden zur Grundlage ihrer Rassezucht. In Deutschland griff ZANDER den Belegstellengedanken auf und veranlaßte die Errichtung vieler Belegstellen. Damals war man noch der Ansicht, daß sich eine Königin nur ein einziges Mal mit einem Drohn paart. Das war eine allgemeine Lehrmeinung. Aus diesem Grunde wurde auch nur ein Drohnenvolk auf jeder Belegstelle aufgestellt (GOETZE 1950). Die Annahme der Einfachbegattung ließ als Möglichkeit nur die Fremd- oder Reinpaarung zu. Man war überzeugt, daß man die Anzahl der zur Paarung aufgestellten Königinnen beliebig erhöhen könne, wenn man in dem sog. »Vatervolk« nur für genügend Drohnen sorgt. Den Rekord dürfte hier die Belegstelle Hirschgrund des Züchters SKLENAR erreicht haben, auf der in den Jahren 1935–1945 jährlich annähernd 5000 Königinnen aufgeführt wurden. Außerdem nahm man an, daß ein bienenfreier Umkreis von 1,5 bis 2 km um die Belegstelle herum einen ausreichenden Schutz vor fremden Drohnen biete.

Trotz intensiver Belegstellenarbeit erreichte man in der Zucht nicht das gewünschte Ziel. Viele Belegstellenköniginnen gingen verloren, ließen in der Leistung zu wünschen übrig oder lieferten Völker mit unerwünschten Eigenschaften. Heute wissen wir, daß die Ursache hierfür in der mangelnden Kenntnis der Paarungsbiologie von Königinnen und Drohnen lag.

1.2 Mehrfachpaarung

Der blinde Schweizer Bienenforscher F. Huber berichtete 1793 erstmals von Königinnen, die zweimal zum Hochzeitsflug ausflogen und jedesmal mit einem Begattungszeichen heimkehrten. Huber zog jedoch daraus nicht den Schluß, daß sich eine Königin mit mehreren Drohnen paart. E. Franke beobachtete 1908 mehrfache Paarungen von Königinnen. Der russische Bienenforscher Piranov behauptete 1935, daß die Mehrzahl der Königinnen zweimal begattet wird. Roberts, der im Jahre 1944 in den USA über die Mehrfachpaarung berichtete, stieß in Europa mit seiner Behauptung auf Unglauben. Erst im Jahre 1954 lieferten Alber, Jordan und die Gebrüder Ruttner anhand genetisch markierter Drohnen auf der bienenfreien Mittelmeerinsel Vulcano den wissenschaftlichen Nachweis der Mehrfachpaarung. Seitdem wissen wir, daß eine Königin mehrmals ausfliegt und sich in der Regel mit 6 bis 12 Drohnen paart. Bei einem Ausflug können mehrere Paarungen stattfinden (nach Woyke und Trjasko 4–5 Paarungen je Ausflug). Etwa 90% der Spermamenge wird in den ersten 24 Stunden durch die Vagina wieder ausgepreßt; nur etwa 10%, jedoch von jedem einzelnen Drohn eine kleine Menge, gelangen in die Samenblase (Spermatheka).

(127)
Dunkle und gelbe Bienen einer mischbegatteten Königin.

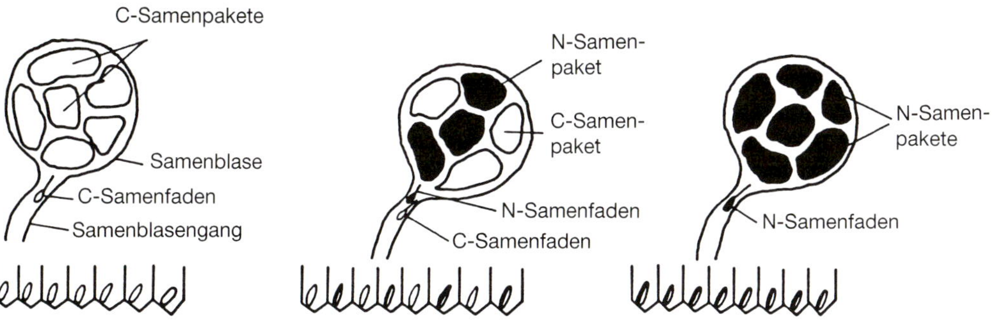

(128)

a) Reinbegattete C – (Carnica) Königin
Es entstehen aus den befruchteten Eiern reine Carnica Bienen. Das Volk zeigt Carnica-Merkmale und Eigenschaften.

b) Mischbegattete C-Königin
Die Königin wurde von drei Carnica und drei Drohnen der Nordrasse begattet. Aus den befruchteten Eiern gehen sowohl Carnica – als auch Bastardbienen hervor. Das Volk verliert an Ruhe und Sanftmut.

c) Fehlbegattete C-Königin
Die Königin wurde ausschließlich von N-Drohnen begattet. Daher schlüpfen im Volk nur Bastardbienen. Das Volk ist unruhig und stechlustig.

Die Mehrfachpaarung hat zur Folge, daß wir bei der Biene nicht nur zwischen Rein- und Fehlpaarungen zu unterscheiden haben, sondern daß hierüber hinaus auch Mischpaarungen auftreten. In der züchterischen Praxis verstehen wir unter Reinpaarungen ausschließlich Paarungen mit erwünschten, auf der Belegstelle aufgestellten Drohnen.

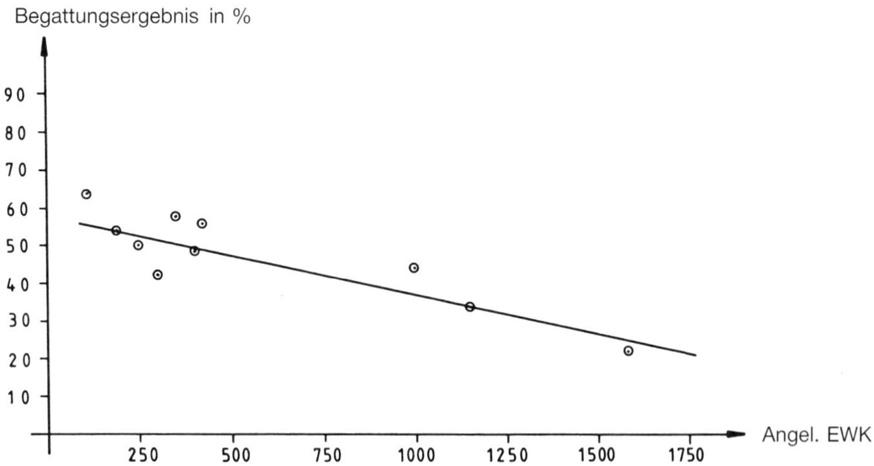

(129) In den Anfangsjahren (1947–1956) wurde auch auf der Inselbelegstelle Hallig Hooge nur ein Drohnenvolk aufgestellt. Die Abbildung zeigt die Abhängigkeit des Begattungserfolges von der Anzahl der angelieferten EWK. Mit zunehmender Beschickung sank das Begattungsergebnis auf weniger als 25%. (Nach Unterlagen Dr. Kessler/Hamburg).

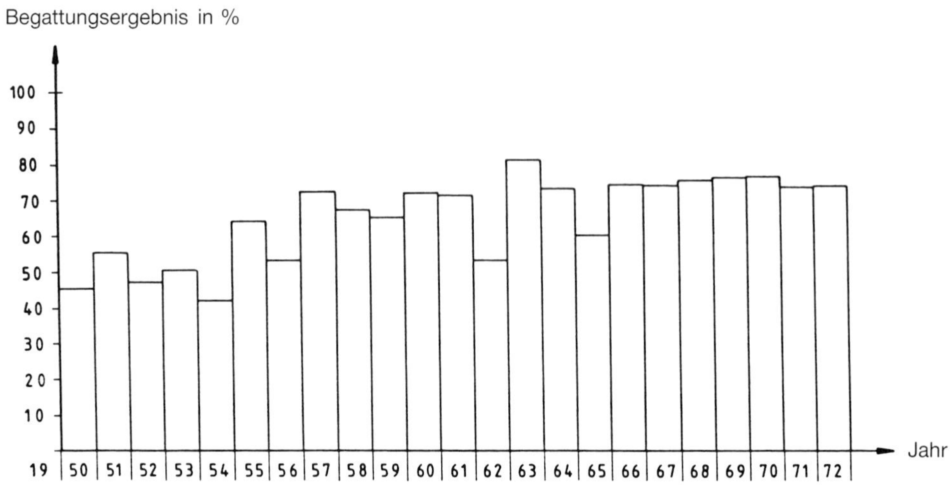

1	1	1	1	1	2	2	2	2	3	3	3	3	3	3	4	4	5	6	6	6	8	8	Anzahl der ♂♂-Völker
361	688	587	415	364	370	392	480	706	736	1060	827	817	810	998	915	850	1143	1436	1186	1238	1345	1712	angel. EWK

(130) Begattungsergebnisse auf der Inselbelegstelle Puan Klent. In den Anfangsjahren wurde nur ein Drohnenvolk aufgestellt. Die Ergebnisse lagen größtenteils unter 50%. Das Ergebnis besserte sich sprunghaft mit der Aufstellung mehrerer Drohnenvölker. So nahm auch die Beschickung wieder ständig zu. Heute liegen die Ergebnisse zwischen 70% und 85%. (Nach Unterlagen Dr. Kessler/Hamburg).

Fehlpaarungen dagegen sind Paarungen mit fremden, unerwünschten Drohnen. Bei Mischpaarungen ist die Königin sowohl von erwünschten Drohnen als auch von Fremddrohnen begattet (127). Die Mehrfachpaarung hat weiter zur Folge, daß wir nicht nur mit vollbegatteten, sondern bei mangelndem Angebot geschlechtsreifer Drohnen oder schlechter Witterung auch mit teilbegatteten Königinnen rechnen müssen. Solche Königinnen gehen erst nach sehr langer Zeit in Eiablage. Ihre Samenblase ist nur unzureichend gefüllt. Ihre Qualität ist stark gemindert, oft erschöpft sich der Samenvorrat schon nach einigen Monaten, und das Volk weiselt um.

Als Negativbeispiel können hier die Begattungsergebnisse auf den nord- und ostfriesischen Inselbelegstellen Anfang der fünfziger Jahre herangezogen werden. Bis zu der Erkenntnis über die Mehrfachpaarung im Jahre 1954 war es eine strenge Vorschrift, auf jeder Belegstelle nur ein Drohnenvolk aufzustellen. Bei der anfänglich geringen Beschickerzahl wurden noch verhältnismäßig gute Begattungsergebnisse erzielt, aber mit zunehmender Zahl der angelieferten Königinnen nahm das Ergebnis auf weniger als 25% ab (129/130). Hinzu kamen noch die vielen Ausfälle, die sich später einstellten. Viele inselbegattete Königinnen gingen bei der Einweiselung verloren, ließen in der Eiablage schon nach kurzer Zeit nach oder wurden drohnenbrütig. Nur ein verhältnismäßig geringer Prozentsatz erreichte das erste oder zweite Leistungsjahr.

1.3 Flugweiten

Bis in die sechziger Jahre hinein war man der Ansicht, eine Distanz von 3–4 km zum nächsten Bienenstand sei für eine Isolierung der Geschlechtstiere ausreichend.

Dazu im Widerspruch standen die Beobachtungen von Klatt (1929) auf der Frischen Nehrung/Ostpreußen. Er erzielte auf der 7–8 km vom Festland entfernten Landzunge bei 12 von 14 aufgestellten Königinnen Paarungen. Peer (1957) wies anhand von Paarungsversuchen in Kanada nach, daß Königinnen und Drohnen über Entfernungen von maximal 16 km zusammenfinden. Alber (1949) bestätigte anhand von Rückflugversuchen, daß Drohnen über 4,5 und 7 km in ihren Heimatstock zurückfinden. Die Gebrüder Ruttner beobachteten bei ihren Versuchen auf Drohnensammelplätzen mit genetisch markierten Drohnen maximale Flugweiten von 6 bis 7 km. Dabei wurden auch Höhendifferenzen von 800–900 m überwunden. In den gleichen Versuchen wiesen sie für Königinnen maximale Flugweiten von 5 km nach, obwohl Drohnen in unmittelbarer Nähe vorhanden waren.

Aus den Flugweiten von Königinnen und Drohnen ergeben sich maximale Paarungsdistanzen von 10–12 km, die in der Praxis durchaus, wenn auch nicht allzu häufig, vorkommen. Die mittlere Paarungsdistanz dürfte bei 6–7 km liegen. Das bedeutet für die Praxis, daß wirklich sichere Belegstellen auf dem Lande über einen bienenfreien Umkreis von 10–12 km verfügen müssen. Das wäre immerhin ein Gebiet von 350 km^2 und mehr, das völlig bienenfrei sein müßte – also auch von wilden Völkern.

Etwas günstiger liegen die Verhältnisse im Hochgebirge, wo steile Felswände und große Höhenunterschiede eine natürliche Barriere bilden.

Andererseits werden auch große Wasserflächen gemieden. Anscheinend können sich Drohnen über solchen Flächen nicht orientieren. Drescher wies durch Rückflugversuche auf der Insel Mellum nach, daß Entfernungen von 6,5 km, die auf dem Festland von Drohnen ohne weiteres bewältigt werden, über dem Wattenmeer nicht zurückgelegt werden. Noch eindeutiger sind die Versuche von Meinen (1970) auf der Insel Spiekeroog. Hier fanden die Drohnen bereits über Entfernungen von 3–4 km nicht mehr zurück. Ferner mieden sie Flüge über dem Wasser und dem Watt. Somit dürfte für eine Belegstelle eine Entfernung von 4 km zum Festland ausreichend sein.

1.4 Drohnensammelplätze

Bereits der Oldenburger Naturwissenschaftler v. BUTTEL-REEPEN berichtete 1915 von »Drohnenkugeln« beim Befruchtungsflug der Königinnen. Er vermutete über hohen Bäumen oder Anhöhen Sammelstellen der Geschlechtstiere.

Im Jahre 1958 erregten Beobachtungen des französischen Imkers JEAN-PROST über »Drohnenschwärme« in etwa 15 m Höhe über einem Hochplateau der Cevennen Aufsehen. Mittlerweile wissen wir durch die umfangreichen systematischen Versuche der Gebrüder RUTTNER Genaueres über diese Sammelplätze der Drohnen.

Es sind Tummelplätze der männlichen Geschlechtstiere, unabhängig von der Anwesenheit einer Königin. Während der ganzen Saison und über viele Jahre befinden sich diese Sammelplätze stets an der gleichen Stelle. Hier lassen sich durch den Sexuallockstoff der Königin, der identisch ist mit der Königinnensubstanz, Drohnen anlocken (131). Auf anderen Plätzen im Gelände gelingt dieses dagegen kaum.

Die Drohnensammelplätze werden weniger von Drohnen aus Völkern der unmittelbaren Umgebung, als vielmehr von Drohnen aus Stöcken in 3–4 km, weniger in 6–7 km Entfernung aufgesucht. Sie sind bevorzugte Paarungsorte für die Königinnen. Jedoch auch außerhalb von Sammelplätzen wurden vereinzelt Paarungen beobachtet. Königinnen scheinen Sammelplätze weniger in unmittelbarer Nähe, als vielmehr in Entfernungen von 2–5 km aufzusuchen.

Durch das Aufsuchen entfernter Sammelplätze sowohl durch Königinnen als auch durch Drohnen vermeidet die Natur bei der freien Paarung offensichtlich Inzucht. Es wird erreicht, daß sich Geschlechtstiere möglichst verschiedener und weit voneinander entfernter Völker paaren. Zum anderen garantieren solche Sammelplätze die Anwesenheit einer genügenden Anzahl von Drohnen und somit eine vollständige Begattung der Königin.

Über die Lage und besonderen Anlockreize der Drohnensammelplätze liegen fundierte Ergebnisse noch nicht vor. Drohnen neu aufgestellter Völker finden solche Plätze aber sehr schnell. Dieser gezielte Anflug setzt ein wirkungsvolles Orientierungssystem voraus. Anscheinend dienen markante Horizontmarken als Orientierungshilfen, wobei ein starker Reizkontrast nach RUTTNER besonders attraktiv wirkt. VAN PRAAGH geht bei seiner Studie über Leuchtfelddiagramme ebenfalls von einer optischen Orientierung aus. Auch die Thermik spielt eine nicht zu unterschätzende Rolle.

(131)
Drohnen sammeln sich um die Königin auf einem Drohnensammelplatz.
(Foto: RUTTNER, Archiv NWDIZ).

Sowohl im Gebirge als auch auf den Inseln wurden bisher Drohnensammelplätze nachgewiesen. Im Hoch- und Mittelgebirge liegen die Drohnensammelplätze 5–15 m über Gelände. Auf den Inseln, wo häufig größere Windgeschwindigkeiten herrschen, werden Sammelplätze oft schon in 3–5 m über dem Erdboden beobachtet. Auf dem flachen Land sind nach VAN PRAAGH die Sammelplätze diffuser.

Wer einmal das typische Summen der Drohnen unter einem solchen Sammelplatz gehört hat, wird es auch nach Jahren noch wiedererkennen. Hört man dieses typische Geräusch an einem warmen Tag in der Luft und wirft einen Stein oder ähnliches in die Höhe, so werden sich etliche Drohnen auf diesen Gegenstand stürzen. Besser noch eignet sich dazu eine gekäfigte Königin an einer langen Angelrute oder an einem mit Wasserstoff gefüllten Ballon.

Die Drohnensammelplätze haben nur einen geringen Einfluß auf die Belegstellenpraxis. Viele Züchter sind der Ansicht, man brauche nur einen Drohnensammelplatz in unmittelbarer Nähe zur Belegstelle, und Reinpaarungen mit den Belegstellendrohnen seien garantiert. Dies trifft jedoch nicht zu, da Königinnen und Drohnen, wie oben dargestellt, weiter entfernt liegende Plätze bevorzugen und auch Besonderheiten des Geländes eine nicht kalkulierbare Wirkung haben.

2. Belegstellen

Belegstellen sind Plätze, die der Paarung der Königinnen mit ausgewählten Drohnen dienen.

2.1 Insel- und Landbelegstellen

Nach den vorangegangenen Ausführungen wird der züchterische Wert einer Belegstelle im wesentlichen durch die Lage, den bienenfreien Umkreis und die Anzahl der erwünschten Drohnen im 10 km-Radius bestimmt. Die Zuchtrichtlinien des Deutschen Imkerbundes (Fassung 1988) unterscheiden bezüglich ihrer Sicherheit folgende Arten von Belegstellen:

2.1.1 Anerkannte Inselbelegstellen

Hier handelt es sich um Belegstellen auf bienenfreien Inseln, die mindestens 3 km über Wasser (Wasserfläche bei Ebbe) vom Festland entfernt sind. Auf der Insel dürfen keine weiteren Bienenstände vorhanden sein. Vor der ost- und nordfriesischen Küste und auch in Holland gibt es eine Reihe solcher Inselbelegstellen. Sie gelten als die sichersten Belegstellen und werden daher aus dem gesamten Bundesgebiet beschickt (132).

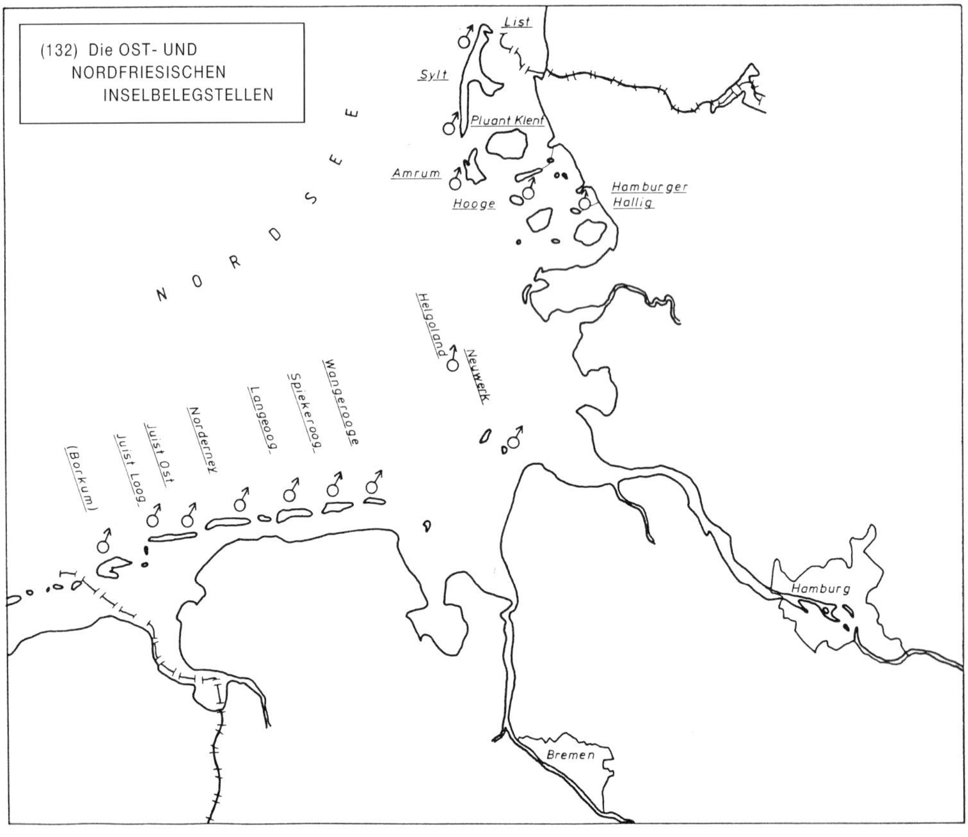

(132) Die OST- UND NORDFRIESISCHEN INSELBELEGSTELLEN

(133) Inselbelegstelle Juist.

Die Inselbelegstellen werden meist als Linienbelegstellen geführt. Die Königinnen der Drohnenvölker stammen aus derselben Zuchtlinie. Es brauchen aber keine Geschwistervölker zu sein; Cousinen ersten oder zweiten Grades eignen sich dazu ebenso.

2.1.2 Anerkannte Landbelegstellen

Der Abstand von den nächsten Bienenständen mit züchterisch unerwünschten Drohnen muß mindestens 6 (besser 7–10) km betragen. Dieser Gürtel wird als Schutzbereich der Belegstelle bezeichnet. Dies ist jedoch nur eine Minimalforderung. Mit Unterschreitung des 6 km-Radius nimmt die Zahl der Misch- und Fehlpaarungen stark zu. Dagegen schafft jeder weitere Kilometer, der durch Drohnen gleicher Abstammung abgeschirmt werden kann, zusätzliche Sicherheit. Die Landbelegstellen können als Linienbelegstellen oder Rassebelegstellen geführt werden.

a) Linienbelegstellen

Es muß Gewähr dafür gegeben sein, daß alle im Schutzbereich der Belegstelle aufgestellten Völker mit Königinnen versehen sind, die von gekörten Zuchtmüttern

(134)
Gebirgsbelegstelle »Hoher Sinn« in der Steiermark/Österreich.

(135)
Rassebelegstelle »Sieggraben« im Burgenland/Österreich.

der Zuchtlinie der Belegstelle abstammen. Zu diesem Zweck müssen alle Völker im 6 (besser 7–10) km-Radius der jeweiligen Zuchtlinie der Belegstelle immer wieder angepaßt, d. h. umgeweiselt werden.

Linienbelegstellen gibt es im Flachland und Mittelgebirge kaum. Im Hochgebirge, wo die Zahl der Völker im Schutzbereich überschaubar ist, kann man leichter die notwendigen Umweiselungen vornehmen. Verantwortlich hierfür ist der zuständige Belegstellenleiter.

b) Rassebelegstellen

Von den vorgenannten Anforderungen kann abgewichen werden, wenn größtenteils die Paarung mit rassereinen Drohnen gewährleistet ist.

Die meisten Belegstellen auf dem flachen Land und im Mittelgebirge sind unter dieser Gruppe einzuordnen (135). Hier ist eine ständige Umweiselung des Schutzbezirkes auf die jeweilige Zuchtlinie der Belegstelle nicht erforderlich. Wichtig ist aber, daß die Völker in möglichst großem Umkreis der Carnicarasse angehören.

2.2 Einrichtung und Betrieb der Belegstellen

Der Betrieb der Belegstellen wird in den Zuchtrichtlinien des Deutschen Imkerbundes (1988) wie folgt geregelt:

Auf anerkannten Belegstellen dürfen nur gekörte Drohnenvölker aufgestellt werden. Es ist für eine größtmögliche Drohnendichte Sorge zu tragen. Verantwortlich hierfür sind der Belegstellenleiter und der Anlieferer der Drohnenvölker.

Als Anhaltspunkt für Belegstellen kann dienen: Für je 25–50 Begattungsvölkchen, die sich gleichzeitig auf der Belegstelle befinden, muß ein gekörtes Drohnenvolk aufgestellt werden. Bei Insel- und Linienbelegstellen müssen die Königinnen der Drohnenvölker aus derselben Zuchtlinie stammen. Bei Landbelegstellen sollte die Zahl der Drohnenvölker mindestens 6–8 betragen.

Die Aufstellung der Drohnenvölker soll nach Möglichkeit vor Beginn des Drohnenfluges erfolgen. Ist dies nicht durchführbar, muß der Zuflug fremder Drohnen in die für eine Belegstelle vorgesehenen Drohnenvölker durch Absperrgitter verhindert werden.

Die Begattungsvölkchen sollen in EWK auf die Belegstelle angeliefert werden. Mit Zustimmung des Belegstellenleiters sind auch Mehrwabenkästchen (MWK) zugelassen. Sie müssen völlig drohnenfrei sein. Werden auch nur in einem Kästchen Drohnen festgestellt, ist die gesamte Sendung zurückzuweisen.

Für den Betrieb und die Beschickung einer Belegstelle gilt außerdem die Bienenseuchenverordnung. Der Belegstellenleiter kann die Vorlage einer amtstierärztlichen Gesundheitsbescheinigung verlangen. Der Futterteig in den Begattungsvölkchen soll mit einem Nosemabekämpfungsmittel in vorgeschriebener Dosis versehen sein.

Der Betrieb einer Belegstelle erfolgt in der Regel nicht auf Grundstücken, die im Eigentum der Betreiber stehen. Deshalb muß zunächst ein Pachtvertrag mit den jeweiligen Grundstückseigentümern getroffen werden. Für eine Umzäunung ist Sorge zu tragen. Ebenfalls ist der Abschluß einer Versicherung für die Belegstellenunterkünfte, das Inventar sowie die Drohnenvölker und die aufgestellten Begattungsvölkchen empfehlenswert.

Einige Belegstellen liegen in Naturschutzgebieten. Hier gelten besondere Verordnungen, die das Betreten und den Betrieb einschränken. So liegen z. B. die Inselbelegstellen Spiekeroog, Langeoog und Norderney im Gebiet des Nationalparks Wattenmeer. Diese Gebiete dürfen normalerweise nicht betreten werden. Der Betrieb der Belegstellen wird jedoch ausdrücklich zugelassen. Ähnlich verhält es sich in anderen Naturschutzgebieten und Naturparks. Das Betreten der Belegstellen sollte hier auf ein Minimum reduziert werden.

Für jede Belegstelle ist eine Belegstellenordnung zu erstellen und ein Belegstellenleiter zu benennen, der für die Annahme der Begattungsvölkchen, ihre ordnungsgemäße Betreuung und ihre Rücksendung, die Einhaltung der Vorschriften, die Eintragungen in die Belegstellenbücher, die Ausfüllung des Paarungsnachweises auf der Zuchtkarte und für die Berichterstattung an den Landesverband verantwortlich ist.

2.3 Anerkennung der Belegstellen

Die Anerkennung der Belegstellen regeln die Zuchtrichtlinien (ZRL) des Deutschen Imkerbundes, sie erfolgt durch den zuständigen Landesverband. Hierzu sind erforderlich:

2.3.1 Einreichung eines Anerkennungsantrages
2.3.2 Beifügung einer Karte 1:25 000, auf der die Lage der Belegstelle und der Bienenstände bis 6 (besser 7–10) km Entfernung eingetragen sind (136). Beim Vorhandensein eines Gebietes einheitlicher Zuchtrichtung ist dieses anzugeben.

Die endgültige Anerkennung kann nur nach einer Besichtigung durch die Beauftragten des Landesverbandes während der Betriebszeit erfolgen. Voraussetzung für die Anerkennung ist die Einhaltung der Vorschriften der ZRL des DIB.

Die Anerkennung einer Belegstelle erlischt, wenn
- die Drohnenpopulation im vorgeschriebenen Umkreis nicht mehr den ZRL entspricht,
- ein nicht gekörtes Drohnenvolk aufgestellt wird,
- die Zuchtrichtung ohne Genehmigung des Landesverbandes wechselt,
- sonstige grobe Verstöße gegen die ZRL des DIB oder Bestimmungen des Landesverbandes festgestellt werden.

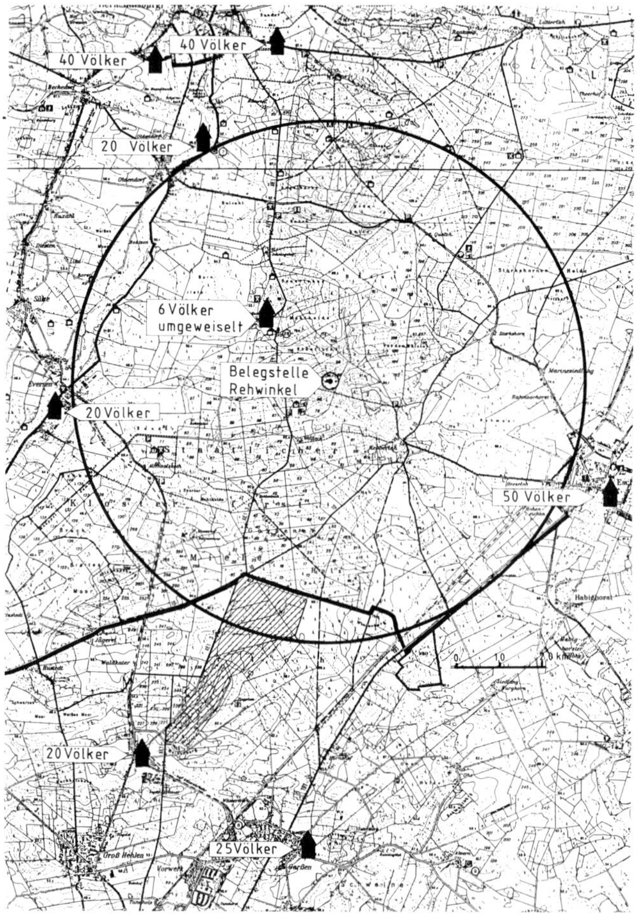

(136)
Belegstelle Rehwinkel mit Schutzbezirk

2.4 Gesetzlicher Belegstellenschutz

Ein gesicherter Belegstellenbetrieb ist nur möglich, wenn der bienenfreie Umkreis bzw. der Schutzbezirk einer Belegstelle von allen Imkern akzeptiert und nicht durch Aufstellen fremder, die Zucht störender Völker zunichte gemacht wird. Aus diesem Grunde wurden in einigen Bundesländern gesetzliche Bestimmungen für den Belegstellenschutz erlassen.

In Niedersachsen gilt das »Gesetz zur Regelung der Bienenwanderung und zum Schutze der Belegstellen« vom 10. 01. 1953. Hiernach können die Landkreise für Belegstellen Schutzbezirke festlegen, in denen während der Belegstellensaison keine Völker aufgestellt werden dürfen. Der Belegstellenschutz muß von den Betreibern der Belegstelle bei dem zuständigen Landkreis beantragt werden. Für die Inselbelegstellen gilt das gesamte Gebiet der Insel als Schutzbezirk. Die Bienenfreiheit der Inseln ist somit gewährleistet.

In Bayern sind die Belegstellen im »Bayerischen Tierzuchtgesetz« vom 1. Sept. 1977 erfaßt. Für die Anerkennung sowie die Rücknahme und den Widerruf der Anerkennung von Bienenbelegstellen ist die Bayerische Landesanstalt für Bienenzucht in Erlangen zuständig. Mit der Anerkennung der Belegstelle wird der Schutzbezirk festgelegt. In diesem Bereich dürfen keine weiteren Bienen oder nur Bienen der gleichen Zuchtrichtung gehalten werden. Die für die Belegstelle Verantwortlichen müssen schriftlich erklären, daß die Völker im beantragten Schutzbezirk auf die Zuchtrichtung der auf der Belegstelle gehaltenen Bienen umgeweiselt sind oder werden. Die Belegstelle darf nicht in einem Gebiet liegen, das seit Jahren regelmäßig angewandert wird.

Ähnlich wie in Niedersachsen und Bayern gibt es auch in anderen Bundesländern Gesetze und Verordnungen zum Schutz der Belegstellen. Auskunft hierüber erteilen die zuständigen Imkerlandesverbände.

2.5 Überprüfung von Belegstellen

Die Zuverlässigkeit einer Belegstelle ist von mehreren Faktoren abhängig, deren wichtigster der bienenfreie Umkreis ist. Doch auch die Geographie spielt eine wesentliche Rolle, sie wird jedoch oft überschätzt. Die Sicherheit einer Belegstelle ist somit schwer kalkulierbar.

Ein zahlenmäßig fundiertes Ergebnis gibt der Cordovan-Test, kurz cd-Test genannt. Man bedient sich dabei der Cordovan-Biene, einer lederbraunen Mutante, die aus der Carnica entstanden ist (137). Der Name ist abgeleitet von der spanischen Stadt Cordoba (sprich Kordowa), in der sehr viel Leder verarbeitet wird. Die cd-Mutante unterscheidet sich deutlich durch ihre hellbraune Panzerfärbung von den bei uns vorkommenden Rassen. Weitere Unterscheidungsmerkmale sind das hellere Flügelgeäder und die Ausfärbung der Hinterbeine. Im übrigen ist diese Biene etwas aggressiver, jedoch weniger vital und überwintert in der Regel schlecht. Für wirtschaftliche Zwecke kommt sie nicht in Frage, jedoch für wissenschaftliche Versuche ist sie recht interessant. Das Cordovan-Merkmal ist rezessiv, d. h. es tritt sichtbar nur bei den Nachkommen der Königinnen auf, die von cd-Drohnen begattet sind. Die Kreuzung von cd-Drohnen mit cd-Königinnen liefert also cd-Bienen, die Kreuzung von Carnica-Drohnen und cd-Königinnen hingegen gibt im äußeren Erscheinungsbild Carnica-Bienen, da das Cordovan-Merkmal genetisch unterlegen ist. Nun paart sich eine Königin nicht nur mit einem, sondern mit mehreren Drohnen. In der Regel sind es 6 bis 12 Drohnen. In der Samenblase mischen sich die Samenpakete der einzelnen Drohnen mehr oder weniger, und je nachdem, was für ein Samenfaden ein Ei befruchtet, entsteht eine cd- oder eine dunkel ausgefärbte Biene. Aus den Nachkommen einer

(137)
Cordovan-Bienen (Foto: Drescher).

Königin, den Arbeitsbienen, kann man also auszählen, von wieviel Prozent Cordovan bzw. dunklen Drohnen eine Königin begattet wurde. Ist sie fehlbegattet, liefert sie nur dunkle Bienen (Carnica oder Mellifera); ist sie mischgepaart, liefert sie neben cd-Bienen einen mehr oder weniger großen Anteil Carnica- bzw. Mellifera-Bienen, und ist sie rein gepaart, treten nur Cordovan-Bienen auf. Der cd-Test läßt sich einfach in der Weise durchführen, daß auf einer Belegstelle cd-Königinnen und cd-Drohnenvölker aufgestellt werden. Anhand der Nachkommen der Königinnen kann anschließend der Prozentsatz der Reinpaarungen ausgezählt werden.

Cordovan-Völker oder -Königinnen für Belegstellentests wird man in der Regel durch Vermittlung der bienenwissenschaftlichen Institute erhalten können. Als Drohnenvölker eignen sich bereits Völker mit fehl- und mischbegatteten cd-Königinnen. Sie liefern reine cd-Drohnen. Auch cd-Königinnen kann man aus Völkern mit mischbegatteten cd-Königinnen ziehen, da man die reinen cd-Nachkommen deutlich an ihrer Färbung erkennt und für die Versuche auswählen kann.

Der cd-Test sollte unter normalen Belegstellenverhältnissen durchgeführt werden, um die gewonnenen zahlenmäßigen Ergebnisse auf die Praxis übertragen zu können. So sollte der Zeitpunkt für den Test innerhalb der üblichen Belegstellenzeit liegen, zu der auch in der Umgebung der Belegstelle die Drohnen der dort vorhandenen Völker fliegen. Vor oder nach der Belegstellensaison durchgeführte Tests liefern verzerrte Ergebnisse. Für die Dauer des cd-Tests müssen die Belegstellen für die Beschickung geschlossen werden und die Drohnenvölker sind zu entfernen, bzw. ihr Drohnenflug ist zu unterbinden.

Für den cd-Test sind so viele Cordovan-Drohnenvölker aufzustellen, wie unter normalen Belegstellenverhältnissen Carnica-Drohnenvölker vorhanden sind. Eine Über- oder Unterbesetzung an cd-Drohnenvölkern ergibt nicht oder nur schlecht mit der Praxis vergleichbare Ergebnisse.

2.6 Einsatzmöglichkeiten und Maßnahmen zur Verbesserung der Landbelegstellen

Die Cordovan-Versuche auf vielen Landbelegstellen haben eindeutig gezeigt, daß ein bienenfreier Umkreis von 4–6 km, wie er bei den meisten Landbelegstellen vorhanden ist, für eine exakte Züchtung zu gering ist und wir nur mit einem relativ geringen Prozentsatz an Reinpaarungen rechnen können. Lediglich wenige Belegstellen mit einem größeren bienenfreien Umkreis oder einer isolierten Lage im Gebirge bilden eine Ausnahme und können daher gezielt für die Erstellung von Linienzuchten und Linienkombinationen eingesetzt werden. Auf den meisten Landbelegstellen haben wir also mit einem hohen Anteil von Fremd- und Mischpaarungen zu rechnen. Die Zahl der wirklich reingepaarten Königinnen ist verschwindend gering. Diesbezüglich dürfen wir uns keinen Illusionen hingeben. Außerdem erkennt man Mischpaarungen nur selten, da das meiste Material in der Umgebung der Belegstellen schon Carnica-Charakter aufweist. Das erschwert ohne Zweifel die Selektion. Die meisten Landbelegstellen können daher für eine Linienzucht nicht eingesetzt werden.

Dies bedeutet jedoch keine Abwertung der Landbelegstellen. Sie haben einen großen ideellen Wert. Sie verfügen über ein regionales Einzugsgebiet und werden schon seit Jahren von einer bestimmten Gruppe von Imkern beschickt. Im Betrieb und in der Beschickung sind sie wesentlich billiger als die Insel- oder Hochgebirgsbelegstel-

Übersichtstabelle verschiedener Cordovanversuche auf Landbelegstellen

Belegstelle	Versuch	km Radius	Drohnen Völker	Monat/ Jahr	Kön. beg.	Anzahl der Königinnen mit % cd Nachkommen 0	1–50	51–99	100	% der Königin. rein beg. (cd)	% cd Nachk. gesamt
Oisklause (Lunz) Österreich	H. Ruttner B. A. Lunz	4,5	4	Juni/ Juli 1971	17	0	0	6	11	65	94,7
Linderhof (Bayr. Alpen) Bayern	Dr. Böttcher Bayr. L. A. Erlangen	10	8000 Drohn.	1969	26	0	0	2	24	92	98,5
Katzenbach Hessen	Dr. Maul Hess. L. A. Kirchhain	2,5	4	Juli 1971	11	7	4	0	0	0	11,2
Maarwiese Hessen	Dr. Maul Hess. L. A. Kirchhain	3	5	Juli 1971	12	4	6	2	0	0	30
Napoleonstock Hessen	Dr. Maul Hess. L. A. Kirchhain	2,5	5	Juli 1971	15	9	4	2	0	0	20,8
Torfhaus (Harz) Niedersachsen	F. Tiesler L.V. Hann.	10	6 Vö 2 Abl	Juli/ Aug. 1974	16	0	0	5	11	69	91,7
Rehwinkel (Heidegebiet) Niedersachsen	E. Englert Nds. Land.-Inst. Celle	6	8	Juli 1971	18	0	2	13	2	12	70
Englands Tannen (Emsland) Niedersachsen	F. Tiesler L.V. Weser-Ems	4	3	Mai/ Juni 1974	15	0	13	2	0	0	28,3

len. Zum anderen bilden sie für ihr Einzugsgebiet einen Kristallisationspunkt in der Zucht. Es bilden sich Züchtergruppen, auf den Belegstellen kommen interessierte Imker zusammen, es werden Erfahrungen ausgetauscht und der Zuchtgedanke wird gefördert und weiter verbreitet. Allein schon aus diesem Grunde wäre die Aufgabe der Landbelegstellen sicherlich ein Fehler. Andererseits darf man aber, wie nachgewiesen, den wahren züchterischen Wert der Landbelegstellen nicht überschätzen. Mit dieser Einschränkung kann man sie durchaus wirkungsvoll für die Praxis einsetzen.

Die Aufgabe der Landbelegstellen liegt in der Breitenarbeit, in der Erstellung von Wirtschafts-Rasse-Königinnen. Für diese ist keine hundertprozentige Paarungskontrolle erforderlich. Hier muß man von den Idealvorstellungen abrücken und sich mit dem praktisch Erreichbaren zufrieden geben, denn der Aufwand muß in einem vernünftigen Verhältnis zum Erfolg stehen. Wichtig ist, daß die Paarungen vorwiegend innerhalb der Carnica-Rasse stattfinden, denn wir benötigen eine vitale und vor allem eine friedfertige Biene. Dieses Ziel erreicht man auf einer einigermaßen zuverlässigen Landbelegstelle wesentlich besser als in einem Gebiet mit fremdrassigen Bienen. Daher sollten gerade die Landbelegstellen in der näheren Umgebung besonders genutzt werden. Die Ergebnisse auf einer Landbelegstelle werden verbessert, wenn folgende Punkte besonders beachtet werden:

- Einsatz vieler Drohnenvölker,
- flächendeckende Umweiselung der Umgebung,
- Verwendung einwandfreien Zuchtmaterials.

2.6.1 Einsatz vieler Drohnenvölker

Bei einer als Rassebelegstelle geführten Landbelegstelle ist es nicht erforderlich, daß sämtliche Völker der gleichen Linie angehören. Es muß lediglich sichergestellt sein, daß die dort aufgestellten Völker Carnica-Drohnen liefern. Als Drohnenvölker eignen sich also auch F_1-Völker mit Nachzuchtköniginnen aus voll gekörten Völkern. Diese erzeugen reine Drohnen. Die Verwendung von Drohnenvölkern verschiedener Abstammung wirkt sich dabei keineswegs negativ aus. In vielen Fällen ist dadurch sogar eine Vitalitätssteigerung infolge unterschiedlichen Erbgutes zu erwarten. Die Drohnenvölker brauchen auch nicht alle auf dem Belegstellengelände untergebracht zu werden. Wegen ungünstiger Trachtverhältnisse ist dies in vielen Fällen nicht einmal empfehlenswert. Es genügt vollkommen, die Drohnenvölker im Radius von 1–2 km um die Belegstelle herum aufzustellen. Wichtig ist vor allem der Einsatz ausreichend vieler Drohnenvölker. Maßgebend ist hier weniger die Zahl der zur Begattung aufgestellten Königinnen als vielmehr das Zahlenverhältnis zwischen den Belegstellendrohnen und den zufliegenden fremden Drohnen. Es soll möglichst ein Übergewicht an Belegstellendrohnen erreicht werden. Um einen Reinpaarungsanteil von 50% zu erreichen, berechnete DREHER ein Verhältnis von Reinzucht- zu Fremddrohnen von 15:1. Die in den Zuchtrichtlinien des DIB angegebene Zahl von 6–8 Drohnenvölkern ist eine Minimalforderung. Jedes zusätzliche Drohnenvolk wirkt sich positiv aus. Im Bereich vieler Landbelegstellen werden heute bereits zwanzig und mehr Drohnenvölker gehalten.

2.6.2 Flächendeckende Umweiselung der Umgebung

Dies ist ebenfalls ein wesentlicher Faktor, der in vielen Fällen nicht genügend beachtet wird. Alle Völker im 10–12 km-Radius einer Belegstelle kommen als potentielle Drohnenvölker in Betracht. Sie sollten daher auf die Zuchtlinie der Belegstelle umgeweiselt werden. Dies ist leichter, wenn man die entsprechenden Imker für die Zucht gewinnen kann und ihnen regelmäßig Zuchtstoff aus gekörten Völkern zur Verfügung stellt. Es genügt, wenn F_1-Völker am Stand fliegen. Doch nicht alle Imker im Bereich einer Belegstelle werden sich selbst mit der Aufzucht von Königinnen befassen. Diesen wird man immer wieder schlüpfreife Weiselzellen, begattete Königinnen oder Ableger zur Verfügung stellen. In Bayern hat man die Umgebung der Großbelegstellen systematisch über vorgebrütete Weiselzellen umgeweiselt und auf diese Weise große Reinzuchtgebiete geschaffen. Das ist eine ständige Aufgabe, die sehr viel Mühe und Arbeit erfordert, aber letzten Endes doch Erfolg bringt. So kann man auf vielen Landbelegstellen in einem Reinzuchtgebiet heute anhand der Merkmalsbeurteilung nur noch selten Fremdeinschlag einer anderen Rasse feststellen, weil die Paarungen vorwiegend mit Drohnen der Carnica-Rasse stattfinden.

2.6.3 Verwendung einwandfreien Zuchtmaterials

Dies ist eine der wichtigsten Voraussetzungen. Die Arbeitsbienen, die später Leistung und Eigenschaften eines Volks bestimmen, erhalten 50% des Erbgutes von der Mutter, die anderen 50% über das Sperma der Drohnen. Die Auswahl des Zuchtvolkes hat der Züchter in der Hand. Daher sollte man nicht von einem beliebigen guten Volk nachziehen. Zunächst muß sein züchterischer Wert ermittelt und durch eine Körung bestätigt werden. Geprüftes und gekörtes Zuchtmaterial steht bei vielen Züchtern zur Verfügung. Darauf wurde zu Beginn dieses Buches ausführlich hingewiesen. Wenn man davon ausgeht, daß auf einer Landbelegstelle etwa 50% der dort aufgestellten Drohnen zur Paarung gelangen und die Königinnen aus gekörten Völkern gezogen wurden, so hat man später in seinen Völkern 75% reines Material. Das ist auf jeden Fall befriedigend und reicht für Wirtschaftsvölker aus. Hat man mit diesem Material Erfolg, sollte man von diesen Königinnen jedoch nicht ohne eine sorgfältige Prüfung und Körung weiterzüchten, sondern sich wieder von einem Züchter geprüftes, reines Ausgangsmaterial beschaffen, das sich bereits bewährt hat. So wird der Erfolg nicht ausbleiben.

Auf den meisten Landbelegstellen werden von bekannten, zuverlässigen Züchtern Mehrwabenkästchen zugelassen. Dabei wird auf eine Kontrolle der Drohnenfreiheit in den Begattungsvölkchen verzichtet. Die wenigen, eventuell eingeschleppten Drohnen stören die Zucht nur unwesentlich im Vergleich zu den zufliegenden fremden. Jeder Beschicker ist darüber hinaus im eigenen Interesse bestrebt, keine Drohnen auf die Belegstelle mitzuliefern. Die Vorteile der Mehrwabenkästchen heben die Nachteile auf einer Landbelegstelle auf (138).

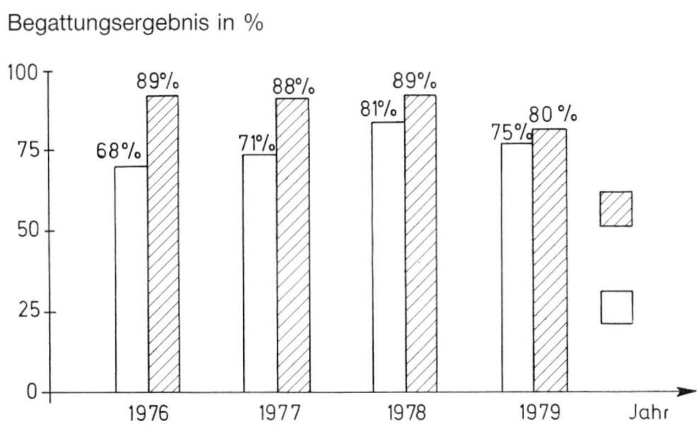

(138) Vergleich der Begattungsergebnisse in Pütschern und EWK auf Neuwerk (nach ENGLERT)

3. Besamungsstellen

Besamungsstellen sind Einrichtungen, an denen zum Zwecke der Reinzucht instrumentelle Besamungen durchgeführt werden.

Die Technik der instrumentellen Besamung wurde in den letzten Jahren so weit entwickelt, daß es kaum noch Ausfälle gibt und die Ergebnisse durchaus mit den Begattungserfolgen auf Belegstellen zu vergleichen sind. Bei vielen Besamungsstellen liegen die Begattungsergebnisse sogar noch höher als bei der natürlichen Paarung. Somit hat das Verfahren heute seinen festen Platz in der Züchtungspraxis.

3.1 Technik der instrumentellen Besamung

Es ist nicht Aufgabe dieses Buches, die Technik der instrumentellen Besamung erschöpfend zu beschreiben. Hierüber gibt es spezielle Schriften und Bücher; das Verfahren soll lediglich kurz geschildert werden, damit sich der Züchter den technischen Ablauf vorstellen kann und die daraus resultierenden Anforderungen an die Pflege und Haltung der Königinnen und Drohnen besser versteht.

Zu Anfang, vor etwa 40 Jahren hat es große Schwierigkeiten gegeben, das Besamungsverfahren zum Erfolg zu führen. Zwei Pioniere unter den Forschern trugen maßgeblich zu der Entwicklung der instrumentellen Besamung bei. Mackensen, USA, führte die Kohlensäurenarkose ein und wirkte wesentlich an der Gestaltung der heute üblichen Besamungsapparatur mit. Laidlaw, USA, entdeckte die Scheidenklappe im Geschlechtskanal der Bienenkönigin und fand auch die Möglichkeit, dieses Hindernis mittels einer Sonde zu umgehen.

Das Besamungsgerät besteht aus drei Grundelementen: Dem Stativ mit Königinnenhalter, den Halterungen für Stachel- und Ventralhäkchen zur Öffnung der Stachelkammer, sowie der Besamungsspritze samt Halterung und Feintrieb. Die Halterung für die Königin verfügt über einen justierfähigen Sockel, auf den ein konisch verjüngtes Plastikröhrchen aufgesteckt werden kann. In ihm wird die Königin gehalten, wobei die Hinterleibsspitze aus dem freien Ende des Röhrchens herausragt. Während der Besamung wird die Königin durch dieses Röhrchen mit Kohlensäure betäubt, um sie ruhig zu stellen. Die beiden Haltehaken, der Ventralhaken links und der Stachelhaken rechts, werden in beweglichen Lagern geführt. Auf der Besamungsspritze aus Metall sitzt eine sehr feine Spitze, die heute aus Glas gezogen ist. In diese Spitze wird mit Hilfe eines Kolbens das Sperma der Drohnen aufgezogen, um es dann in die Königin zu übertragen. Die Aufnahme des Spermas und die Samenübertragung erfolgen unter einem Binokularmikroskop bei etwa 15–20facher Vergrößerung. Zur Kontrolle der Dosierung des Kohlensäurestromes wird eine Waschflasche verwendet.

Alle Teile, die für die instrumentelle Besamung benötigt werden, wie Pinzetten, Dorsal- und Ventralhäkchen, sowie die Besamungsspritze müssen hygienisch einwandfrei sein. Teile, die mit dem Sperma oder der Scheidenregion in Berührung kommen, werden sterilisiert.

Der Arbeitsplatz für die instrumentelle Besamung sollte aus einer Glas- oder V 2 A Platte bestehen, um ihn stets leicht von Exkrementen der Drohnen oder Königinnen reinigen zu können.

Für die Besamung werden Drohnen in einem Alter von mindestens 12 Tagen benötigt. Sind die Drohnen in einem guten Pflegezustand, bringt man sie leicht zum Ausstülpen des Begattungsorgans. Dazu wird der Drohn an Kopf und Bruststück zwischen Daumen und Zeigefinger gehalten. Er wird zwischen den Fingern leicht gerollt, seine Rückenseite wird etwas gedrückt. Das wirkt sich günstig auf die nötige Kontraktion der Hinterleibsmuskulatur aus (deutlich fühlbar am Hartwerden des Abdomens). Es kommt zur teilweisen Ausstülpung des Begattungsorgans. Durch weiteren leichten Druck mit dem Finger auf den Hinterleib kommt es dann zur vollen Ausstülpung. Am Ende des Begattungsorgans, das etwa wie ein umgestülpter Handschuhfinger aus dem Innern des Drohns heraustritt, wird ein kleiner Tropfen cremefarbiges Sperma ausgeschieden, der sich flach auf dem nachfolgenden dickeren weißen Schleim (Mucus) ausbreitet. Der Schleim hat bei der natürlichen Paarung die Aufgabe, den Verschlußpfropf zu bilden. Unreifes Sperma ist einfarbig weiß und hat hohen Schleimanteil.

Mit der Besamungsspritze wird der Samen vom Begattungsorgan des Drohns abgesaugt, wobei darauf zu achten ist, daß der Schleim, der an der Luft sehr leicht erhärtet, nicht in die Spritze gelangt. Die Spritze nimmt die Samenmenge von mehreren Drohnen auf. Für eine Besamung benötigt man etwa 8–10 μl (mm^3) Sperma. Das ist die Samenmenge, die man optimal von 8–10 Drohnen bekommen kann.

Zum Verständnis der instrumentellen Besamung ist die Kenntnis der Anatomie der Königin erforderlich. Die Abbildung (139) zeigt schematisch die Geschlechtsorgane der Königin. Vom Grund der Stachelkammer führt der unpaare Eileiter nach vorn und gabelt sich in die paarigen Eileiter, die zu den Eierstöcken führen. Die Samenblase ist über einen feinen Gang mit dem unpaaren Eileiter verbunden. Die Eierstöcke sind Bündel von Eischläuchen, in denen die Eier heranreifen. Die reifen Eier werden beim Durchgang durch den Eileiter an der Mündung des Samenkanals kurz angehalten und mit Sperma befruchtet. Beim Bestiften einer Drohnenzelle kommt es

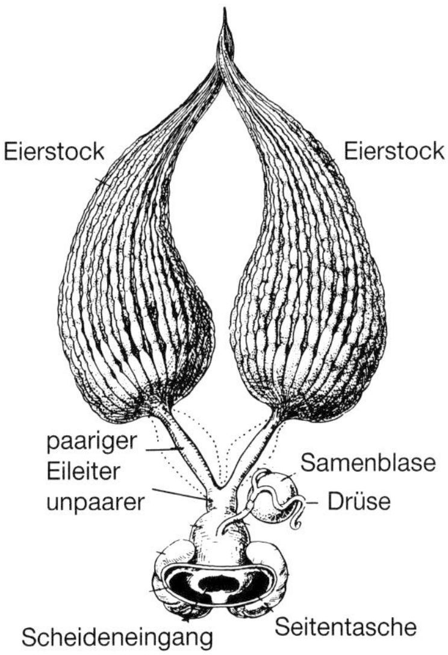

(139)
Schematische Darstellung des Geschlechtsorgans der Königin (nach SNODGRASS) (Archiv NWDIZ).

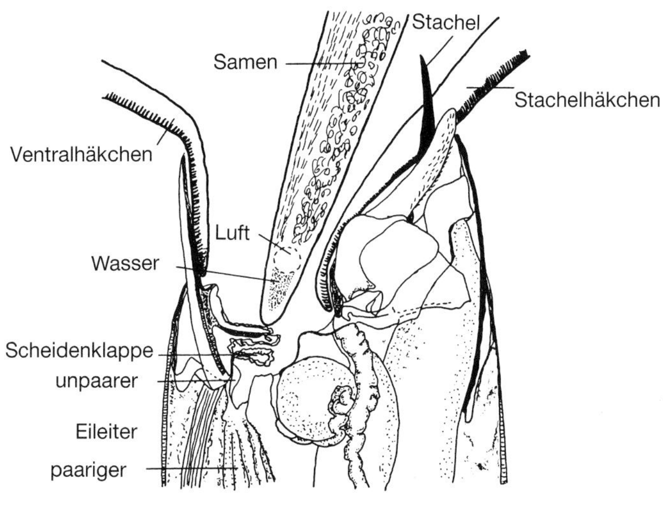

(140) Schema der Justierung der Spitze auf die Öffnung des Geschlechtskanals (nach CAMARGO u. MELLO). (Archiv NWDIZ)

nicht zu einer Befruchtung. Bei einer voll gepaarten Königin reicht das Sperma in der etwa 1 µl großen Samenblase für das ganze Leben aus.

Sowohl bei der natürlichen Paarung als auch bei der instrumentellen Besamung gelangt Sperma zunächst in die beiden sehr dehnungsfähigen Eileiter. Dann wird es in die Samenblase befördert. Dies erfolgt erst, wenn die Königin wieder im Stock ist, und setzt eine ausreichende Temperatur voraus. Der Überschuß an Sperma wird in Form kleiner Stiftchen wieder ausgeschieden. Bei der natürlichen Paarung wie auch bei der instrumentellen Besamung gelangen schließlich nur 10–20% des Spermas in die Samenblase. Bei einer voll begatteten Königin sind das etwa 4–6 Millionen Spermien.

Der Eingang zum unpaaren Eileiter ist durch die Scheidenklappe wie durch ein Ventil versperrt. Dieses Hindernis kann bei der instrumentellen Besamung mit einer kleinen Sonde vor der Einführung der Besamungsspritze zur Seite gedrückt werden (140). Dann erst kann man das Sperma in den Eileiter injizieren. Andernfalls würde es durch die Vagina zurück nach außen quellen. Bei Besamungsgeräten moderner Bauart wird auf die Handsonde verzichtet. Durch Bewegung der Besamungsspritze mit dem Seitentrieb wird die Scheidenklappe zur Seite gedrückt, und dann kann die Spritze mühelos eingeführt werden.

Die Königinnen für die Besamung können 6–21 Tage alt sein. Zur Besamung läßt man die Königin unter Verwendung eines Hilfsröhrchens rückwärts in den Königinnenhalter einlaufen und betäubt sie dann mit durchströmendem Kohlendioxyd. Mit Hilfe des Stachel- und Ventralhäkchens wird die Stachelkammer geöffnet. Die Königin wird in ihrer Halterung so justiert, daß die Achsrichtung der Vaginalöffnung und der Besamungsspritze etwa übereinstimmen. Sie muß sich immer in völliger Symmetrie im Blickfeld zeigen. Die Geschlechtsöffnung liegt genau in der Verbindungslinie zwischen beiden Häkchen und ist besser zu erkennen, wenn die Haut gestrafft ist. Bei gestraffter Haut entstehen zwei deutliche Hautfalten auf dem Grund der Stachelkammer; sie bilden ein Dreieck, dessen Spitze nach links gerichtet ist. Bei symmetrischer Lage liegt die Geschlechtsöffnung in der Mitte des Dreiecks.

Mit der Sonde bzw. der Besamungsspritze wird die Scheidenklappe zur Seite gedrückt, die Spritze eingeführt und das Sperma injiziert (141). Damit ist der Besamungsvorgang abgeschlossen.

Nach der Besamung verbleibt die Königin noch 5 Minuten im Halteröhrchen. Wenn sie noch betäubt ist, wird sie einfach so zurückgegeben. Bewegt sie sich schon wieder, muß sie unbedingt unter Zuckerteig zugesetzt werden.

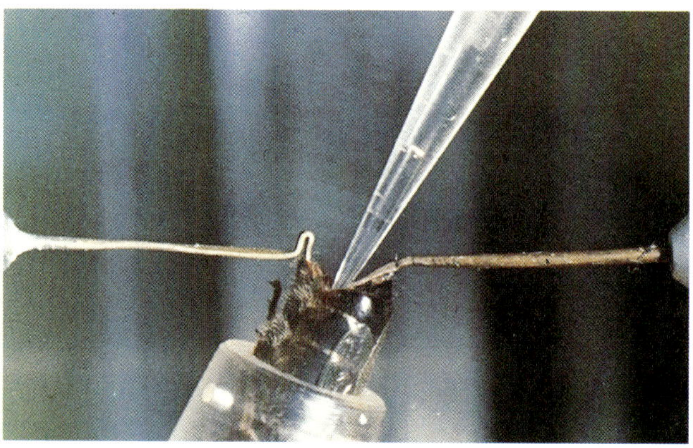

(141)
Instrumentelle Besamung einer Bienenkönigin (Foto: Maul).

Damit die Königin in Eiablage geht, muß sie insgesamt zweimal im Abstand von 24 Stunden einer Kohlensäurebehandlung unterzogen werden, einmal während der Besamung, das zweite Mal entweder einen Tag davor oder einen Tag danach.

3.2 Besamte und natürlich gepaarte Königinnen im Vergleich

Immer wieder wird die Frage gestellt, ob instrumentell besamte Königinnen hinsichtlich Lebensdauer und Leistung den natürlich gepaarten gleichwertig sind.

Seit etwa 15 Jahren wird die instrumentelle Besamung in der Züchtungspraxis eingesetzt. Heute beherrschen viele Imker das Verfahren, und auf zahllosen Wirtschaftsständen wird mit instrumentell besamten Königinnen gearbeitet. Während es besonders in den Anfangsjahren bisweilen größere Ausfälle gab und viele Königinnen gegenüber den natürlich gepaarten eine kürzere Lebensdauer aufwiesen, kann dies heute nicht mehr festgestellt werden. Dort, wo das Verfahren exakt gehandhabt wird, werden nicht nur hohe Begattungserfolge erzielt, sondern die besamten Königinnen legen große Brutnester an, können durchweg über zwei Leistungsjahre eingesetzt werden und stehen häufig im 3. Jahr noch für die Nachzucht zur Verfügung. Während in den ersten Jahren des praktischen Einsatzes des Besamungsverfahrens empfohlen wurde, besamte Königinnen nicht für Wirtschaftszwecke, sondern nur für die Nachzucht einzusetzen, gilt dies heute nicht mehr. Besamte Königinnen werden zur Leistungsprüfung genauso in Wirtschaftsvölkern eingesetzt wie natürlich gepaarte.

Auf den niedersächsischen Leistungsprüfständen liegen seit 15 Jahren Vergleichswerte zwischen instrumentell besamten und inselbegatteten Königinnen vor. Es zeigte sich dabei anhand von Brutflächenmessungen und Leistungsvergleichen, daß die besamten Königinnen weder in der Leistung noch in der Lebensdauer den natürlich gepaarten Königinnen nachstehen. Über ähnliche Ergebnisse berichten RUTTNER und MAUL aufgrund ihrer Erfahrungen. Somit hat die instrumentelle Besamung als weiteres Mittel der Paarungskontrolle ihre Bedeutung für die praktische Zuchtarbeit erwiesen.

Diese Erkenntnis liegt auch den neuen Zuchtrichtlinien des DIB in der Fassung von 1988 zugrunde.

3.3 Anerkennung, Kontrolle und Betrieb der Besamungsstellen

Anerkennung, Kontrolle und Betrieb der Besamungsstellen werden in den Zuchtrichtlinien geregelt. Die Anerkennung der Besamungsstellen erfolgt durch den Landesverband, in dessen Bereich die Besamungsstelle liegt. Voraussetzung für diese Anerkennung sind:

- Nachgewiesene Beherrschung der Technik des Besamungsverfahrens,
- Nachweis der Teilnahme an Königinnenzucht-, Kör- und Seuchenlehrgängen,
- Verwendung der Zuchtvordrucke des DIB, insbesondere des Besamungsbuches.

Die Besamungsstellen sind verpflichtet, Jahresberichte vorzulegen. Sie müssen den Beauftragten des Landesverbandes auf Verlangen Einblick in die Besamungsstelle und die Zuchtunterlagen gewähren.

Viele Besamungsstellen werden als mobile Lohnbesamungsstationen betrieben. Die Besamungen werden direkt bei den Züchtern mit dort vorhandenen Drohnen durchgeführt. Dadurch werden häufig bessere Erfolge erzielt, da der Transport der Drohnen zu den Besamungsstellen mit Schwierigkeiten verbunden ist. Auch wird durch diese Maßnahme der Einsatz einer Vielzahl von Drohnenvölkern gewährleistet, wodurch einer Genverarmung entgegengewirkt wird. Aber auch im Hinblick auf veterinärbehördliche Anordnungen kann der Einsatz mobiler Besamungsstationen von Vorteil sein, weil dadurch ein Verbringen von Königinnen und Drohnenvölkern zu den Besamungsstationen nicht erforderlich ist.

Zur Besamung dürfen nur Drohnen aus gekörten Drohnenvölkern benutzt werden. Die Völker, aus denen die Drohnen für eine Besamung eingesetzt werden, müssen aus derselben Zuchtlinie stammen.

Für den Betrieb und die Beschickung der Besamungsstelle ist die Bienenseuchen-Verordnung maßgebend. Der Leiter der Besamungsstelle kann vom Anlieferer die Vorlage einer Gesundheitsbescheinigung des Veterinäramtes verlangen.

Der Futterteig in den Begattungsvölkchen soll mit einem Nosemabekämpfungsmittel versehen sein.

Die Anerkennung einer Besamungsstelle erlischt bei:
- Schriftlichem Verzicht des Betreibers,
- Verlust der Mitgliedschaft im Landesverband des Betreibers,
- Verwendung nicht gekörter Drohnenvölker,
- Verstößen gegen die Zuchtrichtlinien des DIB.

3.4 Einsatzmöglichkeiten der instrumentellen Besamung

Ziel der instrumentellen Besamung ist es, exakt geplante und kontrollierte Paarungen zu erreichen. Dazu muß gesagt werden, daß die Besamung nur ein Verfahren darstellt und noch nichts über den züchterischen Wert der betr. Königin aussagt. Auch künstlich besamte Königinnen vermögen nur das zu leisten, was auf Grund ihrer Erbanlagen in ihnen steckt, die bei der Auswahl des Zucht- und Drohnenmaterials zusammengeführt wurden.

Aufwand und Betriebskosten für die instrumentelle Besamung liegen recht hoch; sie sind sogar wesentlich größer als bei der Beschickung und dem Betrieb der teuren Inselbelegstellen. Daher wird man über die Besamungsstellen, deren Kapazität naturgemäß begrenzt ist, die Breitenwirkung von Belegstellen nie erreichen. Dort, wo die Beschickung der sicheren Inselbelegstellen wegen der großen Entfernung mit unverhältnismäßig hohen Kosten verbunden ist, gewinnen die Besamungsstellen für die Praxis größere Bedeutung. So ist es auch zu erklären, daß gerade im mittleren und südlichen Deutschland viele Besamungsstellen eingerichtet und gut beschickt werden. Dagegen werden sie im Norden wegen der kostenmäßig günstigeren Inselbelegstellen nur schwer angenommen. Gegenüber den sicheren Belegstellen hat das Besamungsverfahren aber den Vorteil, daß die Möglichkeit der Verwendung verschiedener Drohnenherkünfte theoretisch unbegrenzt ist, während auf einer Belegstelle jeweils nur eine Drohnengruppe aufgestellt werden kann. Das Besamungsverfahren ermöglicht daher die Fortführung unterschiedlicher Linien vieler Züchter und wirkt bei geplantem und gezieltem Einsatz einer Gen-Verarmung unseres Zuchtmaterials entgegen.

Darüberhinaus ist es heute möglich, Sperma in einer Zentrifuge zu mischen (Spermamischtechnik). Mit Hilfe dieser Technik ist es möglich, neue Zuchtprogramme durchzuführen und Inzuchtschäden weitgehend zu vermeiden.

4. Drohnen im Bienenvolk

Wenn man sich mit der Aufzucht von Drohnen beschäftigt, muß man etwas über die Biologie der Drohnen und ihre Bedeutung für den Gesamtorganismus des Bienenvolkes wissen.

4.1 Allgemeines

Unter normalen Verhältnissen besteht ein Bienenvolk im Frühjahr aus 40 000 bis 70 000 Arbeitsbienen, mehreren hundert Drohnen und einer Königin. Die Aufzucht der Drohnen erfolgt völlig unabhängig davon, ob ein Volk Jungköniginnen heranzieht oder nicht. Die Drohnen haben nur einen Zweck: die Begattung der Königin. Ebenso wie von den Blütenpflanzen eine ungeheuere Anzahl Pollenkörner erzeugt werden, um die Erhaltung ihrer Art sicherzustellen, werden von einem Bienenvolk mehrere hundert Drohnen erzeugt, um die Chancen zur Begattung der Königin gleich beim ersten Hochzeitsflug zu erhöhen.

Drohnen entstehen aus unbefruchteten Eiern. Ihre Embryonalzeit erstreckt sich über 3 Tage, die Larvenzeit über 7 Tage, und die Puppenzeit dauert 14 Tage, das sind insgesamt 24 Tage. Damit benötigt der Drohn die längste Entwicklungszeit im Bienenvolk, 7 bis 8 Tage länger als die Königin. Erst nach weiteren 12–16 Tagen sind Drohnen geschlechtsreif und begattungsfähig. Somit muß man von der Eiablage bis zur Begattungsreife der Drohnen mit 40 Tagen rechnen.

Drohnen können sich in den ersten Lebenstagen nicht selbst ernähren, sondern werden von Arbeitsbienen gefüttert. Über ihre Lebensdauer gibt es unterschiedliche Angaben. Sie dürfte von den jahreszeitlichen Witterungsbedingungen und von den Pflegeverhältnissen abhängig sein. Howell und Usinger geben die durchschnittliche Lebenserwartung mit 54 Tagen an. H. Ruttner fand aktive Flugdrohnen von mehr als 70 Tagen. Drescher berichtet über eine durchschnittliche Lebensdauer von 23 Tagen im Juli. Im allgemeinen wird man von der gleichen Lebensdauer wie der von Arbeitsbienen im Sommer ausgehen können, also etwa 7 Wochen.

(142) Gut gepflegte Drohnen auf der Wabe.

(143) Schlüpfender Drohn.

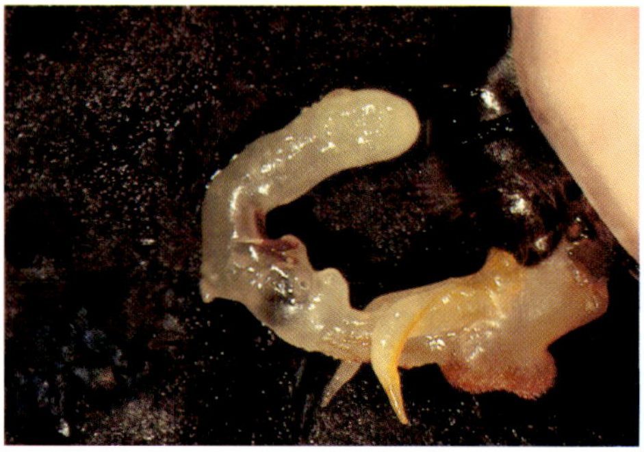

(144) Geschlechtsapparat und Sperma eines fruchtbaren (fertilen) Drohns (Foto: VAN PRAAGH).

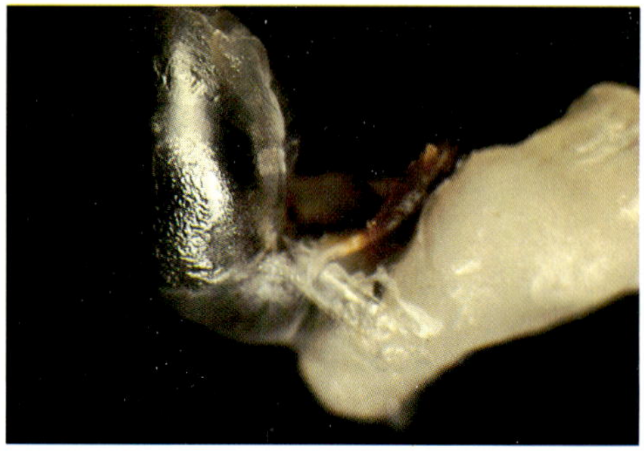

(145) Wie vor, jedoch eines unfruchtbaren (sterilen) Drohns (Foto: VAN PRAAGH).

Schon nach 6–8 Tagen unternehmen die noch nicht geschlechtsreifen Drohnen erste Orientierungsflüge. Bei den jungen Drohnen sind die Hoden zunächst prall gefüllt. Die Samenfäden (Spermatozoen) durchlaufen bei ihrer Wanderung von den Hoden in die Samenbläschen einen Reifungsprozeß. Einen zweiten Reifungsprozeß machen sie in den Samenbläschen selbst durch. Drohnen im Alter von 5–6 Tagen kann man wohl durch leichten Druck auf den Hinterleib zum Ausstülpen bewegen, aber aus dem umgestülpten Begattungsschlauch wird nur Schleim (Mucus) ausgepreßt. Zwischen dem 8. und 10. Lebenstag liefern sie auf diese Weise Sperma von weißlicher Farbe, das häufig mit Schleim gemischt ist (145). Erst Drohnen im Alter von mindestens 12 Tagen geben reifes Sperma. Dieses ist von cremegelber Farbe und nicht vermischt mit Schleim (144).

Drohnen neigen besonders stark zum Verfliegen. Sie vagabundieren von Volk zu Volk. Von weisellosen Völkern werden sie besonders angezogen. Wer einmal mit genetisch markierten Drohnen (Cordovan, Italiener) gearbeitet hat, weiß, daß diese nach kurzer Zeit in allen Völkern wiederzufinden sind.

Über die gezielte Aufzucht von Drohnen finden wir nur wenige Arbeiten. In der älteren Literatur wird allgemein der Standpunkt vertreten, Drohnen seien unnütze Fresser, ihre Zucht müsse unterdrückt werden, um einen optimalen Honigertrag zu erzielen. Heute wissen wir aus den Versuchen von WEISS, daß eine entsprechende Anzahl von Drohnen zu einem gesunden, harmonischen Bienenvolk gehört. Völker mit reichlich Drohnenbrut arbeiten fleißiger. Die Zahl der Drohnen ist dabei von Natur aus begrenzt. Auch starke Völker haben selten mehr als 2000 Drohnen. Drohnenmenge und Umfang ihrer Brut werden von folgenden Faktoren bestimmt:

- Jahreszeit,
- Tracht,
- Witterung,
- Volksstärke,
- Königin,
- Genetische Faktoren.

4.2 Jahreszeit

Beginn der Drohnenzucht und Menge der erzeugten Drohnen sind zunächst von der Jahreszeit abhängig. Ebenso wie für das Einsetzen des Schwarmtriebs können jedoch auch hier keine verbindlichen Termine genannt werden. Das ist von Jahr zu Jahr unterschiedlich. Drohnenbrut wird von den Völkern etwa 30 bis 40 Tage vor Aufkommen der Schwarmstimmung (Bestiften von Weiselzellen) angesetzt. Zu diesem Zeitpunkt beginnen die Völker im Frühjahr zu wachsen, statt der Winterbienen versorgen jetzt die Jungbienen die Brut, erster Drohnenbau wird errichtet und die ersten Drohnenzellen werden bestiftet.

Im Mai und Anfang Juni erreicht dann die Drohnenbrut ihre größte Ausdehnung. Sie nimmt etwa 15%–20% der Brutflächen ein. Weiss berichtet zu diesem Zeitpunkt von ca. 3000 bis 8000 Drohnenzellen bei Völkern, deren Drohnenaufzucht nicht eingeschränkt wurde und die frei bauen konnten. Dabei liegt die Zahl der Drohnen in einem Volk zu dieser Zeit in der Regel um 1000 und übersteigt nur selten die Zahl 2000. Daran ist zu erkennen, daß ein großer Teil der Drohnenbrut von den Arbeitsbienen vernichtet wird und viele Drohnen in den ersten Tagen nach dem Schlupf entweder nicht richtig versorgt werden oder verloren gehen.

Mit Überschreiten des Entwicklungshöhepunktes nimmt die Aufzucht von Drohnen ganz erheblich ab. In der zweiten Junihälfte und im Juli wird deutlich weniger Drohnenbrut gepflegt als zur Zeit der aufsteigenden Entwicklung.

4.3 Tracht

Besonderen Einfluß auf die Drohnenaufzucht und die Pflege der Drohnen im Volk hat die Tracht. Pollenreiche Trachten (w. z. B. Raps) fördern nicht nur den Schwarmtrieb, sondern auch die Aufzucht von Drohnen. Bei guter und vor allem eiweißreicher Tracht werden Drohnen und Drohnenbrut gut gepflegt. Läßt dagegen der Futterstrom von außen nach, wird die Drohnenbrut eingeschränkt, Drohnenlarven und -eier werden von den Bienen aufgefressen, und die jungen Drohnen werden nicht mehr gefüttert und aus dem Volk gedrängt (146). Daran ändert auch ein großer Honig- und Pollenvorrat im Volk wenig. Maßgebend ist allein der Futterstrom von außen.

Wenn sich das Bienenvolk im Hochsommer auf den Winter einzustellen beginnt, werden die Drohnen von den Arbeitsbienen nicht mehr versorgt und aus dem Volk gedrängt. Der Zeitpunkt des Drohnenabtriebs ist ganz erheblich von den lokalen Trachtverhältnissen abhängig. In weiten Gebieten Deutschlands endet die Tracht um

(146) Drohnenabtrieb.

den 15.–20. Juli; das ist dann auch der Zeitpunkt für den Drohnenabtrieb. Nur dort, wo das Nahrungsangebot länger andauert, finden wir noch im August und eventuell sogar Anfang September Drohnen. So werden z. B. auf den ostfriesischen Inseln, wo Ende Juli bis Mitte August noch eine reichliche Tracht aus Strandflieder (Limonia vulgare, früher Statice limonium) hereinkommt, die Drohnen – günstige Witterung vorausgesetzt – etwa 1 bis 1½ Monate länger im Volk gepflegt.

4.4 Witterung

Neben der Tracht spielt das Wetter, insbesondere die Temperatur, eine wesentliche Rolle. Auf zu kaltes Wetter im März und April reagieren die Völker schnell mit einem totalen Brutstop. Nur wenige Tage Witterungsrückschlag können ein Volk veranlassen, sämtliche Drohnenstifte und junge -larven zu entfernen. Aber auch Witterungsrückschläge in den späteren Monaten führen zur Einschränkung der Drohnenbrut und zur Vernachlässigung der Pflege der Drohnen. Kälteperioden im Juli und August haben häufig ein vorzeitiges Abtreiben der Drohnen zur Folge.

4.5 Volksstärke

Sehr stark überwinterte Völker beginnen häufig schon im März mit der Drohnenaufzucht, auch wenn die Winterbienen noch mit der Aufzucht der Brut beschäftigt sind. Das kann bereits zu Beginn der Weidenblüte sein. Diese Völker fallen besonders dadurch auf, daß hier schon im April (je nach örtlichem Klima) die ersten Drohnen fliegen.

Die Volksstärke im Sommer ist dagegen nicht in Relation zu der Menge der insgesamt gepflegten Drohnen zu setzen. Es gibt große Völker mit relativ wenigen Drohnen und umgekehrt kleine Völker mit einer großen Zahl von Drohnen. Das ist z. T. von genetischen Faktoren, aber auch vom Alter und dem Zustand der Königin abhängig. Kleine Völker mit weniger als 2000 Bienen pflegen nach Free (1976) keine Drohnen.

4.6 Königin

Auch das Alter bzw. der Zustand der Königin übt einen Einfluß auf die Drohnenpflege eines Volkes aus. Junge Königinnen sind in den meisten Fällen nicht bereit, in ihrem Geburtsjahr, also vor der ersten Überwinterung, Drohneneier zu legen. Völker mit jungen »heurigen« Königinnen pflegen demnach in den seltensten Fällen noch im gleichen Jahr Drohnenbrut. Dagegen nimmt die Bereitschaft zur Aufzucht von Drohnen mit dem Alter der Königin zu, eine Entwicklung, die parallel zum Schwarmtrieb verläuft. Bei Völkern mit alten Königinnen findet man oftmals noch bis in den Herbst hinein einige wenige Drohnen (stille Umweiselung).

Findet man über Winter in einem Volk Drohnen, so stimmt in den meisten Fällen etwas mit der Königin nicht. Drohnenbrütigkeit der Königin oder Weisellosigkeit mit anschließender Buckelbrütigkeit kann die Ursache sein. Weisellose Völker sind in einer gewissen Notlage. Sie pflegen Drohnen auch unter ungünstigen Verhältnissen besser und vor allem länger, über den Zeitpunkt des Drohnenabtriebs hinaus.

4.7 Genetische Faktoren

Ebenso wie der Schwarmtrieb unterliegen auch die Menge der erzeugten Drohnenbrut und die Pflege der Drohnen genetischen Faktoren. Schwarmfreudige Rassen oder Rassenhybriden (z. B. Heidebienen) erzeugen weit mehr Drohnenbrut als schwarmträge. Auf Schwarmträgheit ausgelesene Linien erzeugen oftmals nur sehr wenige Drohnen. Besonders schwierig ist die Drohnenzucht bei ingezüchteten Völkern. Sie ziehen oftmals nur kleine Drohnenmengen auf und reagieren auf Trachtmangel und Witterungsrückschläge sehr empfindlich durch Einschränkung der Drohnenbrut und Abtreiben der Drohnen.

5. Aufzucht und Pflege der Drohnen

Wie bei der Aufzucht von Königinnen gibt es auch für die Drohnenzucht verschiedene Möglichkeiten. Welches Verfahren angewandt wird, hängt von den klimatischen Gegebenheiten, der Betriebsweise des Züchters und den Erfordernissen auf der Belegstelle ab.

5.1 Geeignete Beuten

Für die Unterbringung der Drohnenvölker sind Kunststoffmagazine am besten geeignet. Sie sind warm und leicht zu transportieren. Holzmagazine kommen ebenfalls in Frage, sind aber nicht so warmhaltig und bedeutend schwerer. Ein hoher Unterboden sollte nicht fehlen (147). Er verhindert, daß die Völker zu schnell in Schwarmstimmung kommen. Außerdem kann eine Futterschale für Flüssigfutter untergebracht werden. Die Möglichkeit, die Drohnenvölker ohne großen Aufwand sowohl mit Futterteig als auch flüssig zu füttern, muß unbedingt gegeben sein.

Auch Trogbeuten eignen sich wegen ihres großen überschaubaren Brutraums von 20 Waben und wegen des freien Raums unter den Waben gut für die Unterbringung von Drohnenvölkern. Die Betreuung von Drohnenpflegevölkern, die eigene Maßnahmen erfordert, läßt sich in Trogbeuten besonders gut durchführen.

(147)
Magazinbeute mit hohem Unterboden und Wanderlüftung.

Drohnenvölker, die auf eine abgelegene Belegstelle gebracht werden, müssen in Beuten mit ausreichender Wandereinrichtung (Lüftung und Trommelraum) untergebracht sein. Beim Transport auf eine Insel sind die Völker manchmal bis zu 24 Stunden unterwegs.

5.2 Erforderliche Anzahl der Drohnenvölker

Die Zahl der für eine Belegstelle erforderlichen Drohnenvölker ist in den Zuchtrichtlinien des DIB festgelegt. Sie muß sich aber auch nach den speziellen Gegebenheiten richten, nach Ort und Lage sowie nach der Anzahl der gleichzeitig aufgestellten Königinnen.

Für die Paarung von 100 Königinnen sind etwa 1000 Drohnen erforderlich; aber während der Hochzeitsflüge muß auf der Belegstelle mindestens die 6–10fache Menge fliegen, um schnelle und ausreichende Paarungen zu sichern. Da in einem Volk höchstens 2000 Drohnen gleichzeitig gepflegt werden, von denen aber nur etwa die Hälfte begattungsfähig ist, müssen mehrere Drohnenvölker aufgestellt werden. Die Anzahl muß von Fall zu Fall festgelegt werden. Die unten angeführten Zahlen können nur Richtwerte sein. Auf Landbelegstellen mit einem bienenfreien Umkreis von 6–10 km und wenigen Bienenvölkern am Rand des Schutzbezirks rechnet man:

für 50 gleichzeitig aufgestellte Königinnen		4–6 Drohnenvölker
für 100 gleichzeitig aufgestellte Königinnen		6–8 Drohnenvölker
für 250 gleichzeitig aufgestellte Königinnen	mindestens	8 Drohnenvölker
für 500 gleichzeitig aufgestellte Königinnen	mindestens	12 Drohnenvölker

Für Landbelegstellen mit einem geringeren bienenfreien Umkreis kann die Zahl der Drohnenvölker dagegen gar nicht groß genug sein (s. »Belegstellen«).

Auf Inselbelegstellen ist der Zuflug fremder Drohnen ausgeschaltet, aber auch dort muß für wenige Königinnen eine gewisse Drohnendichte gewährleistet sein. Mindestens drei bis vier Drohnenvölker müssen aufgestellt werden. Für je 25–50 Begattungsvölkchen, die sich gleichzeitig auf der Belegstelle befinden, rechnet man ein Drohnenvolk.

5.3 Auswahl der Drohnenvölker

Die Auswahl der Drohnenvölker soll so früh wie möglich erfolgen, am besten schon im Spätsommer des Vorjahres. Drohnenvölker müssen gekört sein, aber auf Leistung, Eigenschaften und Merkmale der Arbeitsbienen kommt es nicht an. Die Ermittlung des Zuchtwertes erstreckt sich auf den Nachweis der Körung der mütterlichen Vorfahren der Königin und die Merkmale der Drohnen.

Die Gruppe der Drohnenvölker soll möglichst groß sein. Es eignen sich nicht nur Reinzuchtvölker, sondern auch solche mit standbegatteten Königinnen, die meist besser viele Drohnen pflegen.

Gelegentlich wird heute noch die Meinung vertreten, man solle wegen der Gefahr der Umweiselung nur Drohnenvölker mit reingepaarten Königinnen und Leistungsnachweis verwenden. Abgesehen von der Tatsache, daß junge Königinnen in der Regel im ersten Jahr keine Drohnenbrut erzeugen, würden diese Drohnen während der üblichen Belegstellenzeit noch nicht paarungsfähig sein.

Auf Rassebelegstellen können Drohnenvölker verschiedener Abstammung aufgestellt werden, auf Linienbelegstellen sollen die Königinnen aus derselben Zuchtlinie stammen. Gewöhnlich werden Schwestern oder Cousinen eingesetzt, weil dabei die Fortführung der Linien übersichtlich bleibt. Die Anpaarung der Königinnen in den Drohnenvölkern ist wegen der parthenogenetischen Entstehung der Drohnen ohne Bedeutung.

Für den Zustand der Drohnenvölker gilt im Prinzip das gleiche wie für die Auswahl der Pflegevölker. Sie sollen stark, entwicklungsfähig und gesund sein.

Völker mit älteren Königinnen eignen sich besser für die Aufzucht von Drohnen. Da aber keine Leistung nachgewiesen werden muß, wird in der Praxis meist eine Völkergruppe mit Königinnen des Vorjahres vorgezogen, weil stets mehr junge Königinnen als mehrjährige zur Auswahl zur Verfügung stehen.

Manchmal werden die Drohnenvölker auf der Belegstelle überwintert. Wenn dann Königinnen anderer Abstammung verwendet werden sollen, wird meist im Herbst umgeweiselt. Wenn im Frühjahr mit Ablegern umgeweiselt werden soll, muß diese Maßnahme erfolgen, ehe die ersten Drohnen geschlüpft sind. In den Völkern müssen sämtlicher Drohnenbau ausgeschnitten und einzelne Drohnenzellen zerstört werden.

Drohnen von unbegatteten Königinnen oder von eierlegenden Arbeitsbienen erzeugen zu lassen, kommt für die Belegstellenpraxis nicht infrage. Nur für Versuche oder instrumentelle Besamung kann es gelegentlich sinnvoll sein.

5.4 Einleitung der Drohnenzucht

In einem Zuchtbetrieb steht die Drohnenzucht zeitlich an erster Stelle, weil die Heranzucht paarungsfähiger Drohnen die längste Zeit erfordert, mindestens 40 Tage. 24 Tage braucht der Drohn zur Entwicklung und weitere 14 Tage, bis er voll paarungsfähig ist. Dazu kommen einige Tage für das Ausbauen und Bestiften der Drohnenwabe. Spätestens 6 Wochen, bevor die ersten Königinnen auf der Belegstelle angeliefert werden, muß man die Drohnenzucht einleiten. Da die Belegstellen gewöhnlich Ende Mai/Anfang Juni eröffnet werden, muß die Drohnenzucht Mitte April eingeleitet werden. Die Vorbereitung der Drohnenvölker erfolgt zweckmäßigerweise langfristig schon im Vorjahr. Wichtig sind eine gute Spätsommerpflege und ein Standort mit ausreichender Pollenversorgung.

Für die Einleitung der Drohnenzucht gibt es mehrere Möglichkeiten:

1. Hat man die Drohnenvölker schon im Vorjahr ausgewählt, bekommen sie vor der Einfütterung eine junge, aber bebrütete Drohnenwabe in den Wintersitz, in das Brutnest oder anschließend an die letzte Brutwabe. Hier entfällt im Frühjahr die Notwendigkeit, bei ev. ungünstiger Witterung einen Drohnenrahmen oder eine Drohnenwabe einhängen zu müssen.

2. Es ist nicht immer möglich, die Drohnenzucht schon im Herbst einzuleiten. Manchmal muß aus verschiedenen Gründen nach dem Auswintern auf andere Völker oder Reserven zurückgegriffen werden. Dann ist man gezwungen, die Drohnenwabe erst im Frühjahr in die Mitte des Brutnestes zu geben. Man besprüht sie mit Honigwasser, damit sie schnell angenommen und bestiftet wird.

(148) Drohnenrahmen mit Futterteig.

(149) Honig-Pollen-Futterteig wird auf die Waben gelegt.

3. Im Frühjahr kann man statt einer Drohnenwabe besser einen Drohnenrahmen geben. Das ist ein gedrahtetes Rähmchen im Standmaß mit einem schmalen Mittelwandstreifen, der eingelötet und mit Wachs angegossen ist. Er wird in die Mitte des Brutnestes gegeben. Gut bewährt hat es sich, die untere Hälfte mit Futterteig (am besten mit Rapshonig hergestellt) zu füllen (148). Durch die Aufnahme des Futters entsteht viel Wärme, und der Rahmen wird zügig ausgebaut.
Wenn die Drohnen zu einem bestimmten Termin gebraucht werden, ist es unbedingt notwendig, einige Tage nach dem Einhängen des Drohnenrahmens zu kontrollieren, ob er bereits ausgebaut und bestiftet ist. Haben die Bienen nur Arbeiterbau errichtet, muß er durch eine helle, bebrütete Drohnenwabe vom Vorjahr ersetzt werden.

In einem Zuchtbetrieb, in dem für Drohnenvölker gesorgt werden muß, sollten immer gute Drohnenwaben aufgehoben werden, damit sie bei Bedarf verfügbar sind.

Sowohl Drohnenrahmen als auch Drohnenwaben werden nach Möglichkeit mit einem etwas größeren Abstand zu den Nachbarwaben eingehängt, damit die höher verdeckelten Drohnenzellen Raum haben (45 mm statt 35 mm von Rahmenmitte zu Rahmenmitte).

Ebenso wie Pflegevölker sollen Drohnenvölker eng gehalten werden. Viele Bienen auf engstem Raum sind für die Aufzucht von Drohnen von entscheidender Bedeutung, denn auch in der Natur ist es so, daß ein Volk bei Raumnot Drohnen aufzieht und in Schwarmstimmung kommt.

Voraussetzung für die Aufzucht von vielen gut gepflegten Drohnen sind starke Völker, die mit Pollen reichlich versehen sind. Gegebenenfalls kann mit Brutwaben ohne Drohnenzellen verstärkt werden. Der Pollen soll in der Nähe der Brut eingelagert sein. Bei Pollenmangel ist es am besten, Pollenwaben zuzugeben. Die gute Pflege ist auch bei ungünstiger Witterung gesichert, wenn an die Völker ständig Futterteig ohne Eiweiß und gleichzeitig Futterteig mit einem Zusatz von 10–15% Eiweiß verfüttert wird (RUTTNER) (149). Auf keinen Fall darf aber Auslandspollen wegen der Gefahr der Faulbrutübertragung verwendet werden.

Die Futtervorräte müssen reichlich bemessen sein. Außerdem werden die Drohnenvölker, wie die Pflegevölker für die Aufzucht von Königinnen, mit Honiglösung gefüttert.

Auch wenn der Drohnenbau bestiftet ist, kann man sich noch nicht darauf verlassen,

(150)
Gedeckelte Drohnenwabe.

daß die Brut aufgezogen wird. Besonders Eier, aber auch Larven werden bei Witterungsrückschlägen aufgefressen. Das muß man wissen und bei der Terminplanung berücksichtigen.

Wenn die erste Drohnenwabe oder der erste Drohnenrahmen kleine Maden enthält, wird er als zweite Wabe an den Rand des Brutraums gestellt. Dann werden nur noch Drohnenrahmen, aber keine Drohnenwaben mehr gegeben. Mehr als zwei Rahmen mit Drohnen werden gleichzeitig kaum gepflegt. Gibt man einen dritten hinzu, ohne einen anderen für ein Drohnenpflegevolk zu entnehmen, wird meist nur Arbeiterbau aufgeführt.

5.5 Drohnenpflegevölker

In vielen Fällen hat es sich bewährt, mit Drohnenpflegevölkern zu arbeiten. Man läßt ja auch Königinnen nicht im Zuchtvolk, sondern in einem Pflegevolk aufziehen.

Die Arbeit mit Drohnenpflegevölkern ist aufwendiger, und man wird lediglich eine begrenzte Anzahl von Völkern hierfür einsetzen. Für Rassebelegstellen mit Drohnenvölkern ist dieses Verfahren nicht zu empfehlen.

Folgende Gegebenheiten können zur Arbeit mit Drohnenpflegevölkern zwingen:

1. Es sind mehr Drohnenvölker für die Belegstelle erforderlich als zur Verfügung stehen.

2. Man möchte von einem besonders guten Volk über einen langen Zeitraum viele paarungsfähige Drohnen haben.

3. Die Drohnenvölker haben den Höhepunkt der Entwicklung überschritten oder mußten wegen Schwarmstimmung entweiselt werden. Wenn die nachgezogene Königin begattet ist, werden die Drohnen abgetrieben.

Am besten werden Drohnen in Völkern gepflegt, die sich in der aufsteigenden Entwicklung befinden und viel offene Brut haben. Drohnenpflegevölker kann man durch Entnahme oder Zugabe von Brutwaben zu jeder gewünschten Zeit in bester Verfassung halten.

Wenn man nicht eigens für den Zweck der Drohnenpflege starke Ableger zusammenstellen will, sucht man sich frühzeitig, ev. schon im Herbst, starke, gesunde Völker aus. Es müssen nicht unbedingt Völker mit Reinzuchtköniginnen sein. Im Gegenteil, schwarmlustige Völker mit standbegatteten Königinnen pflegen die Drohnen besser als solche mit Reinzuchtköniginnen, die auf Schwarmträgheit ausgewählt sind.

Drohnenpflegevölker dürfen keine eigenen Drohnen haben. Das kann auf verschiedene Weise erreicht werden. Welches Verfahren man wählt, hängt davon ab, zu welchem Zeitpunkt man die Drohnen benötigt.

1. Wenn die Drohnen schon für die erste Belegstellenzeit (Ende Mai/Anfang Juni) gebraucht werden, ist es am besten, in den ausgewählten Drohnenpflegevölkern keine eigenen Drohnen zum Schlüpfen kommen zu lassen. Vom Frühjahr an sieht man die Völker alle 10–14 Tage gründlich durch und zerstört dabei mit einem Federkiel die verdeckelten Drohnenzellen. Außerdem bekommen die Völker zwei Baurahmen, die umschichtig erst nach dem Verdeckeln ausgeschnitten werden. Sobald ein Drohnenrahmen aus dem ausgewählten Drohnenzuchtvolk mit Maden oder gedeckelter Drohnenbrut zur Verfügung steht, wird er zugehängt. Drohnenwaben mit Eiern dürfen noch nicht umgehängt werden, weil Eier fast ausnahmslos wieder entfernt werden. Außerdem muß man dafür sorgen, daß die Königin des

Pflegevolkes keine Eier in den zugehängten Drohnenrahmen legen kann oder er muß nach etwa 20 Tagen entnommen werden. Zweckmäßig ist es, Königin oder Drohnenrahmen in den Honigraum zu bringen. Ist das Volk schon sehr stark, wird der Drohnenrahmen zwischen drei oder vier offenen Brutwaben im Honigraum untergebracht und das Flugloch geöffnet. Bei etwas schwächeren Völkern ist es besser, die Königin mit zwei oder drei Brutwaben in den Honigraum und den Drohnenrahmen in den Brutraum zwischen die Brut zu geben. Später kann dann noch ein zweiter Drohnenrahmen zugehängt werden. Selbstverständlich müssen den ganzen Sommer hindurch bei jeder Nachschau weiterhin die eigenen Drohnenzellen des Volkes zerstört werden. Wenn man aber dafür sorgt, daß das Volk nur gut ausgebaute Waben ohne Drohnenzellen erhält und die Mittelwände sorgfältig eingelötet sind, bereitet das keine Schwierigkeiten. Bei zwei zugegebenen Drohnenrahmen setzt ein Volk kaum noch eigene Drohnenbrut an.

2. Drohnenpflegevölker, die erst später im Jahr benötigt werden und bis dahin in der Gruppe der übrigen Völker verbleiben sollen, müssen durchgesiebt werden. Es empfiehlt sich aber nicht, das ganze Volk abzufegen und durch einen Siebkasten laufen zu lassen. Viel besser geht das Ausscheiden der Drohnen durch das Absperrgitter im Kasten. Im Magazin ist das relativ einfach, ähnlich wie beim Aussieben der Bienen für Begattungsvölkchen. Man braucht dazu eine leere Beute mit drei Zargen. Die erste wird leer auf ein Bodenbrett an den Standplatz des Volkes gestellt und mit einem Absperrgitter abgedeckt. Dann sucht man aus dem zur Seite gestellten Volk die Königin heraus und bringt sie mit den vor dem Flugloch abgefegten Brutwaben in die zweite Zarge über das Gitter, also über ein weiteres Absperrgitter. Darauf kommt der abgedeckte Honigraum mit den ebenfalls abgefegten Honigwaben. Am nächsten Tag wird das Volk auf ein neues Bodenbrett gestellt und das Flugloch mit einem Drohnengitter gesichert. Erst dann wird die leere Einheit, in der sich die Drohnen gesammelt haben, abseits vom Stand ausgefegt. So ist man sicher, daß sich keine Drohnen im Volk befinden.

Nicht ganz so einfach läßt sich das Verfahren im Blätterstock oder anderen Hinterbehandlungsbeuten durchführen. In solchen Beuten muß zuerst die Königin herausgesucht, und anschließend der Honigraum leergefegt werden. Dann bringt man die Königin und die abgefegten Brutwaben nach oben. Der Brutraum bleibt bis zum folgenden Tag ohne Waben. Nachdem er ebenfalls ausgefegt ist, wird das Flugloch mit einem Gitter gesichert, und die Honigwaben werden wieder eingestellt. Bei der nächsten Nachschau bringt man die Königin mit einigen Brutwaben nach unten. Selbstverständlich müssen jeweils alle Drohnenzellen zerstört werden. Ein Baurahmen sollte nicht fehlen. Die möglichst verdeckelte Drohnenwabe aus einem gekörten Drohnenvolk kann gleich oder auch erst später zugegeben werden.

3. Aufbau von Drohnenpflegevölkern (nach Ruttner)

2 Tage vor dem Schlüpftermin einer Drohnenwabe wird in der üblichen Weise ein Brutableger gebildet in folgender Zusammensetzung und Reihenfolge:

1 Honig-Pollenwabe,
2 reife, gut mit Bienen besetzte Brutwaben,
1 verdeckelte Drohnenwabe samt Bienen,
2 verdeckelte, gut mit Bienen besetzte Brutwaben,
1 Honig-Pollenwabe,
1 Futtertasche mit mindestens 1 kg Milchzuckerteig (1 Teil Trockenmagermilch, 6 Teile Puderzucker, 1 Teil Honig).

Nach neueren Erkenntnissen darf Trockenmilchpulver nicht als Bienenfutter verwendet werden, weil es für die Bienen kaum verdaulich ist. Deshalb sollte man ein Sojapräparat verwenden.
Selbstverständlich muß jegliche Drohnenbrut auf den Arbeiter-Brutwaben zerstört werden. Gibt es schon geschlüpfte Drohnen, dann sind die Brutwaben abzukehren und die Bienen zu sieben. Der Ableger erhält eine schlüpfreife Weiselzelle oder muß sich im Notfall selbst eine Königin nachziehen. Drohnenableger werden ohne Honigraum auf die Belegstelle gebracht, am besten in 10 bis 12 Rahmen fassenden Oberbehandlungsbeuten. Zu Beginn können sie mit einem Schied eingeengt werden. Nach 3 Tagen Kellerhaft werden die so erstellten Ableger entweder zunächst unter Absperrgitter abseits vom Stand aufgestellt oder sofort zur Belegstelle transportiert.

5.6 Sicherung vor dem Zuflug fremder Drohnen

Drohnen neigen stark zum Verflug. Dagegen sind entsprechende Vorkehrungen zu treffen.

Auf einigen Belegstellen können die Drohnenvölker überwintert werden, aber meist ist das nicht möglich. Manchmal wird eine Drohnenvölkergruppe von mehreren Züchtern gestellt und erst mit den Königinnen zur Belegstelle gebracht. Wenn es nicht möglich ist, die Drohnenvölker auf die Belegstelle zu transportieren, ehe auf dem Stand die ersten Drohnen fliegen, muß unter allen Umständen der Zuflug fremder Drohnen verhindert werden. Auch können die Zuchtdrohnen in andere Völker abfliegen. Um dies auszuschalten, kann man die für die Belegstelle vorgesehenen Völker isoliert, mindestens 300 m vom nächsten Stand entfernt, aufstellen. Die sicherste Lösung ist, die Drohnenvölker mit einem Drohnenabsperrgitter von 5,2 mm Stabweite* zu schützen. Dieses Gitter soll in der Fluglochnische schräg nach unten angebracht werden oder vor einem nach oben abgedeckten Vorsatz. Dieses Gitter behindert den Bienenflug nicht, und durch die Schrägstellung zappeln sich die Drohnen nicht so sehr ab, da sie den Himmel nicht sehen können (151).

Trotz der Nische kann es an warmen Tagen bei starken Drohnenbesatz Schwierigkeiten geben. Wenn die Völker noch nicht zur Belegstelle transportiert werden können,

* Hersteller: K. Neuner, Ziegelhüttenweg 9, 8332 Bad Windsheim (Mfr.)

(151)
Vorsatznische mit Drohnengitter (Foto: N. Petersen).

muß das Gitter mit Wasser bespritzt und für kurze Zeit gegen Abend entfernt werden. Bei großer Hitze hat es sich gut bewährt, vor der Flugfront einen Gartenregner einzusetzen.

Man kann die Drohnen auch im Volk, z. B. im Honigraum über Gitter halten, aber das ist ebenfalls nicht über längere Zeit möglich. Beim Magazin mit hohem Unterboden kann man den Ausflug der Drohnen mit einem Gitter über dem Boden verhindern. In beiden Fällen ist eine zusätzliche Sicherung vor dem Flugloch gegen den Zuflug fremder Drohnen notwendig.

5.7 Transport der Drohnenvölker zur Belegstelle

Für den Transport gilt, was bei allen Wanderungen zu beachten ist. Alle Teile in der Beute müssen fest sitzen, Einzelteile fest miteinander verbunden sein. Der Transport zu Insel- und Hochgebirgsbelegstellen dauert oft länger als eine gewöhnliche Wanderung und muß gelegentlich über Tag bei großer Wärme durchgeführt werden. Es ist selbstverständlich, daß die Kästen ausreichende Lüftung und einen großen Trommelraum haben müssen. Wenn es kritisch wird, kann man mit Eiswürfeln oder Kühlblocks (für Kühltaschen) Kühlung schaffen. Diese gibt man in den Trommelraum oder direkt an die Lüftung.

Zusätzlicher Trommelraum kann bei Magazinen durch Auf- oder Untersetzen einer Leerzarge geschaffen werden. Bei anderen Beuten können für die Dauer der Wanderung einige Honigwaben entnommen werden.

Wenn der Transport über Tag stattfinden muß und die Fluglöcher deshalb schon am frühen Morgen oder am Abend vorher geschlossen werden müssen, dürfen die Völker nicht an ihrem Standort verbleiben, sondern müssen kühl und dunkel untergebracht werden.

5.8 Aufstellung der Drohnenvölker auf der Belegstelle

Früher wurden die wenigen Drohnenvölker in der Regel in der Belegstellenhütte untergebracht. Heute dagegen finden meistens einfache Freistände, Wandergestelle oder Böcke Verwendung. Wo die Völker frei aufgestellt werden, sorgt man mit Dämmplatten für Wärmeschutz. Eine Aufstellung auf Strohballen ist für rauhe Lagen empfehlenswert.

Der Platz selbst sollte so gewählt werden, daß er trocken ist, die Völker Sonne bekommen und nicht in Kaltlöchern stehen. Den Ausflug wählt man am besten nach Süd-Osten. Die Flugrichtung soll sich nicht mit der der Begattungsvölkchen kreuzen. Nach Möglichkeit sollten die Drohnenvölker abseits, am besten ganz am Rand der Belegstelle aufgestellt werden.

5.9 Haltung der Drohnen – Pflege der Drohnenvölker

Auf der Belegstelle muß dafür gesorgt werden, daß die Drohnen immer bestens gepflegt und nicht vorzeitig abgetrieben werden. Wichtig ist, daß die Drohnenvölker nicht nur sehr gute Futtervorräte haben, sondern daß sie bei Trachtmangel zusätzlich laufend gefüttert werden. Nur wenn sie ständig viel offene Brut zu versorgen haben, werden sie auch Drohnen optimal pflegen. Honigfutterteig, bei Pollenmangel auch Eiweißfutterteig sollte – außer bei Volltracht – immer zur Verfügung stehen.

Gut bewährt hat es sich, für Völker und Begattungsvölkchen auf dem Belegstellengelände eine Tränke aufzustellen. Am Anfang wird das Wasser zum Anlocken leicht angesüßt im Verhältnis 1:10.

Im übrigen darf im Freien nicht flüssig gefüttert werden, weil die Gefahr der Räuberei auf Belegstellen mit den vielen kleinen Völkchen besonders groß ist. Deshalb muß auch sehr sorgfältig verfahren werden, wenn die Drohnenvölker in länger andauernden trachtlosen Zeiten flüssig gefüttert werden. Andererseits darf nach guter Tracht, wenn die Honigräume gefüllt sind, der Honig nicht wie üblich entnommen werden. Im Juli führt das Leeren des Honigraumes zum vorzeitigen Abtrieb der Drohnen, auch wenn man reichlich Futter beläßt. Muß nach sehr guter Tracht geschleudert werden, darf man höchstens jede dritte Honigwabe entnehmen.

Das Schwärmen der Drohnenvölker muß unbedingt verhindert werden. Wenn ein Drohnenvolk in Schwarmstimmung kommt, wird die Königin mit einem Ableger entnommen und auf der Belegstelle aufgestellt. Neun Tage später müssen die Nachschaffungszellen bis auf eine ausgebrochen werden. Sobald die nachgezogene Königin in Eiablage ist, werden die Drohnen abgetrieben. Eine nochmalige Entweiselung kommt zwar infrage, doch arbeitet man besser mit neu aufgebauten Drohnenpflegevölkern. Sie nehmen auch schlecht versorgte Drohnen aus den anderen Drohnenvölkern bereitwillig auf.

Auf den meisten Belegstellen arbeitet der Belegstellenleiter mindestens einen Tag in jeder Woche und kontrolliert dabei auch die Drohnenvölker. In Ausnahmefällen können die Völker aber erst nach 2–3 Wochen wieder nachgesehen werden. Dann kann es Probleme geben, wenn sie in Schwarmstimmung kommen. Auf Neuwerk hat sich für diesen Fall eine besondere Betriebsweise bestens bewährt: Die Königin wird mit einigen Brutwaben und der Drohnenwabe in den Honigraum gebracht. Bei den Nachschauen werden schlüpfreife Drohnenbrut und ggf. auch Honigwaben nach unten gehängt. In den Honigraum zu der Königin gibt man Mittelwände, geschlüpfte, junge Brutwaben und einen neuen, leeren Drohnenrahmen. Da die Königin nicht ausfliegen kann, ist ein Schwärmen nicht möglich. Schlimmstenfalls kann die Königin abgestochen werden, aber bei 14-täglicher Nachschau kommt das praktisch nicht vor. Wenn der Königin ein Flügel gestutzt ist, kann es auch keinen Vorschwarm geben. Wichtiger ist aber noch, daß ein wegen Schwarmneigung entweiseltes Volk auch keinen Singerschwarm abgeben kann, wenn es nicht möglich ist, die Nachschaffungszellen rechtzeitig auszubrechen. Die jungen Königinnen werden zwar nacheinander im Honigraum schlüpfen, aber da sie nicht ausfliegen können, wird nur eine am Leben bleiben. In Trogbeuten läßt sich dieses Verfahren besonders leicht durchführen, aber es ist auch in anderen Beuten möglich.

Wenn die Drohnenvölker sachgemäß betreut und gefüttert werden, halten sie die Drohnen bis weit in den August. Auf den ostfriesischen Inseln pflegen die Völker wegen der guten Spätsommertracht die Drohnen bis spät in den September, ohne daß zusätzliche Maßnahmen erforderlich sind.

Oft wird noch im Juli Drohnenbrut angelegt. Wenn die daraus entstehenden Drohnen aber nicht mehr vor dem Ende der Betriebszeit der Belegstelle voll paarungsfähig werden, sollte man sie nicht mehr aufziehen lassen. Unter ungünstigen Umständen könnte es sonst zu einem Übergewicht zu junger Drohnen kommen und dadurch zu mangelhaft begatteten Königinnen.

5.10 Wechsel der Drohnenvölker

Sollen auf einer Linienbelegstelle die Drohnenvölker während der Betriebszeit gewechselt werden, muß diese Maßnahme gut vorbereitet sein. Vor allem müssen mit den Drohnenvölkern, die ausgetauscht werden, auch sämtliche Begattungsvölkchen abgeräumt werden. Die Völkchen müssen zwar drohnenfrei sein, wenn sie auf die Belegstelle gebracht werden, aber dort erhalten sie oft Zuflug von Drohnen aus den Drohnenvölkern. Würde man von diesen Völkchen einige auf der Belegstelle belassen, könnte man bei der nächsten Serie nicht sicher sein, daß alle Königinnen ausschließlich mit Drohnen der nachfolgenden Gruppe gepaart sind. Deshalb bedarf es besonderer Sorgfalt, wenn ohne Übergangszeit eine Drohnenvölkergruppe gegen eine andere ausgetauscht werden muß. Erst wenn die Fluglöcher sowohl aller Begattungsvölkchen als auch der Drohnenvölker geschlossen sind, dürfen die der nächsten Serie geöffnet werden. Es dürfen zu diesem Zeitpunkt keine Drohnen mehr unterwegs sein. Deshalb darf der Austausch nur außerhalb der Flugzeit der Drohnen erfolgen.

5.11 Maßnahmen beim Verbleib der Drohnenvölker auf der Belegstelle

Wenn die Drohnenvölker auf der Belegstelle überwintert werden, bedeutet das in jedem Fall einen vermehrten Arbeitsaufwand, denn die Völker müssen auch außerhalb der Zuchtzeit gut gepflegt werden. Außerdem muß zumindest für jede zweite Saison eine neue Geschwistergruppe von Königinnen eingeweiselt werden. Die Umweiselung kann am Ende der Zuchtperiode auf einer Linienbelegstelle mit begatteten und gezeichneten Königinnen erfolgen. Auf einer Rassebelegstelle kann man auch mit Weiselzellen arbeiten. Im Frühjahr wird mit Ablegern umgeweiselt, ehe die ersten Drohnen geschlüpft sind. In jedem Fall muß an den Drohnen der neuen Königin eine Merkmalsuntersuchung vorgenommen werden, bevor die ersten Königinnen auf die Belegstelle gebracht werden.

Drohnenvölkern, die auf der Belegstelle überwintern und schon die vorgesehenen Königinnen haben, gibt man bei der Einwinterung eine ausgebaute Drohnenwabe ins Brutnest, damit im Frühjahr rechtzeitig Drohnenbrut angesetzt werden kann.

5.12 Drohnenvölker für die instrumentelle Besamung

Die Technik und die Anwendungsbereiche der instrumentellen Besamung bringen es mit sich, daß für die Haltung und Pflege der hier benötigten Drohnen weitere Punkte beachtet werden müssen.

5.12.1 Sicherung der Drohnenherkunft

Grundsätzliche Bedingung für die Anwendung des Besamungsverfahrens ist die Sicherung der Drohnenherkunft. Es ist bekannt, daß sich gerade Drohnen oft von Volk zu Volk, aber auch von Stand zu Stand verfliegen. Daher sind bei der instrumentellen Besamung besondere Vorkehrungen gegen den Verflug zu treffen.

Gut bewährt haben sich Vorsatzkästen, die ein schräg nach vorn geneigtes Absperrgitter aufweisen (siehe »Sicherung vor dem Zuflug fremder Drohnen«). Die Drohnen, die sich hier in der Mittagszeit hinter dem Gitter sammeln, laufen nach oben und stören

(152)
Mit Edding-Stift markierte Drohnen.

auf diese Weise nicht den geschäftigen Flug der Arbeitsbienen. Das vorgezogene Dach schirmt die Sonne etwas ab, so daß die Drohnen ruhig bleiben. Wenn man die Drohnen für die Besamung benötigt, wird die Veranda einfach von hinten abgeschiebert. Die Drohnen werden im geschlossenen Raum entnommen.

Eine andere Möglichkeit, gewünschte Drohnen für die Besamung zu erhalten, besteht darin, Drohnenwaben in Honigräume über Absperrgitter zu geben. Diese Honigräume müssen zunächst drohnenfrei gemacht werden. Bei dieser Methode ist das Abfangen zwar etwas aufwendiger, aber bei Besamungen in geringerem Umfang ist das Verfahren durchaus praktikabel. In Kirchhain hat sich die Drohnenhaltung in Magazinen mit hohem Unterboden bewährt, wobei das Absperrgitter zwischen unterster Zarge und Unterboden liegt. Die Drohnen bleiben hier ganz im Dunkeln abgesperrt und sind dadurch ruhiger. Bei Bedarf werden sie durch ein besonderes Loch im Deckel entnommen.

Eine weitere Möglichkeit der sicheren Herkunftsbestimmung ist das Zeichnen der Drohnen (152). Auch hier bringt man die Drohnenwaben zum Schlüpfen in den Honigraum über das Absperrgitter. Alle zwei Tage werden die geschlüpften Drohnen mit einem wasserfesten Lack (Plakalack) gezeichnet. Gut bewährt hat sich nach ALTERBAUM auch der Eddingstift 751 (erhältlich im Schreibwarenhandel). Durch Verwendung unterschiedlicher Farben kann man gleichzeitig das Alter der Drohnen jederzeit erkennen. Zum Zeichnen entnimmt man die Drohnenwabe aus der zweiten Zarge und hält sie leicht schräg. Die frisch geschlüpften, unbeholfenen Drohnen bewegen sich nur langsam und sind mühelos zu markieren. Sind alle Drohnen geschlüpft, wird das Absperrgitter entfernt. Die Drohnen können frei fliegen. Zur Besamung werden sie vom Flugloch oder von der Wabe (gern sitzen sie auf Randwaben) abgefangen. Die so gehaltenen Drohnen stülpen meist besser und haben mehr Sperma als die hinter Absperrgitter gehaltenen.

In der Praxis bewährt hat sich der Einsatz mobiler Besamungsstellen auf Landbelegstellen. Die hier vorhandenen Drohnenvölker stehen isoliert und sind gegen den Zuflug fremder, unerwünschter Drohnen geschützt. Die Herkunft der Drohnen in diesen Völkern ist gesichert. Weitere Maßnahmen sind nicht erforderlich. Die Qualität der frei fliegenden Drohnen für die Spermagewinnung, besonders bei guter Versorgung der Völker, ist hervorragend.

5.12.2 Anlieferung von Drohnen zu Besamungsstellen

Der Vorteil des Besamungsverfahrens liegt in der Möglichkeit, eine Vielzahl von Drohnenherkünften zu verwenden, während auf einer Belegstelle jeweils Drohnen nur einer Linie aufgestellt werden können. Diese verschiedenen Drohnenherkünfte müssen aber getrennt gehalten und häufig auch zu den Besamungsstellen angeliefert werden. Daraus ergibt sich die Notwendigkeit zur Haltung der Drohnen in relativ kleinen Volkseinheiten (Drohnenablegern). Darunter versteht man allgemein Brutableger, die eine oder mehrere Waben mit Drohnenbrut enthalten.

Folgende Anforderungen werden an einen Drohnenableger gestellt:

- Drohnenzucht und Königinnenzucht müssen aufeinander abgestimmt sein. Die Drohnen müssen zur Besamung mindestens 12–16 Tage alt sein, d. h. die Drohnenwaben müssen 23 Tage vor dem Umlarvtermin in die Drohnenvölker zur Bestiftung gegeben worden sein.
- Die zu einer Besamungsstelle angelieferten Drohnen sollen möglichst in der gleichen Altersstufe sein, der Anteil der noch unreifen Drohnen soll gering sein.
- Wegen der Inzuchtgefahr (Brutlücken infolge gleicher Sexfaktoren) sollen stets Drohnenwaben mehrerer Völker einer Linie verwandt werden. Diese Waben können in einem Ableger zusammengestellt werden.
- Für jede zu besamende Königin sollten aus Sicherheitsgründen mindestens 25–35 gut gepflegte Drohnen angeliefert werden.
- Drohnenableger sollten über eine Stärke von mindestens 7 Waben verfügen. Die Pflegestimmung wird durch Fütterung und Weisellosigkeit erhalten.

Nach Empfehlungen der Hessischen Landesanstalt für Leistungsprüfungen in der Tierzucht, Außenstelle Bienenzucht/Kirchhain wird ein Drohnenableger so hergestellt:

Bei mehreren Drohnenvölkern werden Waben mit größeren Drohnenecken zur Bestiftung eingesetzt. Man erhält diese notfalls durch Ausbrechen von Ecken aus normalen Brutwaben, die dann schnell mit Drohnenbau ausgebaut und bestiftet werden. Etwa dreieinhalb Wochen nach der Bestiftung der Drohnenecken wird der Ableger aus diesen Brutwaben zusammengestellt. Die Drohnenecken sollten sich dabei wegen der größeren Zellhöhe nicht gegenüberliegen. Der Ableger bekommt keine Königin sondern offene Arbeiterbrut, um Nachschaffungsmöglichkeit und gute Pflegestimmung zu gewährleisten. Die Bienen für den Ableger werden zuvor durchgesiebt, 1,5 kg–2 kg sind erforderlich. Neben den Brutwaben mit Drohnenecken sind Vorratswaben mit Honig und Pollen erforderlich. Außerdem wird am Rand ein Leerrähmchen als Pufferraum eingesetzt, das nach vier oder fünf Tagen gegen eine Wabe mit junger Brut ersetzt werden kann, um die Pflegestimmung weiterhin zu erhalten. Der Ableger verbleibt zwei Wochen am Stand des Imkers, bevor er zur Besamungsstelle transportiert und für die Besamung eingesetzt werden kann. Während dieser Zeit ist er vor Zuflug fremder Drohnen durch ein Gitter zu schützen.

Eine weitere Möglichkeit zur Bildung von Drohnenablegern besteht darin, geschlüpfte Drohnen aus ausgewählten und abgesperrten Drohnenvölkern in einen weisellosen Ableger zu fegen. Die Bienen dieses Ablegers müssen durchgesiebt sein. Die Brutwaben dürfen keine Drohnenbrut enthalten. Dieses Verfahren ist weniger aufwendig, erlaubt aber keine sichere Altersbestimmung der Drohnen. Empfehlenswert ist es nach MAUL, die Drohnenwaben im Honigraum des betreffenden Volkes schlüpfen zu lassen und durch Abfegen aller sonstigen umzuhängenden Brutwaben sicherzustellen, daß keine Fremddrohnen in den Honigraum gelangen. Solche Ableger sollten außerhalb der Hauptflugzeit gebildet werden.

6. Ankunft der Begattungsvölkchen auf der Belegstelle

Wenn der Belegstellenleiter eine Sendung in Empfang nimmt, muß er zuerst nachsehen, ob sie alle nötigen Papiere enthält. Wo eine amtstierärztliche Seuchenfreiheitsbescheinigung verlangt wird, muß sie unbedingt beiliegen, sonst wird die Sendung zurückgeschickt. Die Kosten trägt der Züchter. Meist hat er auch noch die Belegstellengebühr zu zahlen.

Wenn die Völkchen über Tag ankommen, müssen sie bis zum Aufstellen am Abend kühl stehen, im Schatten oder wenigstens an einem windigen Platz. Bei großer Wärme sollte aus Transportgestellen, in denen die Kästchen dicht an dicht stehen, eines herausgenommen werden. Die übrigen stellt man auf Abstand, damit sich die Bienen nicht zu sehr erhitzen. Durch das untere Gitter bespritzt man sie mit Wasser. Das ist bei einer größeren Anzahl von Kästchen oft nicht zu schaffen. Man kann dafür die ganzen Transportkisten kurz in eine mit Wasser gefüllte Wanne tauchen. Ehe die EWK in die Schutzkästen eingestellt werden, müssen sie auf Drohnen kontrolliert werden. Wenn auch nur ein einziger Drohn gefunden wird, muß die ganze Partie auf Kosten des Einsenders zurückgehen.

Manchmal sind Lüftung und Flugloch der Kästchen durch tote Bienen verstopft. Durch Herausziehen des unteren Schiebers kann Abhilfe geschaffen werden. In zu weichem Futter können Bienen ertrunken sein. Zu hartes Futter kann nicht abgenommen werden. Auch in diesen Fällen muß der Belegstellenleiter helfend eingreifen. Auf nasses Futter gibt man etwas Puderzucker, Stroh, Gras oder auch Tannennadeln, zu hartes lockert man mit dem Messer auf und gibt ganz wenig Wasser dazu. Gelegentlich müssen zerbrochene Glasscheiben ersetzt oder verklebt werden. Sind Völkchen sehr schwach, liegt die Königin tot am Boden oder sind die Kästchen bienenleer, muß das sofort vermerkt werden. Für diese Notizen sowie für das Notieren des Datums der Eiablage haben sich Klebezettel auf dem äußeren Deckel der EWK sehr gut bewährt.

(153) Genormtes Schutzhäuschen.

7. Aufstellung der Begattungsvölkchen

Mehrwabenkästchen werden frei, Einwabenkästchen in Schutzhäuschen aufgestellt.

7.1 Schutzhäuschen

Die Schutzhäuschen sind nach DIN 11663 genormt (154). Bei Selbstherstellung müssen die Maße genau eingehalten werden, damit die EWK beim Einsetzen nicht klemmen. Massives Weymouthskiefern-, Fichten- oder Abachiholz eignet sich hierzu am besten. Neuerdings wird auch das im Betonbau bewährte wasserfeste Sperrholz »Betoplan« verwendet. Ungeeignet sind Spanplatten, auch wenn sie wasserfest verleimt sind. Wichtig ist, daß der Boden nicht untergeschraubt, sondern eingelassen wird. Andernfalls zieht durch diese Seitenfuge Wasser nach innen in die Isolierung. Die Deckelplatte aus Holz sollte mit Dachpappe oder Zinkblech überzogen sein. Gut bewährt hat sich auch ein 19 mm starker Betoplandeckel, nicht dagegen lackierte Hartfaserplatte.

Unentbehrlich ist vor allem eine ausreichende Isolierung aus Dämmplatten (153).

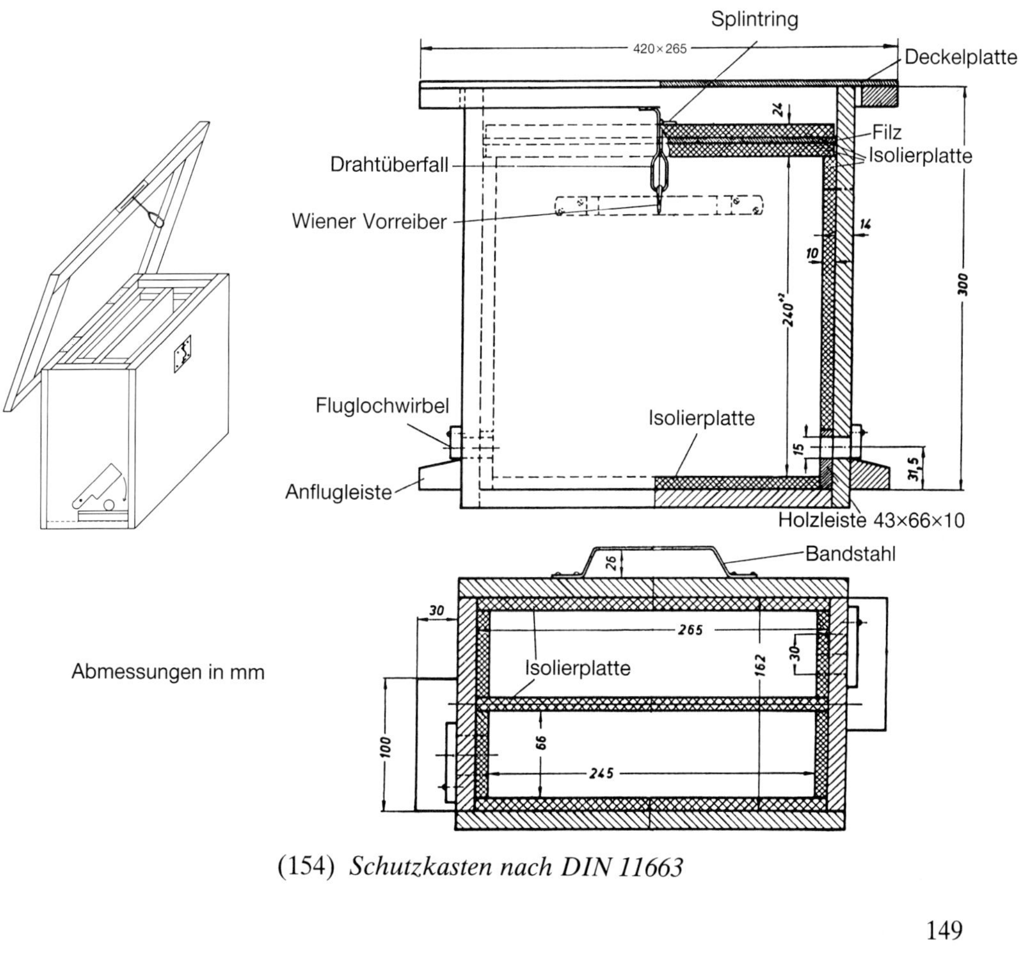

(154) *Schutzkasten nach DIN 11663*

(155) *Bongossi- oder Eichenpfähle 4/6*

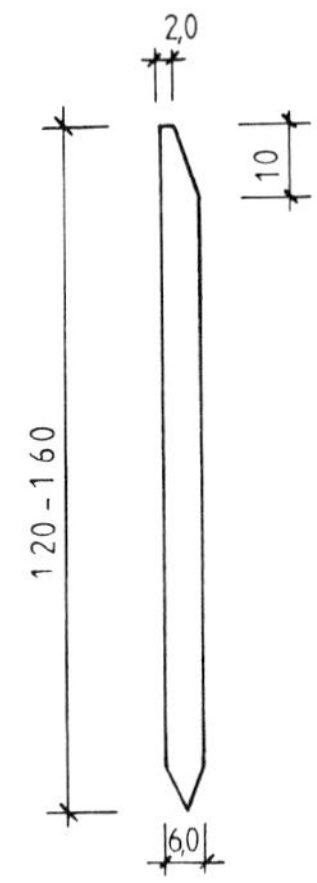

(156) Aufhängevorrichtung für Schutzhäuschen.

Styropor eignet sich nicht, weil es von Bienen und Ameisen zernagt wird. Fluglochklappen haben sich nicht überall bewährt, da sie gelegentlich von Unbefugten geschlossen werden.

Die Häuschen werden regelmäßig zum Schutz gegen Verwitterung gestrichen. Die Stirnseiten sind mit den für das Bienenauge gut wahrnehmbaren Farben gelb, blau, weiß und rot (anstelle von schwarz) zu versehen. Außerdem können über den Fluglöchern farbige Markierungen angebracht werden. Wichtiger ist jedoch die Numerierung der Häuschen, weil dadurch die Belegstellenarbeit sehr erleichtert wird.

Die Schutzhäuschen werden an Holz-, Aluminium- oder Eisenpfählen unterschiedlicher Länge angehängt. Weichholzpfähle sollten kesseldruckimprägniert sein, Eichenspalt- und Bongossipfähle eignen sich besser (155). Eisen- und Aluminiumpfähle lassen sich bei festem Untergrund leichter einschlagen, rosten aber bzw. zersetzen sich. Den verschiedenartigen Pfählen entsprechend gibt es unterschiedliche Anhängevorrichtungen (156). Am einfachsten sind die Bandstahlbügel, unter denen sich die abgeschrägten Holzpfähle festkeilen.

7.2 Aufstellung im Gelände

Mehrwabenkästen können direkt am Boden aufgestellt werden. Dies wird jedoch nicht empfohlen, weil es in unmittelbarer Bodennähe häufig kalt ist, die Kästchen wachsen schnell zu, und die Arbeit am Boden ist unbequem. Für Holzkästen sind Unterlagen aus Styropor o. ä. zu empfehlen (157). Hartschaumkästen können auf Baumstümpfen, umgelegten Baumstämmen oder Gestellen aufgestellt werden, nicht dagegen auf kalten Betonunterlagen. Die Pfähle für die Schutzhäuschen sollen verschieden lang sein (0,50–1,00 m über Gelände).

Gern nutzt man Unebenheiten im Gelände aus. Kaltlöcher sollte man jedoch meiden. Eine weitere Orientierungshilfe bietet ein unterschiedlicher Bewuchs. Einförmige Plätze im Innern von Wäldern oder ohne höheren Bewuchs (Wiesen, Heiden)

(157) Pütscher auf Schaumstoffunterlage.

(158) Richtig: Schutzhäuschen in unterschiedlicher Höhe zwischen strauchartigem Bewuchs.

(159) Falsch: Schutzhäuschen in gleicher Höhe und in ausgerichteten Reihen.

sind ungeeignet. Die Kästen sollen weitläufig im Gelände verteilt in einem Abstand von mindestens 2–3 m aufgestellt werden. Wegen der besseren Übersicht beim Arbeiten stellt man sie in lockeren Reihen auf, die aber nicht streng ausgerichtet sein dürfen.

Die Begattungsvölkchen sollen abseits von den Drohnenvölkern stehen, und die Flugbahnen sollen sich nicht kreuzen. Die günstigste Flugrichtung für die Völkchen ist Süden bzw. Südosten. Da aber in den Schutzhäuschen zwei EWK mit Ausflug in entgegengesetzte Richtungen untergebracht werden, ist die Berücksichtigung der besten Flugrichtung nur bei einzeln aufzustellenden Kästchen möglich.

Es ist bekannt, daß Sonneneinstrahlung eine wichtige Rolle spielt und die Königinnen häufig erst ausfliegen, wenn das Flugbrettchen Sonne bekommen hat. Die Kästen dürfen aber keinesfalls praller Sonne ausgesetzt sein. Die Gefahr des Ausziehens ist dann größer. Besser ist eine Aufstellung im Halbschatten. Auch der Wind muß berücksichtigt werden. Bei ungünstiger Lage sollte durch geeignete Anpflanzungen für Windschutz gesorgt werden.

Immer wieder hat sich gezeigt, daß es an einigen Plätzen größere Verluste gibt und an anderen die Königinnen schneller in Eiablage gehen. Darauf sollte man achten. Wenn man die Notizen früherer Jahre zu Hilfe nimmt, lassen sich beim Aufstellen der Kästchen ungünstige Standorte ausschalten.

Einige Plätze sind durch Ameisen besonders gefährdet. Bei Schutzhäuschen kann man die Pfähle mit Raupenleimringen oder Nelkenöl versehen. Dies hilft auch nicht immer. Dann bleibt nur die Wahl eines anderen Platzes.

(160/161)
Einsetzen der EWK in die Schutzhäuschen. Mit einem Schraubenzieher wird die Übereinstimmung der Öffnungen kontrolliert.

7.3 Öffnen der Fluglöcher

Belegstellen sollen nach Möglichkeit während der Flugzeit der Königinnen nicht betreten werden. Das Aufstellen der Völkchen sollte deshalb nur am Abend erfolgen. Auf schwierig zu erreichenden Belegstellen ist diese Forderung aber nicht immer zu erfüllen. Dann muß man sich anders helfen.

Die Völkchen sollen in jedem Fall erst aufgestellt werden, wenn sie sich nach dem Transport etwas beruhigt haben. Nachdem man sie kontrolliert hat, öffnet man das Flugloch (160). EWK stellt man in die Schutzkästen, so daß inneres und äußeres Flugloch übereinstimmen, läßt aber das äußere vorerst noch geschlossen und den Deckel des Schutzkastens offen. An Schutzhäuschen, die keine Fluglochklappe haben, verschließt man die Fluglöcher mit Gras, Moos oder einem Blatt. Wenn eine Serie EWK eingestellt ist, öffnet man die Fluglöcher und gibt einen kleinen Stoß Rauch hinein. Dann muß kontrolliert werden, ob nicht nur die Bienen ausfliegen, sondern auch eine Königin passieren kann (161). Erst wenn das geschehen ist, verschließt man den Deckel und hakt ihn fest.

Wenn aus Zeitmangel auch am Morgen oder über Tag Begattungsvölkchen aufgestellt werden müssen, gibt man zunächst nur das kleine Flugloch (Vorbauscheibe) frei oder befestigt ein kleines Stück Absperrgitter vor dem äußeren Flugloch. Erst am Abend oder am nächsten Morgen gibt man den Ausflug für die Königin frei. So verhindert man, daß Völkchen gleich ausziehen.

Nach dem Aufstellen wird im Belegstellenbuch notiert, welche Schutzhäuschen besetzt bzw. von welchen Beschickern die Völkchen angeliefert wurden.

8. Natürliche Paarung

Die Paarungsbiologie ist eines der interessantesten Gebiete der Bienenforschung. Erst seit einigen Jahren wissen wir Genaueres über die Hochzeitsflüge.

8.1 Bedingungen für die Paarung

Nach dem Schlüpfen braucht der Drohn etwa 12–16 Tage, bis er voll begattungsfähig ist. Orientierungsflüge werden bereits am sechsten oder siebten Tag unternommen. Diese dauern einige Minuten. Später fliegen die Drohnen länger aus. In der Regel wurden 3 Ausflüge je Tag von etwa 25–30 Min. Dauer beobachtet (KÜNSTER, MEINEN).

Voraussetzung für den Drohnenflug sind Temperaturen von mehr als 18 °C. Auf Neuwerk wurden in einigen Fällen schon bei 16 °C Drohnenflüge beobachtet. Die Hauptflugzeit der Drohnen liegt zwischen 12 und 16 Uhr. Sie beginnt etwa eine Stunde früher als die der Königinnen.

Anders als der Drohn ist die Königin schon wenige Tage nach dem Schlüpfen paarungsfähig. Orientierungsflüge finden in der Regel um den 6. Tag herum statt, die Hochzeitsflüge vom 7. Tag an. Gelegentlich gibt es noch frühere Ausflüge. Die Hauptflugzeit liegt nach RUTTNER zwischen 13 und 15 Uhr. Bei Versuchen auf Neuwerk wurden von 10 Uhr am Vormittag bis 16 Uhr am Nachmittag Ausflüge festgestellt. Deutliche Unterschiede gibt es hinsichtlich der Jahreszeit. Während im Juli viele Königinnen schon am Vormittag ausfliegen, kann man im August keine Flüge mehr vor 12 Uhr registrieren. Im allgemeinen finden die Flüge bei Temperaturen von über 20 °C statt. Es wurden aber auch Ausflüge und sogar Paarungen bei niedrigeren Temperaturen beobachtet. Auf den Inseln wirkt sowohl gutes als auch schlechtes Wetter nach. Nach einem sehr guten Flugtag wurden häufig auch am nächsten Tag bei schlechterem Wetter noch Ausflüge festgestellt. Ein Ausflug wurde sogar bei 16 °C registriert. Nach kalten Tagen gibt es nur zögernde Ausflüge, wenn die Temperatur nur eben auf 20 °C ansteigt. Bei Temperaturen über 27 °C konnten keine Paarungen mehr beobachtet werden.

Nach MEINEN fliegen sowohl Königinnen als auch Drohnen bei einer relativen Luftfeuchtigkeit von 40–80%. Liegt die Luftfeuchtigkeit darunter oder darüber, stellen beide Geschlechtstiere den Flug ein.

Nächtliche Niederschläge sind ohne Einfluß auf das Flugverhalten von Königinnen und Drohnen am darauffolgenden Tag.

(162)
Vom Begattungsflug zurückkehrende Königin.

Den großen negativen Einfluß, den die Bewölkung nach RUTTNER und KÜNSTER auf die Paarungsergebnisse haben soll, konnte MEINEN nicht bestätigen.

Nach RUTTNER wirkt Wind als erheblicher Störungsfaktor. MEINEN beobachtete dagegen auf den ostfriesischen Inseln Paarungsflüge bei Windgeschwindigkeiten bis zu 5 m/sec. Bei stärkerem Wind fliegen Königinnen und Drohnen näher am Boden.

8.2 Orientierung der Königinnen

Damit sich die Königinnen ihr Flugloch einprägen können, dürfen sie beim Ausflug nicht gestört werden. Der Wind spielt eine wesentliche Rolle und kann Verluste verursachen. Die Königinnen brauchen nach dem Verlassen des Fluglochs eine kurze Zeitspanne, um sich zu orientieren. Etwa 5 Sekunden fliegen sie vor dem Flugloch auf und nieder, umkreisen dann das Kästchen und fliegen endgültig ab. Wenn sie sich auf diese Weise ihr Flugloch ungestört einprägen können, verfliegen sie sich selten. Es gibt große Unterschiede im Flugverhalten. Manche Königinnen fliegen ganz sicher nur ihr eigenes Flugloch an. Andere fliegen dagegen immer wieder fremde Kästchen mit anderen Farbmarkierungen, höher oder niedriger aufgehängte und sogar solche mit Flugloch in die Gegenrichtung an. Wahrscheinlich konnten sich diese Königinnen beim ersten Ausflug ihr Flugloch nicht in Ruhe einprägen.

8.3 Flugdauer und Ausflughäufigkeit der Königinnen

Die Flugzeiten der Königinnen sind individuell sehr verschieden, aber für jede Königin überraschend konstant. Manche Königinnen fliegen immer schon am Vormittag, andere erst nachmittags. Das ist allerdings auch bedingt durch die Ausflugrichtung, denn die meisten Königinnen fliegen erst dann, wenn ihr Flugloch von der Sonne beschienen wurde. Manche Königinnen fliegen nur kurz aus, andere fast ausnahmslos lange. Das ist ein individueller Unterschied, der sicher nicht von äußeren Einflüssen abhängig ist. In Sekundenschnelle fliegen die Königinnen ab und kehren ebenso schnell und leicht in ihr Flugloch zurück, wenn sie noch nicht begattet sind. Orientierungsflüge sind meist von kurzer Dauer, Paarungsflüge dauern gewöhnlich länger, in der Regel etwa 10–15 Minuten. Königinnen mit Begattungszeichen kommen ruhiger, schwerfälliger, aber auch zielsicherer zurück. Bei Versuchen auf der Insel Neuwerk wurden zahlreiche Ausflüge registriert. Eine Königin hat es dabei auf 36 Ausflüge gebracht. Das war aber sicher dadurch bedingt, daß zu der Zeit keine Drohnen mehr vorhanden waren und unter diesen unnormalen Bedingungen die Königinnen deshalb immer erneut, aber umsonst ausflogen. Unter normalen Bedingungen gab es bis zu 18 Ausflüge.

8.4 Begattung und Eiablage

Einen wesentlichen Anteil am Paarungserfolg haben die Begattungsvölkchen. Nur starke und harmonische Völkchen treiben ihre Königin zum baldigen Ausflug. In zu starken Völkchen kann es zum Verlust der Königin kommen, weil sie pausenlos zum Ausfliegen getrieben wird. Manche Völkchen scheinen attraktiver zu sein als andere. Sie werden von rückkehrenden fremden Königinnen angeflogen, obwohl sie weiselrichtig sind. Fremde Königinnen werden nicht immer schon am Flugloch angefallen, sondern häufig erst auf der Wabe eingeknäuelt.

Weisellose Völkchen versuchen, eine Königin anzulocken. Ihre Bienen sterzeln während der Flugzeit der Königinnen an ihrem Flugloch mehr als andere und sammeln sich sogar manchmal um eine Königin, die sich in der Nähe ausruht. Wenn eine Königin nach den ersten Orientierungsflügen länger als 10 Minuten unterwegs ist, kann man davon ausgehen, daß sie begattet zurückkehrt. Nicht alle Königinnen, die sich gepaart haben, kommen mit einem Begattungszeichen heim. Auf einem Flug finden häufig auch mehrere Paarungen statt.

Königinnen, die ausreichend begattet sind, gehen sehr schnell in Eiablage. Die kürzeste Frist lag bei 19 Stunden, also weniger als einem Tag. Königinnen, die noch nicht ausreichend begattet sind, warten dagegen oft sehr lange, bis sie mit der Eiablage beginnen. Die längste Zeit, die registriert wurde, lag bei 21 Tagen. Man kann also nicht davon ausgehen, daß Königinnen generell zwei Tage nach der Paarung in Eiablage gehen. Der Beginn der Eiablage hängt (nach WOYKE) davon ab, ob die Samenblase (Spermatheka) einen gewissen Füllungsgrad erreicht hat. Nach KÜNSTER muß eine Königin etwa 3,3 Mill. Spermien aufgenommen haben, um selbständig nach kurzer Zeit in Eiablage zu gehen. Aber auch die Temperatur im Völkchen ist für den Beginn der Eiablage von Bedeutung. Bei zu niedriger Temperatur im Völkchen wandern die Spermien langsamer in die Spermatheka, wodurch sich der Beginn der Eiablage verzögert. Zieht sich die Paarungszeit wegen ungünstiger Witterung oder Drohnenmangels in die Länge, so entwickeln die Bienen eine eigenartige Aggressivität gegen ihre eigene Königin. Es kommt vor, daß dann Königinnen bei der Rückkehr eingeknäuelt und abgestochen werden.

9. Kontrolle und Rücksendung der Begattungsvölkchen

Sämtliche Arbeiten an den Begattungsvölkchen (Aufstellen, Kontrollieren, Nachfüttern und Einsammeln) sollten möglichst außerhalb der Flugzeit der Königinnen vorgenommen werden, um sie bei den Ausflügen nicht zu stören. Das kann zu Verlusten führen. An warmen Tagen sollte man sich daher zwischen 11.00 und 16.00 Uhr nicht zwischen den Begattungsvölkchen bewegen. Dies gilt auch für Belegstellenbesucher.

Mehrwabenkästchen werden wegen des größeren Aufwandes in der Regel vom Belegstellenleiter nicht oder nur stichprobenweise kontrolliert. Der Termin ihrer Rücksendung wird allein vom Witterungsverlauf bestimmt.

9.1 Kontrolle und Bestimmung der Eiablage

Die erste Kontrolle der EWK kann erfolgen, wenn die Temperatur an einigen Tagen über 20 °C angestiegen ist, frühestens jedoch nach einer Woche.

Findet man eine größere bestiftete Wabenfläche, kann man davon ausgehen, daß die Königin vollständig begattet ist. Das Datum des Beginns der Eiablage wird auf dem EWK vermerkt. Sind schon Larven vorhanden, wird zurückgerechnet. Weiterhin wird die Vorbauscheibe auf die kleine Öffnung gestellt, damit das Völkchen mit der begatteten Königin nicht ausziehen kann. Geht die Königin später an einer Krankheit ein, findet man sie am Boden des Kästchens. In diesem Fall kann sie untersucht werden.

Findet man dagegen nur einzelne Stifte, können diese von eierlegenden Arbeitsbienen stammen, obwohl die Königin noch vorhanden ist. Hier ist eine spätere Nachkontrolle notwendig.

Bei Kälteeinbrüchen ziehen sich schwächere Völkchen gern in den Futterraum zurück und errichten dort eine kleine Wabe. Nach der Begattung beginnt die Königin hier mit der Eiablage. Deshalb sollte der Belegstellenleiter auch den Futterraum kontrollieren.

Je nach Witterungsverlauf und den Gegebenheiten auf der Belegstelle gibt es etwa 20–30% Königinnenverluste. Weisellose Völkchen erkennt man am Verhalten der

(163) Weiselloses Völkchen mit Weiselnäpfchen.

(164) Gelege von Arbeitsbienen (Foto: Institut Oberursel).

Bienen und an ihrem Zustand. Sie sind meist unruhiger, verlieren Bienen an andere Völkchen und werden mit der Zeit schwächer. Häufig haben weisellose Völkchen in der Mitte der Wabe, wo sonst das Brutnest angelegt wird, Pollen eingelagert. Hat ein Volk seine Königin in den ersten Tagen auf der Belegstelle verloren, wird die Wabe nicht weiter ausgebaut. Meist werden Drohnenzellen und Weiselnäpfchen angesetzt. Bisweilen findet man Näpfchen aber auch in weiselrichtigen Völkchen.

In weisellosen Völkchen können die Arbeitsbienen besonders bei großer Wärme sehr bald mit der Ablage von Drohneneiern beginnen. Diese Eier sind meist kleiner und werden unregelmäßig und jeweils zu mehreren in den Zellen abgelegt (164). Solch ein Gelege darf nicht mit dem von jungen begatteten Königinnen verwechselt werden, die häufig auch mehrere Stifte in eine Zelle legen. Dies kann auf einen Lernprozeß, aber auch auf Platznot zurückzuführen sein. Manchmal werden über dem Gelege von Arbeitsbienen Weiselzellen angesetzt. Die Larven rutschen nach einigen Tagen ab und kommen nicht zur Entwicklung.

Findet man in einem Kästchen neben normaler Brut keine frischen Stifte, jedoch Nachschaffungszellen, kann man sicher sein, daß die Königin nicht mehr vorhanden ist. Sie kann entweder noch einmal ausgeflogen und dabei verloren gegangen oder an einer Krankheit eingegangen sein.

Geht eine Königin trotz günstiger Witterung nach zwei bis drei Wochen nicht in Eiablage, so ist das meist auf Krankheiten, Anomalien oder Beschädigungen zurückzuführen. Ein längeres Warten hat keinen Sinn.

Immer wieder kommt es vor, daß Völkchen ausziehen. Die möglichen Ursachen dafür wurden unter den Abschnitten »Herrichten der Begattungsvölkchen« und »Aufstellung der Begattungsvölkchen« beschrieben. Ausziehende Völkchen fliegen häufig zusammen, wobei in einem solchen Schwarm mehrere Königinnen einige Stunden geduldet werden. Ein Auseinandersortieren und Einlogieren in die alten Begattungskästchen macht viel Arbeit und bringt meist wenig Erfolg. Sinnvoller ist es, zusammengezogene Schwärme in einen Ablegerkasten einzuschlagen und auf dem Belegstellengelände aufzustellen.

Ebenso wie das Datum des Beginns der Eiablage wird gegebenenfalls auch die Verlustursache auf dem Klebezettel vermerkt (W= weisellos, A= ausgezogen, U= unbegattet).

9.2 Nachfüttern

Das Futter in den Begattungskästchen reicht für 14 Tage. Stehen die Völkchen länger, müssen die Vorräte kontrolliert und bei Bedarf ergänzt werden. Dazu wird auf den Belegstellen Honigfutterteig bereitgehalten. Invertzuckerteig und Flüssigfutter sind ungeeignet. Eine Nachfütterung nimmt besonders auf stark frequentierten Belegstellen viel Zeit in Anspruch und wird in der Regel gesondert berechnet. Auf großen Landbelegstellen informiert der Belegstellenleiter die Züchter im allgemeinen telefonisch über den Notzustand der Völkchen. So können diese dann selbst nachfüttern.

Sollte es durch irgendeine Ungeschicklichkeit auf einer Belegstelle zu Räuberei kommen, so hilft nur eine Radikalkur. Wenn nicht sofort eingegriffen wird, räubert über kurz oder lang jedes Volk und jedes Völkchen und wird auch selbst beräubert. Futtervorräte bleiben bei einer derart intensiven Flugtätigkeit nirgends mehr übrig, und ein Großteil der Königinnen fällt der Räuberei zum Opfer. Da hilft nur noch, in sämtliche Völker und Völkchen Sägemehl, Tannennadeln, Späne oder ähnliches Material handvollweise einzustreuen. Dann lassen die Bienen vom Räubern ab, um zuerst die eigene Wohnung in Ordnung zu bringen. Nadeln und Spreu werden zwar in die Wäbchen mit eingebaut, aber die Völkchen können auf diese Weise gerettet werden.

9.3 Rücksendung

Die Rücksendung der Völkchen sollte so früh wie möglich erfolgen. Man braucht nicht zu warten, bis die Brut verdeckelt ist. Sobald sich ein Transportkasten füllen läßt, kann er auf den Weg gebracht werden. Königinnen, die unter normalen Witterungsbedingungen nach 3 Wochen noch nicht in Eiablage sind, werden ebenfalls zurückgeschickt. Bei kaltem Wetter kann diese Zeit ausnahmsweise auf vier Wochen ausgedehnt werden.

Annahme und Rücksendung erfolgt auf den meisten Belegstellen an bestimmten Wochentagen, aber stets so, daß die Sendungen nicht über das Wochenende auf der Bahn sind. Diese Termine werden vor Beginn der Zuchtsaison in der Fachpresse und in Rundschreiben bekannt gegeben. Selbstabholung muß vorher mit dem Belegstellenleiter vereinbart werden. Bei Bahn- und Schiffstransport müssen die Rücksendepapiere vorher bereitgelegt werden.

Das Einsammeln der Begattungsvölkchen soll morgens oder abends erfolgen. Dabei kommen nur solche Kästchen in Frage, bei denen ein ordentliches Brutnest zweifelsfrei erkennbar ist, und solche die weisellos oder leer sind. Allein die Beobachtung eines Begattungszeichens bei einer Königin genügt nicht. Sie fliegt eventuell noch einmal aus. Hier muß man wirklich warten, bis Stifte vorhanden sind.

Die Fluglöcher werden geschlossen. Wo keine Vorbauscheiben angebracht sind, mit Schaumstoff, Papier oder Moos.

Beim Einstellen in die Transportkästen ist darauf zu achten, daß die Kästchen fest sitzen. Die Rücksendepapiere werden beigefügt. Auf einzelnen Belegstellen werden die Transportkästen verplombt, um sie vor fremdem Zugriff zu schützen. Die Völkchen werden noch einmal getränkt und dann bis zum weiteren Transport kühl gestellt.

10. Führung des Belegstellen-/Besamungsbuches und Ausfüllen des Paarungsnachweises

Ein ordnungsgemäßer Betrieb auf Beleg- und Besamungsstellen ist nur möglich, wenn die wichtigsten Daten schriftlich festgehalten werden. Außerdem sind für kontrolliert gepaarte Königinnen Zuchtkarten auszufüllen, aus denen die wichtigsten Daten über Abstammung und Paarung zu ersehen sind.

10.1 Belegstellenbuch

Nach den Zuchtrichtlinien des Deutschen Imkerbundes (DIB) muß auf allen anerkannten Belegstellen ein Belegstellenbuch geführt werden (165). Eine ordnungsgemäße Führung in Verbindung mit der Numerierung der Schutzhäuschen ermöglicht dem Belegstellenleiter eine gute Übersicht über alle erforderlichen Arbeiten. Auch Hilfskräfte und Vertretungen finden sich dadurch schnell zurecht. Beim DIB sind dazu genormte Vordrucke erhältlich.

(165) *Seite aus dem Belegstellenbuch*

Landesverband: Weser-Ems — Jahr: 1985
Tagebuch der Belegstelle: Langeoog (Nummer und Namen) — Leiter: G. Folkerts

Drohnenvölker — Rasse/Linie: C – 03 — Züchter: J. Menge
Zuchtbuch Nr.: 90, 91, 92, 93, 94, 75, 78/84 7 — Tö. von 86/82 — Körbericht: 214/84

Nr.	Name des Züchters	Wohnort des Züchters	Tag der Ankunft	Einwabenkästchen Zustand	Einwabenkästchen Nummer	Schutzkasten Nummer	Ergebnis in Eiabl. seit	Ergebnis unbegattet	Ergebnis verloren	Tag der Abholung	Gebühr
391	Nds. Landes-	Wehlstr.	25.6.	gut	a	42	10.7.			11.7	6,–
392	institut f.	4a	"	"	b		5.7.			"	6,–
393	Bienenfor-	31 Celle	"	"	a	43			A	"	6,–
394	schung	Tel. 05141/	"	"	b		5.7.			"	6,–
395	"	6054	"	"	a	44	6.7.			"	6,–
396	"	"	"	"	b		7.7.			"	6,–
397	J. Menge	Lookenstr.	2.7	gut	a	30	10.7			17.7	6,–
398	"	11	"	"	b		10.7.			"	6,–
399	"	445 Lingen	"	"	a	31			W	"	6,–
400	"	Tel. 0591/	"	"	b				W	"	6,–
401	"	3855	"	"	a	36	12.7.			"	6,–
402	"	"	"	"	b		9.7			"	6,–
403	"	"	"	"	a	39	12.7.			"	6,–

Rollgeld 24,– Telefon 2,– Rollgeld 24,–

Im Kopf des Belegstellenbuches werden die Angaben zu den aufgestellten Drohnenvölkern gegeben. Hier wird die Anzahl der Drohnenvölker, ihre Abstammung, die Zuchtlinie und Körberichtsnummer vermerkt. Werden die Drohnenvölker auf der Belegstelle während der Zuchtsaison nicht gewechselt, genügt diese Eintragung auf der ersten Seite des entsprechenden Jahres.

Jede aufgestellte Königin wird unter einer laufenden Nummer in das Belegstellenbuch eingetragen. Bei Anlieferung von EWK wird auch die Nummer des Schutzkastens angegeben, damit man die Kästchen schnell und vollzählig wiederfindet. Wichtig ist auch die exakte Anschrift des Züchters, möglichst mit Telefonnummer, um diesen im Bedarfsfalle über die Rücksendung oder über Mißstände informieren zu können. Insbesondere ist die Spalte »Zustand der Einwabenkästchen« vom Belegstellenleiter auszufüllen, damit später bei etwaigen Reklamationen eine Beurteilung möglich ist. Unter der Rubrik »Ergebnis« wird der Beginn der Eiablage bzw. »unbegattet« oder die Verlustursache (W= weisellos, A= ausgezogen) vermerkt.

Eintragungen in den Spalten »Tag der Ankunft« und »Tag der Abgabe« sind für spätere Reklamationen wichtig. Es kommt immer wieder vor, daß Sendungen auf der Bahn zu lange liegen und die Völkchen dadurch Schaden nehmen. Aber auch für die Beurteilung der Zuchtsaison, ob die Serien lange oder kurz auf der Belegstelle verweilten, sind diese Angaben von Bedeutung.

Unter Anmerkungen werden besondere Eingriffe oder Auslagen, wie Nachfütterung, Telefongebühren, Rollgeld usw. festgehalten, die nachher bei der Abrechnung berücksichtigt werden müssen.

Bei der Anlieferung von Mehrwabenkästchen, die in der Regel nicht kontrolliert werden, beschränkt man sich in der Regel auf die notwendigsten Eintragungen. Hier genügt die laufende Nummer, Name und Anschrift des Züchters, Tag der Ankunft und Tag der Rücksendung. Mit diesen Aufzeichnungen läßt sich aber nur wenig über den Begattungserfolg auf der Belegstelle aussagen.

10.2 Besamungsbuch

Der Betreiber der Besamungsstelle muß analog zum Belegstellenbuch ein Besamungsbuch* führen. Dieser Vordruck enthält im Kopf die allgemeinen Angaben über die Besamungsstelle. Der übrige Raum ist in drei Teile gegliedert. Der erste enthält Angaben zur Königin, der zweite zu den Drohnenvölkern und der dritte zur Besamung (Insemination).

Die Angaben über die Königin werden der Zuchtkarte entnommen. Der Schlüpftag ist von besonderer Bedeutung, weil danach der Zeitpunkt für die Besamung bestimmt wird.

Abweichend vom Belegstellenbuch werden die Angaben zu den Drohnenvölkern für jede Königin gesondert eingetragen, da für jede anderes Drohnenmaterial verwendet werden kann. In der Regel werden in den Spalten »Zb.-Nr.« und »Körschein-Nr.« mehrere Völker eingetragen. Man kann hier auch die gemeinsame Mutter der Drohnenvolk-Königinnen mit dem Hinweis »Tö.von« angeben.

Da man meistens nur eine Insemination vornimmt, werden unter »Besamung« nur in der ersten Spalte »Insem.I« Menge des übertragenen Spermas (in µ) und Datum

* Zu beziehen durch den Deutschen Imkerbund, Schollengasse 4 a, 5307 Wachtberg 3 (Villip)

BESAMUNGSBUCH

Besamungsstelle: J. Alter Gaum / Zur Spillerei / 2872 Hude 1

Jahr: 87 Seite: 1

Landesverband: Weser - Ems

	Königin				Drohnenvölker			Besamung / Insemination			
Lfd.-Nr.	Name/Anschrift/Tel. des Züchters	Kästchen Nr.	Rasse/Linie Zb.-Nr.	Schlüpftag	Name/Anschrift/Tel. des Züchters	Rasse/Linie Zb.-Nr.	Körschein Nr.	Insem. I Menge/Dat.	Insem. II Menge/Dat.	CO_2	Eiablage seit Bemerkungen
1	Karl Meuschel Nethener Weg 2901 Rastede	23	C-T 1075 210/87	30.5.	Erich Talkus Bergstr. 37 2856 Uthlede	C - 03 217/86 215/86	416/87 417/87	8 µ 7.6.	/ /	6.6.	11.6. abgeholt 16.6.

(166) *Basamungsbuch*

eingetragen. Die Kohlendioxyd (CO_2)-Behandlung kann vor oder nach der Besamung erfolgen. Dieses Datum wird in die Spalte »CO_2« eingetragen. Unter »Eiablage seit« wird das Datum der Eiablage vermerkt; Ausfälle werden hier ebenfalls angegeben, so daß sich aus dieser Spalte der Besamungserfolg ermitteln läßt. Unter »Bemerkungen« werden Besonderheiten, die bei der Besamung auffallen (z. B. »große« oder »kleine Königin«) vermerkt. Der Tag der Abholung kann hier ebenfalls notiert werden.

10.3 Paarungsnachweis

Die meisten Züchter senden für ihre Königinnen Zuchtkarten mit auf die Belegstelle. (167) Bei EWK werden diese zumeist mit einem Reißnagel am Deckel befestigt, bei anderen Kästchen werden sie in Briefumschlägen beigefügt. Der Paarungsnachweis auf diesen Karten ist vom Belegstellenleiter auszufüllen. Zuchtbuchnummer, Abstammung (Muttervolk), Rasse und Linie der Drohnenvölker sowie Name der Belegstelle werden meistens schon vorher ausgefüllt. Bei größeren Belegstellen lohnt sich die Anfertigung eines Stempels. »Eiablage seit« wird erst nach dem Einsammeln eingetragen. Zum Schluß werden die Karten unterschrieben. Ist eine Königin unbegattet, wird die Karte nicht unterschrieben. Für weisellose oder ausgezogene Kästchen wird der Paarungsnachweis durchgestrichen.

Schicken Züchter keine Zuchtkarte mit, können sie von der Belegstelle ausgefüllte Paarungsnachweise (abgetrennter unterer Teil der Zuchtkarte) für die begatteten Königinnen erhalten.

Auf einigen Belegstellen werden jeder Sendung Abstammungsnachweise der Drohnenvölker beigefügt. Dies hat sich überall dort bewährt, wo Linienzucht und Linienkombination betrieben wird.

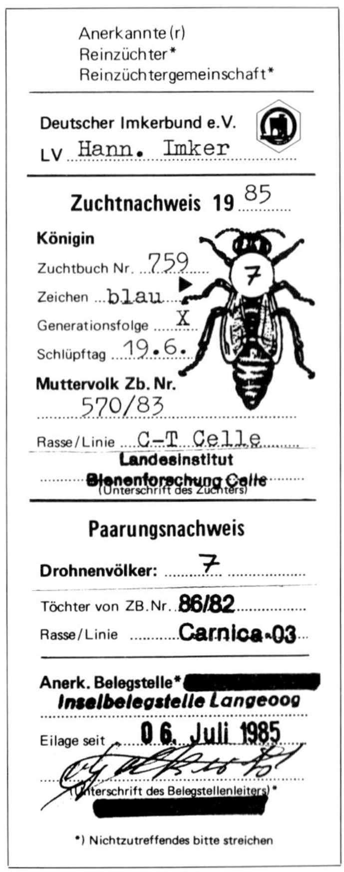
Anerkannte(r)
Reinzüchter*
Reinzüchtergemeinschaft*

Deutscher Imkerbund e.V.
LV Hann. Imker

Zuchtnachweis 1985
Königin
Zuchtbuch Nr. 759
Zeichen blau
Generationsfolge X
Schlüpftag 19.6.
Muttervolk Zb. Nr.
570/83
Rasse/Linie C-T Celle
Landesinstitut Bienenforschung Celle
(Unterschrift des Züchters)

Paarungsnachweis
Drohnenvölker: 7
Töchter von ZB.Nr. 86/82
Rasse/Linie Carnica-03

Anerk. Belegstelle* [redacted]
Inselbelegstelle Langeoog
Eilage seit 06. Juli 1985
(Unterschrift des Belegstellenleiters)*

*) Nichtzutreffendes bitte streichen

(167)
Zuchtkarte:
Der Zuchtausweis wird vom Züchter, der Paarungsnachweis vom Belegstellenleiter ausgefüllt.

10.4 Merkblätter

Von Vorteil ist auch das Beifügen eines Merkblattes über die Beschickung von Belegstellen, wie sie seit vielen Jahren mit Erfolg von den norddeutschen Inselbelegstellen verschickt werden. Hier kann der Belegstellenleiter durch Ankreuzen auf Fehler hinweisen, die er bei den Völkchen festgestellt hat. Die Begattungsergebnisse konnten durch diese Informationen im Laufe der Jahre erheblich verbessert werden.

Liste für Beanstandungen

Sie erzielten auf der Belegstelle ein unbefriedigendes Begattungsergebnis. Die Ursachen sind auf folgende Gründe zurückzuführen:

- fehlerhafte Königin (Flügel verklebt, verdreht usw.)
- zu wenig Bienen
- zu viele Bienen (Ausziehen des Begattungsvölkchens)
- zu viele Altbienen
- Futter zu knapp, zu hart oder zu weich
- Völkchen haben nicht richtig gebaut, unharmonisch? (Schwarmbienen)

Weiterhin ist uns aufgefallen:

- EWK sind nicht genormt und verursachen beim Einbringen in die Schutzkästen Schwierigkeiten
- EWK sind schlecht oder gar nicht signiert
- Transportgestelle sind ungeeignet (6–8 EWK sind am handlichsten)
- Rücksendepapiere fehlen (stets mehrere Rücksendepapiere ausgefüllt beilegen, damit auch einzelne Transportkästen zurückgeschickt werden können)
- Fluglochscheiben stehen vor
- Futterkammer ist nur schwer zugänglich
- EWK-Scheiben sitzen lose, sind zerbrochen
- EWK sind stark verschmutzt (Nosemainfektion)
- Absperrgitter zwischen Brutraum und Beweiselungskammer sollte entfernt werden
- Lüftungsgitter lassen sich nicht oder nur schwer bewegen
- EWK-Rähmchen sind nicht gedrahtet

Bitte fassen Sie diese Beanstandungen nicht als Kritik auf! Sie sollen dazu beitragen, Fehler zu vermeiden und hohe Begattungsergebnisse zu erzielen.

Ihr Belegstellenleiter

Teil III

Verwertung der Königinnen

Sobald die Begattungsvölkchen von der Belegstelle zurück sind, werden sie kontrolliert, und die Königinnen werden ausgefangen. Der Züchter wird einen Teil seiner Königinnen abgeben. Dazu müssen sie oft über weite Entfernungen, bisweilen in andere Länder verschickt werden.

Nicht minder wichtig als die Heranzucht leistungsfähiger Königinnen ist das verlustlose Zusetzen, denn die Kosten für belegstellenbegattete oder instrumentell besamte Königinnen sind erheblich. Bestimmte Voraussetzungen müssen sowohl beim Beweiseln von Standvölkern als auch bei der Unterbringung von Königinnen in Ablegern und Kunstschwärmen erfüllt sein. Auch die Reservehaltung von Königinnen bis in den Herbst oder bis zum nächsten Frühjahr ist von Bedeutung, um Ausfälle möglichst ergänzen zu können. Weiterhin werden in diesem Kapitel die Führung der Zuchtunterlagen sowie die rechtlichen Bestimmungen, soweit sie Einfluß auf die Zucht, die Verbreitung von Zuchtstoff und den Versand von Königinnen haben, besprochen.

1. Behandlung der Begattungsvölkchen nach Rückkehr von der Belegstelle

Für den Züchter ist bis zu einem gewissen Grad anhand des Wetterverlaufs vorhersehbar, wann er seine Königinnen von der Belegstelle zurückerwarten kann. Will er sie selbst von der Belegstelle abholen, muß er sich mit dem Belegstellenleiter in Verbindung setzen und einen Termin absprechen. Das gleiche gilt für Inselbelegstellen bei Abholung am Schiffsanleger. Bei Sammeltransporten erfolgt die Benachrichtigung in der Regel durch die Imkerkollegen bei den Sammelstellen. Das muß vorher gut organisiert werden. Bei Bahntransport empfiehlt es sich, um eine telefonische Benachrichtung durch den Zielbahnhof zu bitten. Transportschäden müssen sofort festgestellt und reklamiert werden.

Nach Erhalt der Sendung muß man den Völkchen zunächst Wasser geben (168), dann kann man sie bis zum Aufstellen auch mehrere Stunden im Kühlen stehen lassen. Man stellt sie möglichst abends oder am nächsten Morgen abseits vom Stand im Schatten auf. Die Kästchen sollten nicht zu dicht stehen. Die Fluglöcher werden auf die kleine Öffnung gestellt oder mit Absperrgitter versehen, damit die Königin nicht nochmals ausfliegen und das Völkchen nicht ausziehen kann.

Einwabenkästchen werden gleich sortiert, wobei nur die mit begatteten Königinnen aufgestellt werden. Bei Mehrwabenkästchen erfolgt die Durchsicht an einem der nächsten Tage. Bei dieser Kontrolle kann das Datum der Eiablage notiert werden, sofern dies nicht schon auf der Belegstelle geschehen ist. Gleichzeitig werden die Futtervorräte überprüft und notfalls ergänzt. Finden sich in den Kästchen tote Bienen, werden diese entfernt. Alle Arbeiten an den Völkchen sind sehr behutsam und möglichst unter Anwendung von Rauch oder Wasser durchzuführen. Räuberei muß auf jeden Fall vermieden werden.

Die weisellosen Völkchen werden in einem geschlossenen Raum oder abseits vom Stand zusammengestoßen und abgeschwefelt, weil sich eine weitere Verwendung nicht lohnt. Auf keinen Fall dürfen sie in der Nähe der aufgestellten Völkchen abgestoßen werden. Die Bienen würden in die weiselrichtigen Völkchen einziehen und deren Königinnen gefährden.

(168)
Tränken der EWK durch Eintauchen der Transportgestelle.

2. Kontrolle und Ausfangen der Königinnen

Bevor eine Königin ausgefangen und verwendet wird, muß eine Kontrolle erfolgen. Diese Kontrolle erstreckt sich auf:
- Zeitraum zwischen Schlüpfdatum und Beginn der Eiablage,
- Brutanlage,
- Zeichen der Königin,
- Größe und Beschädigungen.

2.1 Zeitraum zwischen Schlüpfdatum und Beginn der Eiablage

Wenn eine Königin bei gutem Wetter erst nach mehr als 2 Wochen und bei schlechtem Wetter nach mehr als 3 Wochen Belegstellenzeit mit der Eiablage begonnen hat, so ist das bedenklich. Solche »Spätentwickler« sollte man auf keinen Fall verkaufen oder in Völker einweiseln. Man hält sie zu weiterer Beobachtung in Reserve. Häufig stellt sich heraus, daß sie keine volle Leistung entwickeln.

2.2 Brutanlage

Eine vollständig begattete Königin wird in der Regel den Wabenbau rasch bestiften. Dabei findet man gelegentlich mehrere Stifte in einer Zelle. Dies ist nicht zu verwechseln mit Gelegen von Arbeitsbienen. Lückenhafte Bestiftung deutet auf unvollständige Begattung hin. Dagegen kann lückenhafte verdeckelte Brut mehrere Ursachen haben. Neben schlechten Aufzuchtbedingungen und unvollständiger Paarung kann dies auch genetisch bedingt sein (Problem der Sex-Faktoren). Einzelne Drohnenzellen zu Beginn der Legetätigkeit haben keine nachteilige Bedeutung. Diese Erscheinung verliert sich in der Regel schnell. Anders verhält es sich, wenn gehäuft Drohnenzellen auftreten (169). In diesem Fall sollte man die Königinnen nicht verwenden. Sie können krank,

(169)
Brutnest einer unvollständig begatteten Königin, mit Drohnenzellen durchsetzt.

(170)
Wabe mit normalem Brutnest.

unvollständig oder mit zu jungen bzw. sterilen Drohnen gepaart sein. Wenn man ganz sicher gehen will, wartet man, bis die erste Brut verdeckelt ist. Die beste Leistung versprechen Königinnen mit großer, geschlossener Brutfläche.

Findet man in einem Kästchen gedeckelte Brut, aber keine Stifte, so fehlt in der Regel die Königin. Sie muß dann keineswegs gestohlen sein, wie das oft behauptet wird, sondern sie ist meistens bei einem späteren Ausflug verloren gegangen oder an einer Krankheit (Nosema oder Melanose) eingegangen.

2.3 Zeichen der Königin

Wenn man eine Königin nicht sofort findet, kann es daran liegen, daß sie ihr Zeichen verloren hat. Vor der Verwendung muß sie nachgezeichnet werden, ebenso wie Königinnen, die im Begattungskästchen geschlüpft sind. Nach dem Zeichnen sollte man sie nicht sofort wieder zusetzen, weil sie angefallen werden oder das Zeichen verlieren kann.

Relativ häufig kommt es vor, daß sich eine Königin auf der Belegstelle verfliegt. In der Regel ist sie individuell gezeichnet, und das Zeichen ist auf der Zuchtkarte notiert. Dieses Zeichen muß überprüft werden. Eine Königin unbekannter oder nicht eindeutiger Herkunft ist für den Züchter wertlos.

2.4 Größe und Unversehrtheit

Königinnen, die in Begattungskästchen geschlüpft sind, können erst jetzt auf Größe und Körperform kontrolliert werden. Dabei spielt das Bruststück und die Länge des Hinterleibes eine wichtige Rolle, weniger die Breite des Hinterleibes. Bei Königinnen, die keinen Platz mehr zum Stiften haben, wird der Hinterleib wieder schmal.

Weiterhin ist auf Beschädigungen, besonders der Gliedmaßen zu achten. Manche Königinnen wurden bei der Rückkehr vom Begattungsflug von den Bienen angefallen. Aber auch beim Transport kann es durch nicht festsitzende Teile des Kästchens zu Verletzungen gekommen sein.

2.5 Ausfangen

Das Ausfangen der Königinnen aus den Begattungskästchen erfolgt möglichst in einem geschlossenen Raum, weil sie leicht auffliegen. Sie streben zum Licht, und man kann sie dann leicht von der Fensterscheibe abfangen (171c). Auf Außenständen ohne Bienenhütte kann das Ausfangen im Auto oder auf dem Boden unter dem Bienenschleier erfolgen (171d). Eine weitere Hilfe ist das Überbrausen der Bienen und der Königin mit dem Zerstäuber.

(171) Ausfangen der Königin

a) Greifen der Königin mit der Hand,

b) Ausfangen mit dem Glasröhrchen,

c) Abfangen vor dem Fenster,

d) Fangen unter dem Schleier.

Fliegt dennoch einmal eine Königin im Freien ab, läßt man das Begattungskästchen offen stehen und wartet einige Minuten ruhig ab. Meistens kehrt die Königin nach kurzer Zeit zu ihrem Völkchen zurück. In unmittelbarer Nähe des Standes allerdings besteht die Gefahr, daß sie in den Sog der Flugbienen gerät und an der Flugfront eingeknäuelt wird. Daher führe man diese Arbeit abseits des Standes durch.

Das Ausfangen der Königinnen bereitet gewöhnlich nur Anfängern Schwierigkeiten. Wer viele Königinnen ausfangen muß, lernt schnell, sie zwischen Daumen und Zeigefinger zu greifen (171a). Als Hilfsmittel werden im Handel Abfanggläser und Abfangzangen (Clips) angeboten, deren Handhabung jedoch umständlich und zeitaufwendig, für ungeübte oder ältere Imker aber hilfreich ist (172).

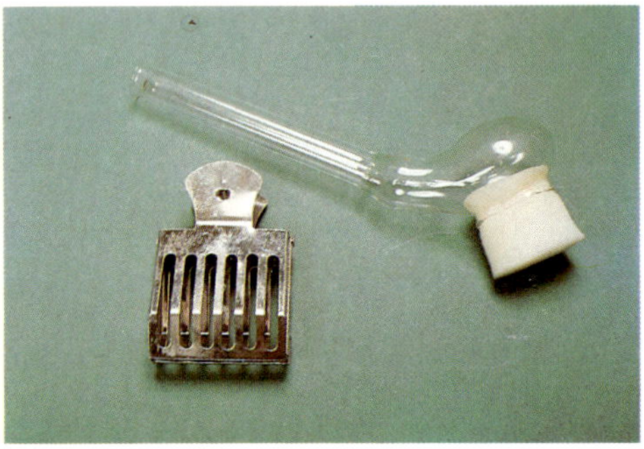

(172)
Hilfsgeräte zum Abfangen der Königin: Clip und Glasröhrchen.

Beim Celler Pütscher hat sich wegen des festen Wabenbaus eine andere Methode zum Ausfangen der Königin bewährt. Die Bienen werden mit einem kräftigen Ruck in einen Futtereimer (weißer 5 l Plastikeimer) gestoßen. Die Königin fliegt dabei nicht auf und kann leicht gegriffen werden (173/174).

(173) Abstoßen der Bienen aus dem Pütscher und Ausfangen der Königin.

(174) Die Königin ist deutlich am Boden des Eimers zu erkennen.

3. Verwendung von entweiselten Begattungsvölkchen

Im Juni und Juli können entweiselte, gut besetzte Begattungsvölkchen wiederbeweiselt werden (vergl. »Herrichten der Begattungsvölkchen – Wiederbeweiselung«).

Einzelne entweiselte Begattungsvölkchen kann man vor dem Stand abstoßen, wenn keine anderen Begattungsvölkchen in der Nähe stehen, wohin die Bienen ziehen können.

Bei einer größeren Anzahl entweiselter Völkchen bildet man aus den Bienen einen Sammelschwarm. Dazu hängt man eine begattete Königin in einem Käfig an einen Schwarmlocker und stößt die Bienen darunter ab. Nach einiger Zeit sammeln sich die Bienen um die Königin. Am Abend wird dieser Kunstschwarm in einen Kasten gegeben, gefüttert, für ein oder zwei Tage in einen kühlen Raum gestellt und anschließend wie ein Schwarm eingeschlagen. Ein solcher Sammelschwarm hat wegen der überwiegend alten Bienen nur geringen Wert. Man sollte ihm keine wertvolle Königin zusetzen. Es empfiehlt sich eine Behandlung gegen Varroatose (Begasung des Kunstschwarmes) und die spätere Fütterung mit Zusatz eines Nosemaheilmittels. Damit dieser Kunstschwarm stark genug für die Überwinterung wird, sollte er mit Brutwaben verstärkt werden.

(175/176)
Aus den EWK Bienen wird ein Sammelschwarm gebildet.

Wegen des geringen Wertes solcher Kunstschwärme und aus seuchenhygienischen Gründen werden die Bienen der Begattungsvölkchen vielerorts abgeschwefelt.

Die verdeckelten Brutwaben der Begattungsvölkchen gibt man über Absperrgitter auf ein Volk. Dazu kann man die einzelnen Wäbchen in ein Rähmchen einklammern oder lose einstellen. Offene Brutwaben werden ausgeschnitten. Waben und Wabenstücke mit Futter werden gesondert verwertet.

4. Versand von Königinnen

Wer regelmäßig eine größere Zahl von Königinnen verschickt, muß den Versand sorgfältig vorbereiten. Versandtüten und Rechnungen (noch ohne Datum) schreibt man am besten schon vor der Zuchtzeit aus, denn im Sommer hat man ohnehin alle Hände voll zu tun. Den notwendigen Schriftverkehr kann man sich durch vorgedruckte oder vervielfältigte Karten wesentlich erleichtern. Ob sich dieser Aufwand lohnt, hängt von der jährlich zu versendenden Anzahl von Königinnen ab. Auf jeden Fall müssen die Besteller in einer Liste notiert werden, wobei man auch die Sonderwünsche vermerkt: Versendungsart (Nachnahme, Rechnung, Eilzustellung), die Versandzeit (bestimmte Termine oder Wochentage), Herkunft der Königinnen (Linie, Belegstelle). Nicht immer können solche Wünsche erfüllt werden. Das muß dem Besteller dann sofort mitgeteilt werden, damit er ggf. seine Bestellung rückgängig machen kann.

Weiterhin muß man unbedingt die Bestimmungen der Bienenseuchenverordnung beachten und sich rechtzeitig um eine Seuchenfreiheitsbescheinigung und ggf. um eine Ausnahmegenehmigung bemühen, damit die Königinnen trotz einschränkender Verordnungen versandt werden können.

4.1 Benachrichtigung der Empfänger

Wie man es mit der Benachrichtigung der Empfänger halten will, muß schon sehr frühzeitig entschieden werden. Der Zuchtplan mit den voraussichtlichen Terminen wird zwar von den meisten Züchtern lange vor der Zuchtzeit festgelegt, aber wann wieviele Königinnen zur Verfügung stehen werden, läßt sich niemals genau voraussagen. Das weiß man erst, wenn man eine Sendung von der Belegstelle zurückbekommen hat (eine Ausnahme gibt es lediglich bei Standbegattung). Oft haben die Völkchen schon verdeckelte Brut, wenn sie von der Belegstelle kommen, und dann sollten die Königinnen bald verwertet werden. Es ist nicht gut, wenn sie in den kleinen, nicht bienengemäßen EWK noch lange stehen. Man muß sich also entscheiden, ob man nur bei der Zusage einen ungefähren Liefertermin angibt oder ob man kurz vor dem Versand die Lieferung ankündigt. Entscheidet man sich nur zu der kurzfristigen Benachrichtigung, sollte man sie so rechtzeitig vornehmen, daß eine Rückantwort noch möglich ist. Auf jeden Fall ist es gut, gleich bei der Zusage in etwa anzugeben, wann die Königinnen zu erwarten sind, und darauf hinzuweisen, daß vorgesehene Urlaubstermine und andere Zeiten, zu denen der Besteller die Königinnen nicht abnehmen kann, auch Adressenänderungen sofort mitgeteilt werden müssen. Gut bewährt hat sich eine zweite Nachricht per Drucksache kurz vor der Zuchtzeit, die noch einmal an die Bestellung erinnert und die Sicherheit gibt, daß die Anschrift noch stimmt.

4.2 Versandkäfige

Zum Versenden von Königinnen finden Holzkäfige mit Drahtgitter, Kunststoffkäfige und Lockenwickler* Verwendung (177). Letztere haben sich aber nicht sehr gut bewährt, weil sie zu weich sind, und immer wieder Königinnen gequetscht werden. Will

* Hersteller: Fa. Christian Stöhr, Kronacher Straße, 8641 Marktrodach, Lockenwickler Typ K 25.

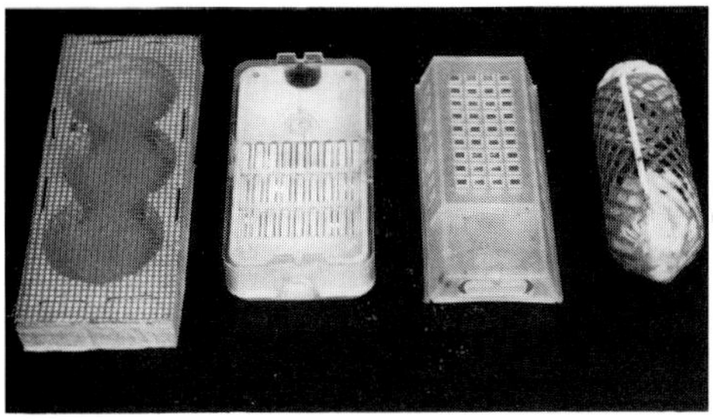

(177)
Verschiedene Versandkäfige: Flacher Holzkäfig, Kunststoffkäfige aus Polen und Frankreich, Lockenwickler. Der französische Käfig (3. v. links) hat sich besonders bewährt, da er auch zum Zusetzen geeignet ist.

man sie trotzdem verwenden, weil sie billig und leicht zu beschaffen sind, muß man sie mit dem Ende in Wachs tauchen, um die großen Löcher zu verschließen und sie etwas stabiler zu machen. Gut bewährt haben sich dagegen die französischen Kunststoffkäfige, ebenso wie Versandkäfige aus leichtem Holz, die man sich, sofern man die entspr. Maschinen hat, selbst herstellen kann.

4.3 Futter

Alle Käfige müssen mit Futter versehen werden. Das darf jedoch erst kurz vor dem Gebrauch geschehen, weil der Zuckerteig hart werden oder Wasser ziehen kann. Man sollte auch keinen frisch zubereiteten Teig verwenden; er soll abgelagert sein und vor dem Gebrauch noch einmal durchgeknetet werden. In die Käfige muß er so eingedrückt werden, daß mehrere Bienen gleichzeitig Futter abnehmen können und nicht nur *eine* Biene durch ein enges Loch Zugang hat.

4.4 Termine

Der Versandtag muß so festgelegt werden, daß die Königinnen nicht über ein Wochenende oder über Feiertage unterwegs sind. Bei Versand über große Entfernung und zu abgelegenen Bestimmungsorten muß berücksichtigt werden, daß die Anlieferung auf der Post nicht erst am Abend erfolgen darf. Bevor mit dem Versand begonnen werden kann, müssen alle benötigten Dinge vorbereitet und bereitgelegt werden. Außerdem muß genügend Zeit eingeplant werden, denn am Ende muß man auch noch die entweiselten Begattungsvölkchen versorgen.

4.5 Füllen der Käfige

Nachdem die Versandkäfige mit Futterteig versehen sind, beschickt man sie am besten zuerst mit den Begleitbienen (178). Erst danach gibt man die Königin dazu, damit ihr nichts mehr geschehen kann (179). Manche Züchter geben allerdings zuerst die Königin in den Käfig und dann einzeln die Bienen. Das ist umständlicher und außerdem Risiko. Auch wenn man Jungbienen verwendet, kann es zum Abstechen der Königin kommen, wenn die Bienen nicht aus ihrem eigenen Völkchen stammen. Es ist daher am besten, die Begleitbienen in die Käfige einzufüllen und mindestens eine Stunde stehen zu lassen, und erst dann die Königinnen durch eine kleine Öffnung zuzugeben. Die

(178) Füllen des Versandkäfigs. Die Bienen werden vom Eimerrand abgestreift.

(179) In den fertigen Versandkäfig läßt man die Königin zulaufen.

Käfige können ohne weiteres auch bis zum nächsten Tag stehen. Beim Einfüllen der Bienen und dem nachfolgenden Verschließen muß darauf geachtet werden, daß man keine Bienen einquetscht. Vor dem Versand kann man auf die Bienen (nicht auf das Futter) einen Tropfen Wasser geben; das ist besonders an heißen Tagen und bei längeren Versandwegen notwendig.

4.6 Begleitpapiere

Jeder Zuchtkönigin wird in der Regel ihre Zuchtkarte beigefügt. Aus dieser Zuchtkarte gehen alle wichtigen Daten hervor: Zuchtbuchnummer und Jahr, Zeichen, Schlüpftag, Abstammung, Anpaarung, Belegstelle, Eiablage. Diese Daten sind im Zuchtbuch festzuhalten, zusätzlich die Angabe, wer die Königin bekommen hat. Auf besonderen Wunsch kann auch ein Abstammungsnachweis beigefügt werden.

Da sehr viele wertvolle Königinnen wegen grundsätzlicher Fehler des Imkers beim

(180) Versand von Königinnen: Käfige mit den Königinnen, gestempelter und gelochter Postbeutel, Rechnung, Zuchtkarte, Gesundheitszeugnis.

Zusetzen abgestochen werden, hat es sich bewährt, eine Zusetzanweisung mitzusenden.

Beim Versand ins Ausland und gelegentlich auch im Inland wird eine amtstierärztliche Seuchenfreiheitsbescheinigung verlangt. Weiter wird die Rechnung beigefügt.

4.7 Versendungsart

Im allgemeinen wird Nachnahmeversand dem Versand auf Rechnung vorgezogen. Dabei ist zu beachten, daß die Zahlkarte für die Überweisung des Rechnungsbetrages ausgefüllt beigelegt werden muß. Die Zahlkartengebühr wird von der Post nach dem eingezogenen Betrag berechnet und von diesem abgesetzt. Vorteilhaft bei dieser Versendungsart ist nicht nur, daß der Betrag gleich eingezogen wird, sondern auch, daß die Sendung keinesfalls beim Empfänger einfach in den Briefkasten geworfen wird, wenn niemand zu Hause ist. Allerdings kostet dieser Service der Post eine Gebühr. Dafür kann man sich die Kosten für Eilzustellung in den meisten Fällen sparen, außer bei sehr abgelegenen Bestimmungsorten. Aber auch in diesen Fällen ist eine Nachtzustellung nicht notwendig. Auf den Sendungen sollte darauf hingewiesen werden, daß es sich um lebende Bienen handelt, die nicht in Räumen gelagert werden dürfen, in denen Insektenvertilgungsmittel versprüht oder Insektenvertilgungsstreifen aufgehängt sind. Ein Stempel mit diesem Hinweis und rote Stempelfarbe sind die Anschaffungskosten wert (181).

Lebende Bienen!

Nicht in Räumen lagern, in denen Insektenvertilgungsmittel versprüht oder Insektenvertilgungsstreifen aufgehängt sind.

5. Ankunft der Königinnen beim Empfänger

Wer eine Königin zugeschickt bekommt, soll vor dem Öffnen des Käfigs durch das Gitter kontrollieren, ob sie lebt und unbeschädigt ist. Tote oder beschädigte Königinnen schickt man sofort im ungeöffneten Käfig zurück.

Bis zum Zusetzen dürfen die Königinnen nicht zu kalt, nicht im direkten Sonnenlicht und nicht zu warm stehen. Man kontrolliert, ob sie noch genügend Futter haben und gibt auf die Bienen einen Tropfen Wasser (182). Die Königinnen sollen so bald wie möglich zugesetzt werden. Zwar können sie notfalls ein bis zwei Tage im Versandkäfig stehen, aber es ist nicht zu ihrem Besten. Ihr Sexualduft verringert sich, und sie werden schlechter angenommen.

Manchem Anfänger macht das Ausfangen aus den Versandkäfigen Schwierigkeiten. Am besten geht es in einem geschlossenen Raum, zumal man wegen der Seuchengefahr die Begleitbienen abtöten muß. Auf einem Außenstand hat man oft keinen Raum zur Verfügung, dafür aber häufig ein Auto. Im Freien kann man die Königinnen sicher unter dem Schleier ausfangen. Fast alle Versandkäfige haben ein kleines Eingangsloch, durch das die Königin zugegeben wurde. Wenn man nur dieses Loch öffnet, kommen die Bienen einzeln heraus und meistens erst zuletzt erscheint die Königin, die man dann in einen Zusetzkäfig laufen lassen kann. Auch ein Zusetzen im Versandkäfig unter Zuckerteigverschluß ist möglich, aber immer ohne Begleitbienen!

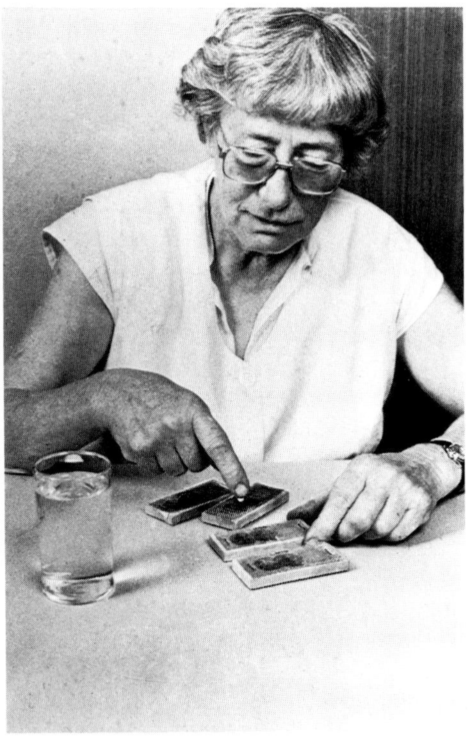

(182) Tränken der Bienen mit Wasser.

6. Kosten der Königinnen

Die Preise für instrumentell besamte Königinnen, für Insel-, Landbelegstellen- und Wirtschaftsköniginnen richten sich nach den Erstellungskosten und werden häufig als recht hoch empfunden. Daher sollen die verschiedenen in ihnen enthaltenen Einzelpositionen genannt und erläutert werden:

1. Kosten für eine unbegattete Königin,
2. Reparatur, Abschreibung und Verzinsung von Begattungskästchen,
3. Futterkosten,
4. Kosten für Bienenmaterial,
5. Transportkosten, a) Pkw-Transport, b) Expreßgut,
6. Belegstellengebühr, (Besamungskosten).

6.1 Kosten für eine unbegattete Königin

Eine unbegattete Königin kostet heute allgemein 8–, bis 10,– DM. Dieser Preis ist durchaus gerechtfertigt. Zu berücksichtigen sind dabei der Aufwand für die Beschaffung von geeignetem Zuchtstoff aus einem gekörten Volk sowie die Arbeit und der Aufwand an Futter und Bienen bei der Aufzucht der Jungköniginnen.

6.2 Reparatur, Abschreibung und Verzinsung von Begattungskästchen

Ein Begattungskästchen kostet heute ca. 20,– DM. Während einer Saison kann es ein- oder zweimal, in Ausnahmefällen dreimal besetzt werden. Die Lebensdauer eines Kästchens kann mit 10 Jahren angenommen werden. Außerdem sind die Kosten für die Transportgestelle mit zu berücksichtigen. Sie liegen – je nach Ausführung – zwischen 30,– und 80,– DM. Jährlich sind die Kästchen gründlich zu reinigen, Mittelwandstreifen sind einzusetzen, zerbrochene Gläser sind zu ersetzen. Für Abschreibung, Verzinsung, Reparatur und Reinigung können je Einsatz ca. 3,– DM angesetzt werden.

6.3 Futterkosten

Für Begattungskästchen wird in der Regel Honigfutterteig unter Zusatz eines Nosema-Heilmittels verwendet. Je Königin rechnet man 500 g Futter. Der im Handel erhältliche, fertige Teig kostet je kg ca. 6,– DM. Bei Eigenherstellung liegen die Kosten etwas günstiger.

6.4 Bienenmaterial

Die Begattungsvölkchen sind ausreichend mit Bienen zu besetzen. Ein Wirtschaftsvolk liefert bei Auflösung Bienen für ca. 20 Begattungskästchen. Die ersten Zuchtserien werden häufig Anfang Mai angesetzt, so daß die Begattungskästchen dafür Ende Mai besetzt werden. Somit verliert der Imker nicht nur das Volk, sondern auch der Ertrag entgeht ihm zu einem großen Teil. Für ein gutes, starkes Wirtschaftsvolk – wie es stets Verwendung finden sollte – sind als Wert im Mai ca. 250,– DM anzusetzen. Somit sind für das Bienenmaterial eines Begattungsvölkchens ca. 12,50 DM zu veranschlagen.

6.5 Transportkosten

Die Transportkosten sind im wesentlichen abhängig von der Entfernung und der Lage der Belegstelle. Wirtschaftsköniginnen läßt man in der Regel am eigenen Stand begatten. Hier fallen keine oder nur unwesentliche Transportkosten an.

a) Pkw-Transport:
Landbelegstellen sind häufig nicht allzu weit entfernt und gut mit dem Pkw zu erreichen. Oft vereinbaren benachbarte Züchter Sammeltransporte. Nach Rücksprache mit dem Belegstellenleiter können die Transportgestelle mit den Begattungskästchen an bestimmten Tagen zu vereinbarten Zeiten angeliefert bzw. abgeholt werden. Bei einer Entfernung von 100 km zur Belegstelle und einer Anlieferung von ca. 100 Begattungskästchen entstehen hier Kosten in Höhe von ca. 1,– DM je Kästchen.

Wesentlich höher liegen die Transportkosten zu den Inselbelegstellen. Auch hier werden häufig Sammeltransporte durchgeführt. Die Transportgestelle werden hier bis zu den Anlegestellen der Fährschiffe an der Küste transportiert. Bei Anlieferung von 100 EWK und einer Entfernung von 300 km zum Anleger entstehen hier Kosten von ca. 3,– DM je EWK. Zu diesen Transportkosten kommen noch die Frachtgebühr und das Rollgeld für den Transport vom Inselbahnhof zur Belegstelle. Dadurch entstehen weitere Kosten von ca. 4,– DM je Hin- und Rückfracht je EWK.

Ähnlich aufwendig wie die Inseln sind einige Hochgebirgsbelegstellen in den Alpen zu erreichen. Hier sind Mautgebühren und ggf. Kosten für Seilbahntransport zu berücksichtigen.

b) Expreßgut:
Viele Züchter aus dem ganzen Bundesgebiet schicken ihre Königinnen per Bahn als Expreßgut zur Insel. Aus Berlin ist eine Sendung per Post zu empfehlen. Die Schiffsfracht ist bereits in den Expreßkosten enthalten. Die Gesamtkosten liegen jedoch wesentlich höher. Bei einer Entfernung von 300 km zur Insel sind für Hin- und Rückfracht je EWK ca. 7,60 DM anzusetzen. Hinzu kommt das Rollgeld mit ca. 2,– DM je EWK.

6.6 Belegstellengebühren

Mit dem Betrieb und der Unterhaltung der Belegstellen sind erhebliche Kosten verbunden. Diese setzen sich aus Pacht und Versicherung sowie aus Abschreibung und Unterhaltung der Umzäunungen, Gebäude und Geräte zusammen. Dazu kommen die Kosten für die Gestellung der Drohnenvölker sowie die Vergütung und Fahrkosten für den Belegstellenleiter. Gerade bei abgelegenen Belegstellen sind diese Kosten erheblich. Häufig werden die Unterhaltung und der Betrieb der Belegstellen durch Förderungsmittel der Bundesländer unterstützt. Die Restkosten müssen aber durch die Belegstellengebühren gedeckt werden. Bei Inselbelegstellen sind das ca. 6,– DM je angelieferte Königin, bei Hochgebirgsbelegstellen liegt die Gebühr ähnlich. Bei Landbelegstellen werden 2,– DM bis 5,– DM angesetzt.

Der wirkliche Aufwand ist damit keineswegs voll abgedeckt. Beim Betrieb einer Belegstelle steht – wie auf vielen Gebieten der Imkerei – der Idealismus an erster Stelle.

Den Belegstellengebühren entsprechen die Kosten für die instrumentelle Besamung. Von den Besamungsstellen werden je Besamung ca. 28,– DM bis 30,– DM berechnet. Damit werden die Kosten für die zweimalige Begasung, die Vorhaltung der Drohnen sowie für die Besamung selbst abgegolten.

6.7 Gesamtkosten

Die zuvor aufgeführten Kosten beziehen sich auf alle zu einer Belegstelle angelieferten Königinnen. Aber nicht alle Königinnen werden begattet. Der geübte Züchter wird mit einem Begattungsergebnis von ca. 80% rechnen können, in schlechten Jahren eher noch etwas darunter. Somit ergibt sich ein Umrechnungsfaktor von $1/_{0.8}$ = 1,25, mit dem die Gesamtkosten zu multiplizieren sind. Bei der instrumentellen Besamung kann man von einem etwas günstigeren Begattungsergebnis von ca. 90% ausgehen, so ergibt sich hier ein Umrechnungsfaktor von 1,1.

Aus der Tabelle sind die Kosten für unterschiedlich gepaarte Königinnen abzulesen.

Belegstellenart / Kostenart in DM	Wirtschaftskönigin	Landbelegstellenköniginnen	Inselkönigin	instrumentell besamte Königin
1) unbeg. Königin	8,– (10,–)	8,– (10,–)	8,– (10,–)	8,– (10,–)
2) Begattungskästchen	3,–	3,–	3,–	3,–
3) Futter	3,–	3,–	3,–	3,–
4) Bienenmaterial	12,50	12,50	12,50	12,50
5) Transport	–	1,–	7,– (9,60)	1,–
6) Belegstelle (Besamungsstelle)	–	2,– (5,–)	6,–	28,– (30,–)
Gesamt 1–6	26,50 (28,50)	29,50 (34,50)	39,50 (44,10)	55,50 (59,50)
Kosten je begattete Königin in DM	33,– bis 36,–	37,– bis 43,–	49,– bis 55,–	61,– bis 65,–

Die hier aufgeführten Kosten stellen lediglich unververbindliche Richtwerte dar. Sie sind geschätzt und beziehen sich auf das Jahr 1986. Sie unterliegen der allgemeinen Kostenentwicklung. Setzt man 500 g Honig im Einheitsglas mit etwa 7,– DM an, so ergeben sich folgende Vergleiche:

Unbegattete Königin 500–750 g Honig,
Wirtschaftskönigin ca. 2500 g Honig,
Landbelegstellen beg. Königin 2500–3000 g Honig,
Insel beg. Königin 3500–4000 g Honig,
Instrumentell besamte Königin 4000–5000 g Honig.

Aus der Tabelle ist ersichtlich, wie schnell sich die Kosten aufsummieren. Der von den Züchtern verlangte Preis für Königinnen ist demnach durchaus gerechtfertigt und bringt keinen großen Gewinn.

Im Ausland, wo bessere klimatische Voraussetzungen – mit einer längeren Zuchtsaison – bestehen, sind die Erstellungskosten häufig niedriger.

7. Stutzen des Flügels

Viele Imker stutzen der Königin vor dem Zusetzen einen Flügel. Der Züchter tut dies, um zu wissen, ob es sich noch um die alte Stockmutter handelt wenn er im Volk eine Königin ohne Zeichen findet. Der Wirtschaftsimker macht von dieser Maßnahme Gebrauch, um größere Zeitabschnitte bei den Schwarmkontrollen zu überbrücken. Schwärmt ein Volk mit kupierter Königin, so fällt diese vor dem Stock auf den Boden und die Bienen ziehen ins Volk zurück. Zwar stellt man bei der nächsten Durchsicht den Verlust der Königin und das Vorhandensein verdeckelter Weiselzellen fest, aber die Bienen des Schwarms sind dem Volk geblieben. Mit weiteren Maßnahmen läßt sich der Schwarmtrieb dann in den Griff bekommen.

Wichtig ist, daß nur ein Flügel gestutzt wird. Die Königin kann dann nicht fliegen, sondern sie trudelt zu Boden. Stutzt man dagegen beide Flügel gleichmäßig, so kann sie dennoch - wenn auch schlecht - fliegen.

Zum Schneiden des Flügels nimmt man die Königin zwischen Daumen und Zeigefinger. Mit einer Nagelschere kürzt man einen Vorderflügel um ca. ⅓ seiner Länge (183). Die Königin spürt dies nicht, noch nimmt sie dabei Schaden, denn die Flügel sind weder von Nerven noch von Blutbahnen durchzogen. Beim Zusetzen akzeptieren die Bienen eine kupierte Königin genauso wie eine mit ungestutzten Flügeln.

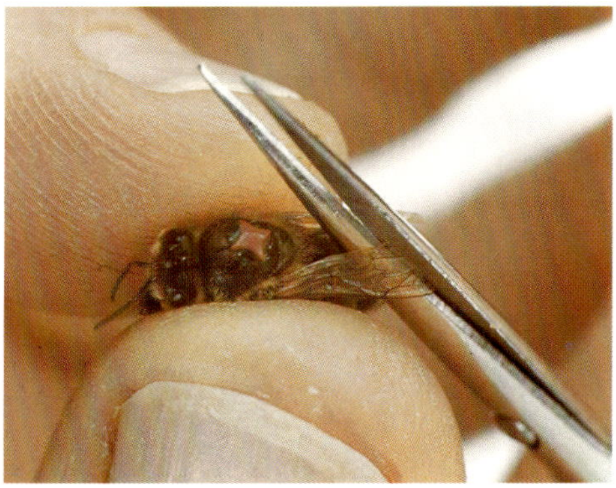

(183) Stutzen des Flügels.

8. Zusetzen von Königinnen

Das Zusetzen von Königinnen ist eines der am meisten diskutierten Probleme der Imkerschaft. Im Laufe der Jahre wurde hierzu eine Vielzahl mehr oder weniger brauchbarer Methoden entwickelt, von denen hier nur einige beschrieben werden sollen.

Immer wieder nehmen beim Zusetzen wertvolle, mit großer Mühe und unter hohem Kostenaufwand gezüchtete Königinnen Schaden oder gehen verloren. Die Ursachen hierfür liegen meistens nicht bei den einzuweiselnden Königinnen, wie das nur allzu oft und gerne behauptet wird, sondern in einem unsachgemäßen Vorgehen des Imkers. Um die Verluste so gering wie möglich zu halten, sollte daher mit aller Sorgfalt versucht werden, Fehler zu vermeiden.

8.1 Allgemeine Faktoren

Bevor auf die einzelnen Be- und Umweiselungsverfahren eingegangen wird, sollen zunächst einige allgemeine Faktoren, die den Erfolg bzw. Mißerfolg beim Zusetzen erheblich beeinflussen und daher unsere besondere Beachtung verdienen, untersucht werden. Eine wesentliche Rolle spielen:

- Jahreszeit,
- Zustand des zu beweiselnden Volkes,
- Zustand der einzuweiselnden Königin,
- Rassezugehörigkeit.

8.1.1 Jahreszeit

Im zeitigen Frühjahr (März bis Mai) sowie im Herbst (September und Oktober) ist das Zusetzen von Königinnen einfacher als im Sommer. Das mag daran liegen, daß zu dieser Zeit die Völker unter normalen Umständen keine oder nur wenige Drohnen haben und sich in einer gewissen Notlage befänden, wenn sie eine neue Königin nicht annehmen würden. Bruder Adam z. B. beweiselt seine Völker verlustlos im März, indem er in einem Arbeitsgang die alte Königin gegen eine neue (unter Zuckerteigverschluß) austauscht. Zur aufsteigenden Entwicklung, im Mai, gelingt eine Umweiselung noch recht gut; schwieriger ist sie im Juni oder Juli, besonders nach Trachtschluß Ende Juli / Anfang August. Ende August ist es schon wieder einfacher, die Völker neu zu beweiseln; am sichersten jedoch im September oder gar Oktober.

Wie bei vielen anderen Eingriffen am Bienenvolk spielt auch hier die Tracht eine gewisse Rolle. Bei Volltracht gelingt eine Umweiselung leichter als bei Trachtlosigkeit. Nach Böttcher erschweren aber Trachten, welche die Bienen erregen (wie z. B. Buchweizen und Heide), die Annahme der neuen Königin.

8.1.2 Zustand des zu beweiselnden Volkes

Ruhige, friedfertige Bienen bzw. Völker nehmen eine neue Königin leichter an als unruhige und stechlustige. Bei letzteren kommt es oft noch nach Wochen zum Abstechen der Königin und zur Ausbildung von Nachschaffungszellen. Starke Völker mit viel Brut sind schwerer umzuweiseln als schwächere. Befindet sich ein Volk bereits in Schwarmstimmung (Vorhandensein bestifteter, offener oder gar schon verdeckelter

Weiselzellen) ist eine Umweiselung fast unmöglich. Hier muß gewartet werden, bis die neue Königin geschlüpft ist (zu achten ist auf mehrere Jungköniginnen). Diese ist dann relativ gefahrlos gegen eine andere Königin auszutauschen. Ferner ist das Alter der bisherigen Stockmutter von Bedeutung. Völker mit zwei- und dreijährigen Königinnen sind schwieriger umzuweiseln als solche mit jungen Königinnen, die evtl. noch aus dem gleichen Sommer stammen. Vermeintlich weisellose Völker haben oftmals doch eine Königin, die vom Imker nur übersehen wurde. Deshalb ist hier bei einer Beweiselung Vorsicht geboten (Weiselprobe!). Längere Zeit weisellose oder gar schon buckelbrütige Völker sind oftmals bereits so schwach, daß sich eine Beweiselung nicht mehr lohnt. Hier ist ein Auflösen der Völker der bessere Weg.

8.1.3 Zustand der einzuweiselnden Königin

Nach Sechrist muß die zuzusetzende Königin bezüglich ihrer Legetätigkeit ungefähr in der gleichen Verfassung sein wie die zu entfernende. Entsprechend der Brutkurve ist die Legetätigkeit einer Königin im zeitigen Frühjahr und im Herbst weniger entwickelt. Entsprechend nimmt ihre Körpergröße ab, während zur Zeit der aufsteigenden Entwicklung bis kurz vor der Haupttracht ihre Eierstöcke angeschwollen sind. Sie bewegt sich deshalb ruhiger und behäbiger auf der Wabe. Junge Königinnen, insbesondere dann, wenn sie erst kurz in Eiablage sind, keinen Platz zum Stiften in den kleinen EWK mehr fanden (verdeckelte Brutflächen) oder einen längeren Transport in einem Versandkäfig hinter sich haben, sind etwas geringer an Größe (Hinterleib) und bewegen sich sehr flink, etwa so wie eine Königin kurz vor dem Schwarmakt. Deshalb ist es nicht einfach, sie im Sommer in Vollvölker einzuweiseln. Besser gelingt das in den brutarmen Monaten. Weiselt man trotzdem solche Königinnen im Sommer in Völker ein, werden sie oftmals angegriffen und beschädigt. Zersauste Flügel, Fehlen von Gliedmaßen oder das Nachziehen von Beinen sind sichere Kennzeichen dafür.

8.1.4 Rassezugehörigkeit

Ein weiterer Faktor von entscheidender Bedeutung für das Gelingen des Zursetzens einer Königin, der bei der Umstellung von der Landrasse auf die Carnica große Schwierigkeiten bereitete, ist die Zugehörigkeit zu unterschiedlichen Rassen. So z. B. gibt es häufig Fehlschläge, wenn man Carnica-Königinnen in Landrassevölker mit überwiegend Mellifera-Charakter einweiselt. Hier kommt es oftmals noch 3 bis 4 Wochen nach der Einweiselung, wenn die Königinnen vermeintlich bereits angenommen sind, zu Umweiselungen. Beim Schlüpfen der ersten Brut der neuen Königin kommt es zur Disharmonie im Volk, die schließlich zur Umweiselung führt. Das wird von den Imkern häufig irgendwelchen Mängeln der Königin zugeschrieben, ist in Wirklichkeit aber in einer Disharmonie im Volk begründet.

8.2 Zusetzmethoden

Aus den vorangegangenen Bemerkungen ist zu ersehen, daß das Zusetzen einer Königin von einer Reihe von Faktoren abhängig ist, die wir nur zum Teil steuern bzw. beeinflussen können. Im folgenden sollen nun einige Verfahren geschildert und ihre Möglichkeiten zum praktischen Einsatz in der Imkerei untersucht werden.

Man unterscheidet zwei Gruppen von Zusetzmethoden:

1. Umweiselung von Völkern, mit einer Erfolgsrate von weniger als 90%.
2. Sichere Zusetzmethoden mit einem Erfolg zwischen 90 und 100%.

(184)
Zum Ende der Saison gibt es etliche Völker, die umzuweiseln sind, weil die Königinnen zu alt sind oder nicht befriedigen.

Zur Umweiselung wird man immer dann greifen, wenn es gilt, Völker, deren Königin nichts taugt, drohnenbrütig ist, verloren gegangen oder zu alt ist, mit einer anderen Königin zu versehen. Hier wird man schon allein aus betriebswirtschaftlichen Gründen eine schnelle Umweiselungsmethode anwenden, denn der Aufwand soll in einem vernünftigen Verhältnis zum Nutzen stehen. Bei diesen Methoden, mit denen man vorwiegend Wirtschaftsköniginnen zusetzt, wird man bisweilen Verluste in Kauf nehmen müssen. Diese sind aber durch den geringen wirtschaftlichen Aufwand vertretbar. Die sicheren Methoden hingegen wird man immer dann anwenden, wenn es gilt, wertvolle Königinnen, die u. a. später einmal zur Nachzucht gedacht sind, unterzubringen. Jedes der im folgenden geschilderten Verfahren ist nicht zu jeder Zeit und bei jedem Zustand eines Volkes anzuwenden. Was einmal gelungen ist, kann beim nächsten Mal ein Fehlschlag sein. Es kommt immer auf die jeweiligen Umstände an und vor allem auf das Einfühlungsvermögen und das Fingerspitzengefühl des Imkers, im richtigen Augenblick die richtige Entscheidung zu treffen. Die Beschreibung der Verfahren kann daher nur eine Leitlinie darstellen.

8.2.1 Umweiselung von Völkern

Wohlgemuth-Verfahren

Dieses Verfahren wurde von dem früheren Leiter des Celler Bieneninstituts, Dr. E. Wohlgemuth, entwickelt und ging als Wohlgemuth-Verfahren in die Imkerliteratur ein.

Wohlgemuths Bemühen war es, beim Zusetzen einer Königin folgende Bedingungen zu erfüllen:

- Das Verfahren muß zu allen Zeiten des Jahres (April bis Oktober) sicher durchzuführen sein.
- Dem Volk dürfen durch das Zusetzen der Königin nicht zu viele wertvolle Bruttage verloren gehen.
- Das Verfahren muß so einfach sein, daß die Umweiselung vieler Völker an einem Tage durch eine Person durchgeführt werden kann.
- Die Übernahme der Königin durch die Bienen muß ohne jegliche sichtbare Aufregung vonstatten gehen.

Das Verfahren beruht darauf, die neue Königin in einem aus Alt- und Jungbienen bestehenden Volk zunächst nur mit Jungbienen zusammenzubringen. Daher wird die Königin in einer Bautraube zugesetzt, die durch Schaffung einer Wabenlücke gebildet wird. Bei diesem Verfahren ist wie folgt vorzugehen:

1. Am Morgen, spätestens bis zu den frühen Nachmittagsstunden, wird die alte Königin entnommen und in der Mitte des Brutnestes ein Raum freigemacht, der der Größe einer Wabe entspricht. In den folgenden Stunden füllt sich dieser Raum mit Jungbienen, die bestrebt sind, hier eine Wildbauwabe zu errichten.

2. Der WOHLGEMUTH-Zusetzkäfig (185) wird mit einem dünnen Draht in einem leeren Rähmchen befestigt, nachdem zuvor die Königin durch ein Loch im Oberträgerholz beigegeben wurde. In die seitlichen Nuten des Käfigs werden zwei Mittelwandecken eingeschoben.

(185) *Zusetzkäfig nach* WOHLGEMUTH

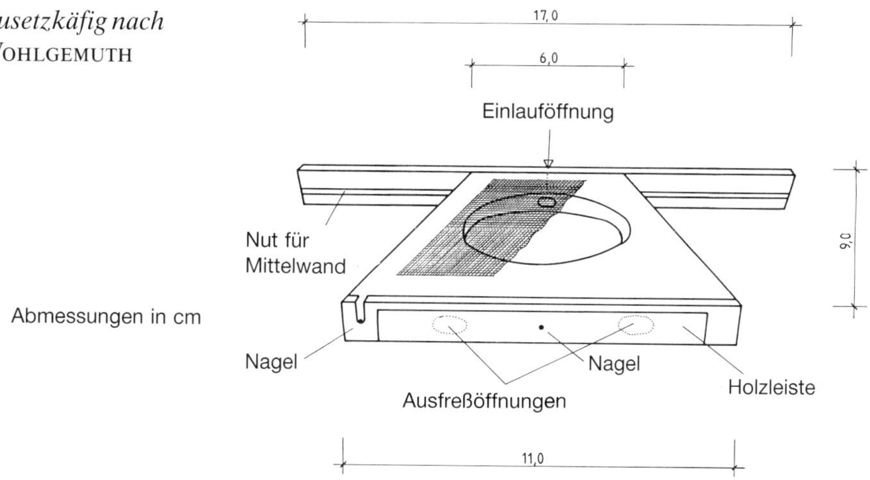

Am Abend wird dieses Rähmchen mit dem Käfig in die Wabengasse eingehängt. Die jungen Bienen, die sich tagsüber in dem freien Raum gesammelt haben und in Baubereitschaft stehen, nehmen sofort nach dem Einhängen der Königin an den Mittelwandecken die Bautätigkeit auf (186). Sie umschließen den Zusetzkäfig, während andere damit beschäftigt sind, die Königin zu befreien. Zwei Löcher in der Unterkante des Käfigs führen zu einem mittels eines Blechschiebers oder einer Holzleiste geschlossenen Futterraum, der entweder ganz (Spätsommer) oder nur in

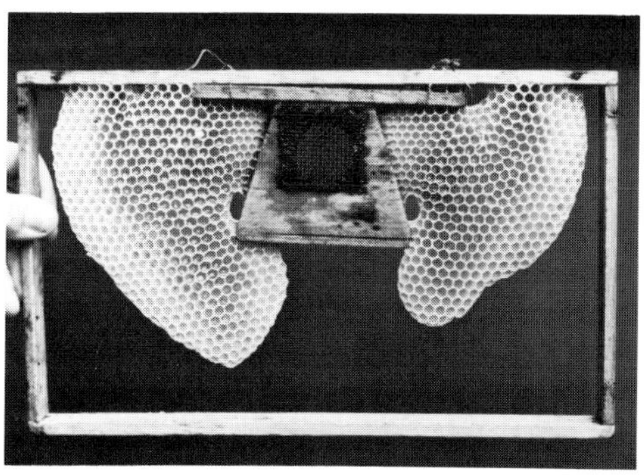

(186)
Die Bienen haben zwei herzförmige Waben gebaut. Es ist alles in Ordnung.

seinem Mittelteil (Frühsommer) mit Honigzuckerteig gefüllt wird. Dieser verschließt zunächst den aus dem Aufenthaltsraum der Königin zum Futterraum führenden Durchgang. Die seitlichen Löcher dienen lediglich dem Geruchsaustausch. Die Königin und die Arbeitsbienen können hier zunächst nicht zueinander gelangen.

3. Die nach dem Ausfressen des Futters freigewordene Königin findet sofort noch innerhalb der Bautraube Gelegenheit zum Bestiften der neuerrichteten Zellen. Wie bei jedem anderen Zusetzverfahren ist eine Nachschau vor Ablauf von 9 Tagen unter allen Umständen zu vermeiden. Man findet dann bereits Eier auf den Nachbarwaben. Das Zusetzrähmchen kommt nach Entfernern des Käfigs in den Honigraum oder, wenn dieser nicht mehr benutzt ist, an den Brutnestrand, so lange, bis die Brut ausgelaufen ist.
4. Eventuell angesetzte Weiselzellen sind zu vernichten. Das Rähmchen mit dem Käfig wird gegen eine Wabe ausgetauscht.

Schlüter-Gitter

Bei diesem Verfahren, das von Imkermeister SCHLÜTER/Illertissen entwickelt wurde, wird die neue Königin unter einem Gitter auf einer Wabe mit auslaufender Brut in einem zuvor entweiselten Volk zugesetzt (187). Die Königin ist so zunächst nur von Jungbienen umgeben, die ihr wohlgesonnen sind. In die durch Schlupf freiwerdenden Zellen legt sie Stifte ab. Allmählich wird sie unter dem Gitter freigefressen.

Es ist folgendes zu beachten:

1. Der verwendete Aufsteckkäfig soll eine Maschenweite von 2,5 mm haben. Bei weiteren Maschen wird die Königin leicht durch das Gitter hindurch angegriffen, und zersauste Flügel oder gar abgestochene Königinnen sind die Folge. Bei engeren Maschen kann die Königin von außen nicht gefüttert werden.
2. Das Gitter wird auf eine bienenfreie Wabe mit auslaufender Brut gegeben. Es dürfen sich im Bereich des Gitters keine Durchgänge von der Rückseite der Wabe befinden. Auch sollte etwas Futter unter dem Gitter vorhanden sein, damit sich Jungbienen und Königin auch selbst ernähren können. Die Königin wird ohne Begleitbienen unter das Gitter gesetzt.
3. Die erste Nachschau erfolgt frühestens nach neun Tagen. Meist ist die Königin schon freigefressen und stiftet bereits auf den Nachbarwaben. Eventuelle Nachschaffungszellen im Volk werden beseitigt.

Falls man keine Waben mit auslaufender Brut zur Verfügung hat, rät BÖTTCHER, unter den Aufsteckkäfig ca. 20 mit Lachgas betäubte Bienen zu geben. Diese nehmen die Königin ebenso gut an wie Jungbienen.

(187)
SCHLÜTER-Gitter auf einer Wabe mit auslaufender Brut.

Alkoholmethode

Das Verfahren beruht auf einem Überdecken des spezifischen Stockgeruches durch Alkoholdunst. Nach der Methode von JORDAN zur Heilung buckelbrütiger Völker mit Reginal (einem Alkohol-Mohnextrakt) wurde von BAUER dieses Verfahren 1967 entwickelt. Es eignet sich besonders zur Schnellumweiselung von Völkern.

Man geht dabei folgendermaßen vor:

1. Die alte Stockmutter wird aus dem Volk entfernt. Im gleichen Arbeitsgang wird die neue Königin ohne Begleitbienen in einem Zusetzkäfig bei geringem Teigverschluß in einer Wabengasse möglichst im Zentrum zugesetzt.

2. Ein mit ca. 20 cm^3 Alkohol oder Spiritus getränkter Bierfilz wird unter oder über die Waben gelegt, ca. 15 cm von der Königin entfernt (188) (evt. auch Baurahmenfenster). Während die Bienen den Alkoholdunst aus der Beute hinausfächeln, wird die neue Königin ausgefressen und angenommen.

3. Die erste Nachschau erfolgt frühestens nach neun Tagen.

Auf einige Punkte ist bei diesem Verfahren besonders hinzuweisen. Der Käfig sollte mit wenig Teig verschlossen werden, da sonst die Königin erst ausgefressen wird, wenn der Alkoholdunst schon verflogen ist. Auch darf der getränkte Bierfilz nicht in unmittelbare Nähe der Königin gelegt werden. Manchmal kommt es vor, daß ein Teil der Bienen die Beute verläßt und an der Stirnwand sitzt. Das ist ohne Bedeutung. Mit diesem Verfahren lassen sich bisweilen auch buckelbrütige Völker beweiseln, sofern sich dies überhaupt noch lohnt.

Zusetzen in einer Weiselzelle

Das Verfahren beruht darauf, die neue Königin – wie es für das Bienenvolk auch natürlich ist – aus einer Weiselzelle schlüpfen zu lassen. Sie wird auf diese Weise sicher angenommen.

Man geht folgendermaßen vor:

1. Mit dem Formholz wird eine große, ca. 4 cm lange, künstliche Weiselzelle aus flüssigem Wachs hergestellt. Mit einer Nadel stanzt man an der Spitze einige Luftlöcher ein.

2. Das umzuweiselnde Volk wird entweiselt. Es bildet daraufhin Nachschaffungszellen.

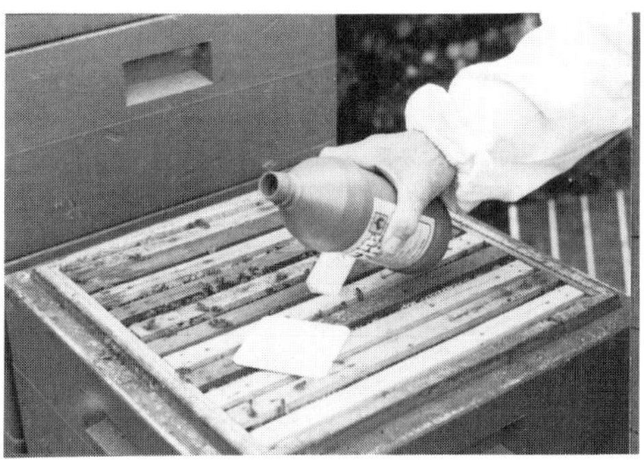

(188) Etwa 20 ccm Brennspiritus werden auf einen Bierfilz gegeben. Die Königin befindet sich unter Futterteigverschluß im Zusetzkäfig über den Waben.

(189) Künstliche Weiselzelle mit der Königin wird in die Wabe gedrückt.

3. Neun Tage nach der Entweiselung werden sämtliche Nachschaffungszellen ausgebrochen.
4. Die zuzusetzende Königin läßt man, mit dem Kopf voran, in die künstliche Weiselzelle einlaufen. Die Zelle wird hinten verschlossen und auf einer Wabe dort, wo eine Nachschaffungszelle saß, befestigt (189). Die Wabe wird ins Volk zurückgegeben.
5. Die Königin wird ausgefressen. Am 9. Tag erfolgt die erste Kontrolle.

Umweiselung nackter Völker

Das Verfahren ist dann anzuwenden, wenn daran gedacht ist, kostengünstig Verluste auszugleichen bzw. den Stand zu erweitern. Zu diesem Zwecke werden im Spätsommer nackte Völker aufgekauft und mit Wirtschaftsköniginnen guter Abstammung umgeweiselt. Das Verfahren beruht darauf, dem Volk, das noch keine Brut hat, die Königin in dieser Situation auszutauschen, so daß keine Nachschaffungszellen über bereits vorhandener Brut angesetzt werden können. Bei der Umweiselung ist wie folgt vorzugehen:
1. Das nackte Volk (mindestens 2 kg Bienen) wird durchgesiebt und die Königin herausgefangen.
2. Der Käfig mit der neuen Königin (ohne Begleitbienen!) kommt mit festem Verschluß in ein Leerrähmchen. Dieses wird nun mitten in die vorbereitete, leere Beute gestellt.
3. Das entweiselte nackte Volk wird wie ein Schwarm in die Beute eingeschlagen und sammelt sich in einer Traube um den Käfig mit der Königin. Es wird flüssig gefüttert.
4. Nach drei Tagen wird die Beute mit Leerwaben aufgefüllt. Der feste Stopfen wird gegen einen Teigverschluß ausgetauscht.
5. Nach neun Tagen erfolgt die erste Nachschau. Sind Stifte vorhanden, kann das Volk für den Winter aufgefüttert werden.

Es muß erwähnt werden, daß die hier beschriebenen Arbeiten möglichst nicht in der näheren Umgebung des Bienenstandes durchgeführt werden sollten, da die Bienen der nackten Völker noch nicht eingeflogen sind und sich bei den Nachbarvölkern einbetteln würden. Zwangsläufig käme es dabei zu Beißereien. Außerdem entsteht bei der Fütterung leicht Räuberei. Die auf diese Weise gebildeten Völker bringen zwar meistens aus der kommenden Frühtracht noch keinen Ertrag, sind aber zur Sommertracht voll einsatzbereit. Sie machen – über das Jahr gesehen – verhältnismäßig wenig Arbeit.

Umweiselung von Vorschwärmen

Ein Vorschwarm kann schnell und sicher umgeweiselt werden. Dazu wird die Königin des Vorschwarms ausgetauscht, bevor der Schwarm gebaut hat und offene Brut oder Stifte zur Schaffung einer neuen Königin vorhanden sind. Man geht folgendermaßen vor:
1. Der Schwarm wird in einem Korb oder Schwarmfangkasten eingefangen.
2. Die Königin wird herausgesucht bzw. mittels eines Siebkastens ausgesiebt und entfernt. Es ist darauf zu achten, daß die evtl. abgedrückte Königin nicht achtlos in die Umgebung des Schwarmes gegeben wird, da sich sonst der Schwarm um die alte Königin sammelt.
3. Die einzuweiselnde Königin wird ohne Begleitbienen in einem Käfig unter festem Verschluß im Korb bzw. Schwarmfangkasten befestigt, so daß sich der Schwarm in einer Traube darum sammeln kann.

4. Nach 24 Stunden wird der Schwarm – wie üblich – in eine Beute auf Mittelwände und Leerwaben eingeschlagen. Die Königin wird im Käfig unter Futterteigverschluß beigegeben.
5. Nach drei weiteren Tagen wird flüssig gefüttert.
6. Die erste Nachschau erfolgt nach frühestens neun Tagen.
Für diese Arbeiten ist der Marburger Feglingskasten gut geeignet.

Umweiselung über Zwischenableger
Das Verfahren beruht darauf, die Königin zunächst nicht einem Vollvolk, sondern einem kleineren Brutableger, der aus diesem Volk gebildet wird, zuzusetzen. Später wird der Ableger mit dem Hauptvolk vereinigt. Durch Verwendung eines volkseigenen Brutablegers wird die Annahme gesichert. Dieses Verfahren ist auch angebracht, wenn die Völker weit entfernt auf Außenständen stehen und es nicht möglich ist, eine Weiselprobe schon am nächsten Tag zu kontrollieren oder ggf. die Suche nach einer Königin zu wiederholen. Man geht bei diesem Verfahren folgendermaßen vor:
1. Von dem umzuweiselnden Volk werden zwei bis drei Waben mit gedeckelter Brut (keine offene Brut!) samt aufsitzenden Bienen entnommen und in einen Ablegerkasten gehängt (190). Dazu gibt man eine Futterwabe sowie eine Leerwabe mit etwas Wasser. Von ein bis zwei Waben offener Brut fegt man Jungbienen zu dem Ableger. Die offenen bienenfreien Brutwaben kommen zurück in das Volk. Man achte peinlichst darauf, daß die alte Stockmutter nicht mit in den Ableger gelangt.
Der Brutableger kann ebensogut in einer Leerzarge über einem Trennschied dem Hauptvolk aufgesetzt werden. Bei Blätterbeuten kann der Honigraum abgeräumt und mit Blechschiebern abgetrennt werden. Wichtig ist, daß der Ableger ein eigenes Flugloch erhält.

(191) Aufsetzen des Zwischenablegers über Zeitungspapier.

(190) Schlüpfreife Brutwaben mit Bienen für die Bildung eines Zwischenablegers.

2. Nach Abfliegen der Altbienen wird die Königin zwischen den beiden Brutwaben im Käfig (Iltis) zugesetzt. Das kann zunächst unter festem Verschluß erfolgen, den man am nächsten Tag gegen Futterteig auswechselt. Ist der Stand jedoch weit entfernt, wird man die Königin gleich unter Futterteigverschluß zugeben.
3. Nach einer Woche bis neun Tagen wird die Annahme der neuen Königin kontrolliert.
4. Ist die Königin im Ableger angenommen, wird das umzuweiselnde Hauptvolk entweiselt.
5. Wieder eine Woche später werden im entweiselten Volk alle Weiselzellen ausgebrochen. Der Ableger wird über (durchlöchertem) Zeitungspapier zugesetzt (191). Die Bienen zernagen bald das Papier, und Volk und Ableger vereinigen sich harmonisch. Arbeitet man mit Blätterbeuten und befindet sich der Ableger im Honigraum, so kann statt des Zeitungspapieres das Trennschied zunächst 2–3 cm geöffnet werden. Nach etwa einer Woche wird es ganz entfernt.
6. Die erfolgreiche Beweiselung wird frühestens neun Tage nach der Vereinigung kontrolliert. Je nach Volksstärke und Betriebsweise wird der Ableger nach unten gesetzt (Blätterbeuten), oder der zweite Raum wird mit Leer- und Futterwaben aufgefüllt (Magazin).

Wenn das zu beweiselnde Volk schwach oder lange schon weisellos ist, kann man den Ableger auch aus Waben und Bienen eines anderen Volkes bilden.

Setzt man einen fertigen Ableger auf, kann das Vereinigen – sofern das untere Volk wirklich weisellos ist – auch gleich geschehen.

Wenn Völker umgeweiselt werden sollen, ist es häufig zweckmäßig, die neue Königin im abgesperrten Honigraum zuzusetzen und bis zur Einwinterung zwei Königinnen in einer Beute brüten zu lassen. Dadurch werden in der für die Überwinterung entscheidenden Zeit zusätzlich viele Jungbienen erzeugt. Erst zur Auffütterung muß vereinigt, d. h. die Altkönigin entfernt werden.

8.2.2 Sichere Verfahren

Kunstschwarmverfahren

Das Kunstschwarmverfahren wird besonders von erfahrenen Imkern durchgeführt. Es hat den Vorteil, daß es noch im Juli nach der Schwarm- und Haupttrachtzeit angewandt werden kann. Auf diese Weise werden die beschäftigungslosen Bienen verwertet, und die geschwächten Standvölker gehen danach besser in Brut. Junge Königinnen stehen zu dieser Zeit meistens zur Verfügung.

Kunstschwärme sollen in der Zeit zwischen Anfang Juli und spätestens Ende Juli erstellt werden. Die Arbeiten sind möglichst bei gutem Flugwetter durchzuführen, damit so wenig Flugbienen wie möglich abgefegt werden.

Das Kunstschwarmverfahren beruht darauf, daß der gebildete Kunstschwarm keine Nachschaffungsmöglichkeit hat und gezwungen ist, die junge Königin anzunehmen.

Für die Kunstschwarmbildung sind spezielle Kästen mit Trichter und Absperrgitter (um das Zufegen einer Königin zu verhindern), wie z. B. der Marburger oder der Grinzinger Feglingskasten entwickelt worden. Man kann aber auch auf diese Kästen verzichten. Bei der Bildung des Kunstschwarmes ist folgendermaßen vorzugehen:

1. Der Käfig mit der Königin ohne Begleitbienen wird in dem zur Aufnahme des Kunstschwarms vorgesehenen Kasten befestigt bzw. eingelegt (192a).

(192) Kunstschwarmbildung
a) Kasten mit Königin,
b) Abfegen von Bienen,
c) Bienen sammeln sich um Königin,
d) Kasten mit Schwarm im Baum.

2. Aus starken Standvölkern werden Brutwaben entnommen, wobei darauf zu achten ist, daß die Königin in der Beute bleibt. Diese Waben – mit vorwiegend Jungbienen – werden in den Kunstschwarmkasten abgefegt (192b/c). Das Gewicht des Kunstschwarmes soll 1,5–2,5 kg (je nach Jahreszeit) betragen. Das entspricht den Bienen von 6–10 Brutwaben. Die abgefegten Brutwaben werden den Völkern sogleich wieder zurückgegeben.

3. Der Kunstschwarmkasten kommt nun für ein bis zwei Tage an einen kühlen Ort (in den Keller) und wird gefüttert.

Ein offener Kunstschwarmkasten kann aber auch in Form eines Freiluftkunstschwarmes in einen Baum gehängt werden (SKLENAR). Dadurch finden die Bienen zusammen und gewöhnen sich an die neue Königin (192d).

4. Am nächsten oder übernächsten Abend wird der Kunstschwarm wie ein natürlicher Schwarm in eine Beute eingeschlagen. Je nach Jahreszeit und Stärke werden drei bis fünf Mittelwände, zwei bis vier ausgebaute Waben und zwei Futterwaben gegeben. Die Königin wird in ihrem Käfig unter Futterteigverschluß möglichst im Zentrum in eine Wabengasse eingehängt.

5. Nach weiteren zwei bis drei Tagen wird flüssig mit dem Futtereimer gefüttert.

6. Die erste Kontrolle erfolgt frühestens neun Tage nach Einschlagen des Schwarmes.

Brutableger mit Bienen

Das Verfahren beruht darauf, die Königin in einen vorwiegend aus Jungbienen bestehenden Ableger zu bringen, der über keine offene Brut verfügt und somit gezwungen ist, die neue Königin anzunehmen. Außerdem sind die Jungbienen einer neuen Königin meistens besser gesonnen als Flugbienen. Bei der Bildung eines Brutablegers ist folgendes zu beachten:

1. Brutableger können in der Zeit von Ende Mai bis Mitte Juli erstellt werden. Später im Jahr erstellte Ableger entwickeln sich in der Regel nicht mehr zu der erforderlichen Winterstärke und überwintern daher schlecht. Im August notgedrungenermaßen erstellte Brutableger sind im September durch Zugabe von Brutwaben zu verstärken.
2. Für die Bildung der Brutableger verwendet man Waben aus gesunden Völkern mit verdeckelter, möglichst auslaufender Brut und den darauf befindlichen Bienen. Stifte oder offene Brut dürfen sich nicht auf den Waben befinden, denn sie gefährden die Annahme der neuen Königin. Es ist ratsam, für die Bildung von Ablegern rechtzeitig Brutwaben in die Honigräume zu geben, um sie so der Bestiftung durch die Königin zu entziehen. Auch kann man zur Zeit der aufsteigenden Entwicklung Schröpfwaben in sog. Sammelablegern aufheben.
3. Die Brutableger werden möglichst nur bei gutem Flugwetter gebildet, damit vorwiegend Jungbienen mit in den Ableger gelangen.
4. Neben drei Brutwaben erhält der Ableger eine Pollen- und eine Futterwabe. Außerdem ist mit Teig zu füttern. Flüssigfutter ist ungeeignet, da schon kleine Unachtsamkeiten schnell zu Räuberei führen. Wasser kann gegeben werden.
5. Die Königin wird ohne Begleitbienen in einem Käfig auf oder zwischen den Waben bei festem Verschluß zugesetzt.
6. Der Ableger wird bei kleinem Flugloch zunächst am Stand abseits im Schatten aufgestellt, damit alle Flugbienen abfliegen. Wegen der Gefahr der Räuberei kommt er dann gegen Abend jedoch auf einen etwas entfernt gelegenen Ablegerstand (193).
7. Etwa 24 Stunden nach der Bildung des Ablegers kann der feste Verschluß gegen Futterteig ausgetauscht werden. Die Königin wird ausgefressen.
8. Die erste Kontrolle und kurze Durchschau erfolgt frühestens nach neun Tagen. Evt. vorhandene oder auch später gezogene Weiselzellen werden in regelmäßigen Abständen ausgebrochen (194).

(193) Brutableger abseits vom Stand mit entgegengesetzter Flugrichtung aufgestellt.

(194) Die Königin ist angenommen.

Brutableger ohne Bienen

Dieses Verfahren ist speziell auf die Magazinimkerei zugeschnitten. Die Königin wird dabei in einen bienenfreien Ableger aus schlüpfender Brut gesetzt. Die erforderliche Brutwärme liefert ein Magazinvolk, auf das die Ablegerzarge über ein Drahtgitter (Maschenweite max. 2 mm) gegeben wird (195a). Bei der Bildung des Ablegers ist folgendes zu beachten:

1. Der Brutableger ohne Bienen kann zu der Zeit, in der die Völker reichlich Brut haben – Ende Mai bis Ende Juli – erstellt werden.

2. Zur Bildung des Ablegers werden vier oder fünf Waben schlüpfender Brut ohne Bienen in eine leere Magazinzarge gegeben (195b). Hinzu kommen zwei Futter-, eine Pollen- und eine Wasserwabe.

3. Die so vorbereitete Zarge wird als oberste Zarge auf ein starkes Magazinvolk aufgesetzt. Zwischen Ablegerzarge und oberste Magazinzarge wird ein mit Gaze bespannter Rahmen eingelegt. Die Gaze läßt die Wärme nach oben aufsteigen, so daß die Brut in der obersten Zarge sich weiterentwickelt und schlüpft. Bienen können jedoch nicht nach oben gelangen. Ein Flugloch für den Ableger ist nicht erforderlich.

4. Die Königin wird in einem offenen Käfig in eine Wabengasse des Brutablegers gesetzt, wobei darauf zu achten ist, daß sie dabei nicht davonfliegt. Die Zarge wird anschließend mit dem Deckel abgedeckt.

5. Nach neun Tagen erfolgt die erste Kontrolle und Nachschau. Ist alles in Ordnung, erhält die Ablegerzarge Boden und Deckel und wird möglichst auf einem Ablegerstand aufgestellt (195c/d). Da keine Flugbienen vorhanden sind, ist mit Teig oder auch flüssig zu füttern. Später kann der Ableger durch Zuhängen bienenfreier Brutwaben verstärkt werden.

(195) Brutableger ohne Bienen
a) Auflegen des Gazerahmens
b) Einhängen von schlüpfenden Brutwaben ohne Bienen
c) Nach 9 Tagen Abheben der Ablegerzarge
d) Aufstellen des Ablegers abseits vom Stand.

9. Reservehaltung von Königinnen

Aufzucht und Paarung sowie die Qualität von Königinnen sind von vielen Faktoren abhängig, die der Züchter nicht beeinflussen kann. Deshalb möchte er einen entsprechenden Überschuß produzieren, um vor der weiteren Verwendung eine Auslese treffen zu können. So setzt er die Zuchten immer entsprechend groß an. Bei günstigen Aufzucht- und Paarungsbedingungen fallen sowohl in einem Wirtschaftsbetrieb als auch in einem Zuchtbetrieb überzählige Königinnen guter Qualität an. Diese hält man gern bis zum Herbst in Reserve, sei es zum Verkauf oder um unvorhergesehene Verluste im eigenen Bestand zu ersetzen. Auch die Überwinterung von Königinnen erscheint zweckmäßig, um Weiselverluste im Frühjahr auszugleichen oder um zu Beginn der Saison, wenn Bienen reichlich vorhanden sind, neue Völker aufzubauen.

9.1 Aufbewahrung in »Queen-banks« (Königinnen-Banken)

In den Südstaaten der USA bewahren die Zuchtbetriebe die begatteten Königinnen in sog. »Queen-banks« auf. Das sind sehr starke Völker, in deren obersten, gut besetzten Honigräumen mehr als 100 Königinnen über längere Zeit gehalten werden. Die Königinnen kommen ohne Begleitbienen und ohne Futter in längliche, grobmaschige Drahtkäfige, von denen etwa 50 in einem Rähmchen befestigt werden. Zwischen die Rähmchen mit den Käfigen gibt man Brutwaben, damit die Honigräume gut mit Jungbienen besetzt sind. Auch wird empfohlen, ständig zu füttern. Bis zu 8 Wochen werden die Königinnen auf diese Weise aufbewahrt. Bei uns hat sich dieses System jedoch nicht bewährt. Es gibt zu viele Verluste. Auch kann nicht ausgeschlossen werden, daß die Königinnen während dieser Zeit Schaden nehmen. Woyke berichtet über erhebliche Fußschäden bei so gelagerten Königinnen. Die Haftlappen an den Füßen werden angebissen, was zu fortschreitendem Absterben von Fußgliedern führt.

9.2 Aufbewahrung in Okulierkäfigen

Unter unseren Verhältnissen ist eher die kurzzeitige Aufbewahrung von Königinnen in Okulierkäfigen mit Bienen und Futter zu empfehlen. In jeden Käfig gibt man zu der Königin einen Eßlöffel voll Bienen (etwa 40–50 Stück). Diese sollen möglichst aus dem gleichen Völkchen stammen wie die Königin. Als Futter kann Honigzuckerteig verwendet werden, dabei ist in einem Glasröhrchen gleichzeitig Wasser zu bieten. Einfacher ist die Fütterung mit Honig- oder Zuckerlösung (1:1) in einer Schale (Flaschenverschluß), in die ein Wabenstückchen ohne Mittelwand als Schwimmer eingelegt wird. Die Käfige werden entweder bei Zimmertemperatur, im Brutschrank bei ca. 25 °C oder in einer Leerzarge über einem Volk aufbewahrt. Im Frühjahr und Herbst kann man die Königinnen auf diese Weise ohne Schaden ca. 10–14 Tage halten. Im Sommer sollte man den Zeitraum nicht über eine Woche ausdehnen. Die Schwierigkeit liegt bei den Begleitbienen, deren Darm durch die Futteraufnahme und fehlende Flugmöglichkeit stark belastet wird.

Auf die Aufbewahrung in Okulierkäfigen wird man nur in Ausnahmefällen zurückgreifen. Dies kann z. B. der Fall sein, wenn man die Begattungsvölkchen für die nächste Zuchtserie wieder benötigt, ehe man die begatteten Königinnen verwerten oder verschicken kann. Aber auch eine mit der Post angekommene Königin kann man bis zur Verwendung auf diese Weise einige Tage aufbewahren.

9.3 Aufbewahrung in Begattungskästchen

Königinnen, die man einem Volk entnimmt (z. B. einem Pflegevolk oder einem umzuweiselnden Volk) und später wieder verwenden oder in Reserve halten möchte, kann man mit etwa ¼ l Bienen (= 1 Schöpfkelle) in ein Begattungskästchen einschlagen. Das Völkchen wird auf einem anderen Platz bei kleinem Flugloch aufgestellt und wie ein Begattungsvölkchen gefüttert.

Die Aufbewahrung junger, begatteter Königinnen erfolgt problemlos in ihren Begattungsvölkchen. Besonders in gut isolierten Mehrwabenkästchen kann man Völkchen bis in den Herbst hinein halten. Für Einwabenkästchen ist wegen der mangelnden Isolierung eine Haltung bis in die kalte Jahreszeit nicht zu empfehlen. Auch ist die kleine Wabe – besonders in dem EWK nach Franz – rasch vollständig bestiftet, so daß die Königin die Eiablage einstellt. Weiß hat zwar nachgewiesen, daß eine längere, zwangsweise Legepause zu keinen Schäden und somit nicht zu mangelnder Leistungsfähigkeit führt, aber erfahrungsgemäß werden Königinnen nach langer Legepause kleiner, bewegen sich flinker und werden weniger sicher von den Völkern angenommen. Auch die Gefahr der Nosemainfektion und des Ausziehens infolge Platzmangels nehmen bei einem zu langen Aufenthalt im EWK zu. Man kann sich dadurch helfen, daß man zwei EWK mit Klebestreifen oder Gummiringen miteinander verbindet, nachdem man die innen liegenden Glasscheiben entfernt und ein zusätzliches Rähmchen eingesetzt hat. Somit erhält man ein Dreiwabenvölkchen (196).

In den kleinen EWK nach Franz sollten die Königinnen längstens 14 Tage, in den genormten ⅓ NM EWK drei Wochen nach Beginn der Eiablage bleiben.

(196)
Zwei EWK können nach Entfernen der mittleren Scheiben mittels Weckringen verbunden werden.

9.4 Überwinterung von Kernvölkchen in Mehrwabenkästchen

In Kirchhain wurde von Maul ein Verfahren entwickelt, Versuchs- und Reserveköniginnen in kleinstmöglichen Volkseinheiten zu überwintern. Dabei wird das Kirchhainer Begattungskästchen verwendet. Die Überwinterung erfolgt in einem kühlen Dunkelraum ohne Flugmöglichkeit.

Die für die Überwinterung vorgesehenen Königinnen werden in ihren Völkchen im Freiland für die Überwinterung vorbereitet. Dabei wird bei den Kirchhainer Begattungskästchen das Zwischenschied zur Futterkammer entfernt und der zusätzliche Raum mit zwei weiteren Waben bestückt, so daß insgesamt 6 Waben vorhanden sind. Die Völkchen werden von oben mit einer Zuckerlösung (2:1) gefüttert, bis ein Gewicht von ca. 2 kg erreicht ist. Das entspricht einem Futtervorrat von ca. 1,2 kg.

Zur Fütterung wird bei dem Kirchhainer Kästchen der Deckel durch eine Dämmplatte mit Spundloch ersetzt. Als Futtergeschirr eignet sich ein umgestülptes Honigglas, dessen Deckel (Blech!) man durchlöchert. Als Wetterschutz, aber auch zur Vermeidung von Räuberei, wird ein leeres Kirchhainer Kästchen umgekehrt aufgesetzt (197).

Einen weiteren Vorrat an Futterwaben erzeugt man durch Auffütterung überschüssiger (bereits entweiselter) Begattungsvölkchen. Für die Aufbewahrung der so gewonnenen Futterwaben eignen sich die konisch geformten Blumenkästen aus Plastik besonders gut (198).

Die aufgefütterten Völkchen in den Kirchhainer Begattungskästchen bleiben bis zum Beginn der ersten Frostperiode (Anfang November oder Dezember) im Freien. Danach kommen sie in einen kühlen, gut durchlüfteten Dunkelraum, dessen Raum-

(197)
Auffütterung eines Kirchhainer Begattungskästchens zur Einwinterung (Foto: Maul).

(198)
Aufbewahrung von Reserve-Futterwaben in Plastik-Blumenkästen (Foto: Maul).

(199)
Winteraufstellung im Dunkelraum. Anordnung auf Tischen in bequemer Arbeitshöhe. Hüllzarge beim vorderen Begattungskästchen ist abgenommen (Foto: Maul).

temperatur auch in den kalten Wintermonaten zwischen 5 ° und 10 °C liegen sollte. Jedes Völkchen wird mit offenem Flugloch in eine Leerzarge gestellt, die mit Drahtboden und Drahtdeckel versehen ist (199). Der Raum wird, bei größerem Besatz, regelmäßig durchlüftet. Auf die Einhaltung der genannten Temperatur ist zu achten.

In regelmäßigen Abständen von drei bis vier Wochen werden die Völkchen kontrolliert. Dabei wird der Totenfall außerhalb der Kästchen auf dem Drahtboden registriert. Die belagerten Waben und somit die Volksstärke lassen sich durch die über die Völkchen gelegte Plastikfolie beurteilen. Futtermangel ist am geringen Gewicht zu erkennen.

Bei Futtermangel werden leere Waben gegen Vorratswaben ausgetauscht. Haben einige Völkchen zu viele Bienen verloren, werden neue Völkchen gebildet und die Königinnen dort eingeweiselt. Zu diesem Zweck werden normal eingewinterte Wirtschaftsvölker aufgelöst. Je Kästchen rechnet man mit ca. 150 g Bienen. Ein Wirtschaftsvolk reicht somit – je nach Stärke – für 8–10 Königinnen.

Bei milder Witterung kann das Abfegen im Freien erfolgen, andernfalls nach ein- oder zweitägigem »Aufwärmen« in einem temperierten Raum (ca. 10 °C). Die Bienen sind zu dieser Zeit recht ruhig. Die Arbeiten lassen sich problemlos durchführen. Die kleinen Feglinge schlägt man in Kirchhainer Kästchen ein. Diese sind zunächst mit vier verdeckelten Vorratswaben und zwei Leisten mit Baustreifen versehen. Die Königin wird unter leichtem Futterteigverschluß im Einhängkäfig (Iltis) zwischen den beiden Leisten zugesetzt. Zwei Tage später werden diese gegen weitere Vorratswaben ausgetauscht.

Ein Teil der Völkchen kommt ohne diese Hilfe über den Winter, bei den übrigen genügt ein einmaliges Austauschen der Bienen.

Die so überwinterten Königinnen kommen mit ihren Völkchen etwa Mitte April aus dem Überwinterungsraum ins Freie. Sie entwickeln sich selbstständig weiter und dienen als Reserven oder zum Aufbau neuer Völker.

Dieses Verfahren ermöglicht die Überwinterung von Königinnen bei Einsatz eines Minimums an Bienenmaterial. Für etwa 10 zu überwinternde Königinnen wird höchstens zusätzlich ein Wirtschaftsvolk benötigt. Eine verminderte Leistungsfähigkeit wurde bei den so überwinterten Königinnen nicht festgestellt.

9.5 Überwinterung von Dreiwabenablegern

Die Überwinterung von Dreiwabenablegern, die im Spätsommer erstellt wurden, wird immer wieder in der Imkerliteratur erwähnt. Unter unseren klimatischen Bedingungen gelingt es aber nur selten, diese Völkchen über den Winter und vor allem durch die keineswegs ungefährliche Vorfrühlingszeit zu bringen. Gerade im Frühjahr gibt es hohe Verluste. In Kirchhain wurde eine Methode entwickelt, mit der es möglich ist, auch Dreiwabenableger relativ sicher zu überwintern. Dabei spielt der physiologische Zustand der für die Ablegerbildung verwendeten Spendervölker eine wesentliche Rolle. Die Ablegerbildung soll vorwiegend mit Winterbienen erfolgen. Diese haben eine größere Lebenserwartung und erreichen sicher das Frühjahr. Daher ist von entscheidender Bedeutung, daß die Ableger nicht zu früh, sondern erst im Oktober gebildet werden.

Es werden vitale (nicht durch Inzucht belastete), winterfertig aufgefütterte Wirtschaftsvölker in möglichst gleich starke Dreiwabenableger aufgeteilt. Ein Volk ergibt dabei je nach Stärke 3–6 Ableger. Jeder Ableger soll etwa 3,5 kg Vorrat aufweisen. Eine beidseitig verdeckelte Vorratswabe enthält 350 g Futter je dm^2 , etwa 10 dm^2 beidseitig verdeckelte Futterflächen sind somit erforderlich.

Ein Ableger des Volkes behält in der Regel die alte Stockmutter, die übrigen Ableger werden beweiselt. Die hierfür vorgesehenen Königinnen können bis zu dieser Zeit – wie zuvor beschrieben – in Mehrwabenkästchen gehalten werden. Von den neu gebildeten Ablegern werden sie im Herbst problemlos angenommen. Die Beweiselung erfolgt in der Regel mit dem Einhängkäfig (Iltis) unter leichtem Futterteigverschluß.

Die Ableger werden blockweise mit gegenseitig wechselnder Ausflugrichtung in angemessener Entfernung vom bisherigen Standort (2–3 km) aufgestellt.

In Kirchhain verbringt man diese Ableger Ende Oktober/Anfang November in einen Überwinterungsraum (200). Sie erhalten einen Laufkanal (3×4 cm, ca. 15 cm lang) zu den Fluglöchern ins Freie. Die Temperatur in diesem Überwinterungsraum sollte bei etwa 10 °C liegen. Mitte/Ende April kommen die Ableger wieder ins Freiland. In den letzten Jahren wurden auch mit der blockweisen Überwinterung im Freiland gute Ergebnisse erzielt. Die Kästchen müssen dazu vor Eintritt von Frostwetter zusätzlich verpackt und mit Mäuseschutz versehen werden. Ende April werden diese Ableger zur Beweiselung, Verstärkung oder Umweiselung bzw. zum Aufbau neuer Völker umlogiert.

In Kirchhain wird dieses Verfahren vorwiegend bei den Völkern durchgeführt, deren besamte Königinnen sich über zwei Leistungsjahre bewährt haben und die man gern als Reserven für Zuchtzwecke in das dritte Jahr bringen möchte. Durch die geringe Wabenzahl im Ableger verausgaben sich diese Königinnen im Frühjahr nicht so stark, so daß man sie während der ganzen Saison für Nachzuchtzwecke zur Verfügung hat. Da diese Völker im kommenden Jahr möglicherweise keine vollwertigen Wirtschaftsvölker mehr ergeben, ist die Aufteilung in Ableger für die Vorhaltung und Überwinterung von Reserven betriebstechnisch eine gute Lösung.

9.6 Überwinterung in Dreivolkeinheiten (nach Baumgarten)

Baumgarten entwickelte eine andere Methode zur Reservehaltung und Überwinterung von Königinnen. Er arbeitet mit Dreivolkeinheiten, die zusammen in einer Magazinzarge untergebracht sind.

(200) Winteraufstellung der Ableger in einem kühlen Raum (ca. 10° C) mit Laufkanal ins Freie (nicht sichtbar) (Foto: Maul).

(201) Zarge mit zwei Zwischenschieden zur Überwinterung von drei Ablegern (Foto: Baumgarten).

Eine elf Waben fassende Zarge (z. B. Segeberger Kunststoffbeute) wird durch zwei 4 mm starke Hartfaserplatten in einen mittleren, drei Waben fassenden, und zwei seitliche, je vier Waben fassende Räume aufgeteilt. Die Hartfaserplatten müssen genau eingepaßt sein und dicht mit der Zarge, dem Boden und dem Deckel abschließen, damit keine Bienen überlaufen können. Das ist sehr wichtig. Beide Hartfaserplatten haben in der Mitte einen Ausschnitt von ca. 30×15 cm, der beiderseits mit einem Drahtgitter von 2,5 mm Maschenweite versehen ist (201). Das Gitter soll stückverzinkt sein, damit es eine größere Festigkeit hat und sich nicht durchbiegt. Der Abstand der beiden Gitter (ca. 4 mm) bietet Gewähr, daß sich die Bienen der verschiedenen Abteile nicht berühren können und damit ständig drei getrennte Einheiten bilden. Weil die Trennschiede jedoch luftdurchlässig sind, entspricht der Wärmehaushalt der drei Einheiten dem eines Volkes mit elf Waben. Dementsprechend ist auch die Anlage des Brutnestes. Wichtig ist auch die Anlage der Fluglöcher. Sie sollen in drei verschiedene Richtungen weisen, aber alle im vorderen Teil des Unterbodens angeordnet sein. So bilden die drei Völkchen eine gemeinsame Wintertraube.

Die Fütterung der Völkchen erfolgt von oben mit einem speziellen dreigeteilten Futteraufsatz oder aber mit Dosen bzw. Eimern durch Spundlöcher im Deckel. Je Ableger wird ein Futtervorrat von ca. 3,5–4 kg benötigt.

Mitte oder Ende April können die Ableger zur Einweiselung in andere Völker oder zum Aufbau eigener Völker verwendet werden.

9.7 Überwinterung im »Huckepack«-Verfahren

Eine weitere Möglichkeit, Reserveköniginnen in kleinen Volkseinheiten zu überwintern, besteht darin, Ableger während des Winters über Hauptvölker zu setzen; daher auch der Name »Huckepack«. Diesem Verfahren liegen folgende zwei Beobachtungen zugrunde:

1. Ein normales Wirtschaftsvolk duldet eine zweite Königin über dem Absperrgitter im Honigraum länger als allgemein angenommen wird, bis spät in den Herbst hinein. Eine Königin im Honigraum wird dann im Spätherbst oder zu Beginn des Winters meistens abgestochen. Mit Beginn der Bruttätigkeit ist es wieder möglich, eine zweite Königin über Absperrgitter zu halten.

2. Die Verluste bei den eingewinterten Ablegern treten weniger im Winter als vielmehr in den Monaten März und April auf. Häufig gibt es zu dieser Zeit Witterungsrückschläge, die Völkchen können die Brutwärme nicht halten, Nosema tritt auf, und es kommt zum Zusammenbruch.

Das »Huckepack«-Verfahren eignet sich besonders für eine Betriebsweise in Magazinen. Ableger, die man in einer Zarge auf 5–7 Waben eingewintert hat, werden Ende Januar/Anfang Februar auf normale, zweiräumig überwinternde Wirtschaftsvölker aufgesetzt.

Das Umsetzen erfolgt an einem sonnigen Wintertag. Die Temperaturen sollen jedoch so tief liegen, daß die Bienen nicht fliegen. Der Deckel des Wirtschaftsvolkes wird vorsichtig entfernt, ein zu den Seiten dicht schließendes Absperrgitter wird aufgelegt. Darüber wird die Zarge mit dem Ableger gesetzt. Das Hauptvolk wirkt als Wärmequelle für den Ableger. Der Ableger verfügt über kein eigenes Flugloch. Zwischen Ableger und Hauptvolk erfolgt bald ein Futteraustausch. Beide Völker haben nach wenigen Tagen den gleichen Stockgeruch, und es gibt keine Disharmonie.

Beide Königinnen werden zu dieser Zeit im Volk akzeptiert und legen im Frühjahr große Brutnester an.

Die zweite Königin kann man beliebig lange – theoretisch bis zum Herbst – über dem Absperrgitter belassen. In der Regel wird man aber mit dem Einsetzen der ersten Tracht eine Königin mit einem Ableger (Zarge) entnehmen und separat aufstellen.

Besonders einfach sind die Arbeitsgänge bei Magazinen durchzuführen. Grundsätzlich läßt sich das »Huckepack«-Verfahren auch in Blätterbeuten durchführen. Der Aufwand – vor allem bei der Einfütterung – ist jedoch größer. Die Ableger müssen bereits im Herbst in die abgetrennten Honigräume gesetzt werden. Ende Januar/ Anfang Februar werden die Zwischenschieber zwischen Volk und Ableger gezogen.

Die hier geschilderte Möglichkeit der Reservehaltung von Königinnen kann besonders gut in einem Wirtschaftsbetrieb mit Magazinen eingebaut werden. Reservehaltung von Königinnen und Erstellung starker Völker für die Frühtracht sind hier gut miteinander kombiniert: Die Wirtschaftsvölker gehen sehr stark in die Frühtracht, die mit den überwinterten Reserven gebildeten Völker sind zwar zur Frühtracht nicht einsatzbereit, verursachen aber wenig Arbeit, wachsen harmonisch heran und liefern aus der Sommertracht gute Ergebnisse.

9.8 Gesamtbeurteilung

Die Reservehaltung von Königinnen bis in den Herbst hinein bereitet keinerlei Schwierigkeiten. Besonders vorteilhaft ist die Unterbringung in gut isolierten Mehrwabenkästchen. Die Überwinterung von Reserven ist jedoch schwierig. Je sparsamer man dabei mit dem Bienenmaterial umgeht, je kleiner man also die Völkchen für die Überwinterung hält, desto höher ist der zu betreibende Aufwand und desto größer sind die Verluste. Unter unseren klimatischen Bedingungen sollte ein eigenständiger Ableger auf mindestens 7 Waben eingewintert werden. Bei kleineren Volkseinheiten sind besondere, zuvor geschilderte Verfahren anzuwenden.

10. Führung eines Zuchtbuches

Um in kurzer, übersichtlicher Form jederzeit einen Überblick über alle gezüchteten Königinnen und deren Verbleib zu haben, sollte jeder Zücher ein Zuchtbuch führen. Dieses ist zugleich eine Art »Nachschlagwerk«, in dem man das Zuchtmaterial und dessen Eigenschaften und Leistungen über mehrere Generationen zurückverfolgen kann.

Nach den Zuchtrichtlinien des DIB sind anerkannte Züchter und Verkaufszüchter zur Führung eines Zuchtbuches verpflichtet. Bei Züchtergemeinschaften wird empfohlen, daß jedes Mitglied ein eigenes Zuchtbuch anlegt. Alljährlich können die Zuchtbücher dem zuständigen Landeszuchtobmann vorgelegt werden, damit sich dieser einen Überblick über die Tätigkeit der einzelnen Züchter und das im Landesverband vorhandene Bienenmaterial verschaffen kann.

Grundsätzlich sind in das Zuchtbuch alle gezüchteten und auf eine Belegstelle geschickten Königinnen einzutragen. Somit spiegelt das Zuchtbuch auch das Begattungsergebnis wieder. Dies kann für die Bewertung der Königinnen einer Serie (ungünstige Witterung – mangelhafte Begattung), aber auch für die Bewertung eines Züchters von Bedeutung sein. Standbegattete Königinnen gehören in der Regel nicht ins Zuchtbuch, da ihre Eigenschaften und Leistungen nicht reproduzierbar und sie daher für die weitere Zuchtarbeit nicht von Bedeutung sind. Lediglich standbegattete Königinnen, die für Drohnenvölker vorgesehen sind, sollten eingetragen werden, damit man sie später unter einer Nummer wiederfindet.

Auch von einem Züchter zugekaufte Reinzuchtköniginnen werden ins Zuchtbuch eingetragen. Der Eintrag erfolgt im Geburtsjahr der Königin unter fortlaufender Zuchtbuchnummer. Die Zuchtbuchnummer, unter der sie bei ihrem Züchter zu finden ist, wird ebenfalls vermerkt.

Die Benutzung der Zuchtvordrucke des DIB ist für anerkannte Züchter und Vermehrungsbetriebe nach den Zuchtrichtlinien vorgeschrieben. Sie sind aber auch für die übrigen Züchter zu empfehlen. Darüber hinaus zwingt die Verwendung eines einheitlichen Formulars zu den wichtigsten Eintragungen.

Die Zuchtbucheinlage des DIB* ist in eine linke Seite und eine rechte Seite eingeteilt (202). Auf der linken Seite werden die Angaben von der Abstammung über die Aufzucht bis zur Einweiselung der Königin in ein Volk, auf der rechten Seite die Leistung und Eigenschaften dieses Volkes eingetragen.

Im folgenden werden Hinweise zum Ausfüllen und zur Handhabung der linken Zuchtbuchhälfte gegeben.

Im Kopf des Zuchtbuches werden zunächst allgemeine Angaben eingetragen: Name und Wohnort des Züchters sowie der zuständige Imkerlandesverband, dem der Züchter angehört. Oben in der linken Ecke wird das Geburtsjahr der auf dieser Seite verzeichneten Königinnen eingetragen. Für jedes Zuchtjahr ist eine neue Seite anzulegen. Die Seiten des Zuchtbuches sind zu numerieren (rechts).

Die drei folgenden Zeilen:

Auf Besamungs-Insel-Belegstelle .... mit Drohnenzuchtb.-Nr. ....
Tochter von .... Rasse/Linie .... wurden
begattet die Kgn. Zucht Nr. .... bis ....

* Zu beziehen durch den Deutschen Imkerbund, Schollengasse 4a, 5307 Wachtberg 3 (Villip)

Deutscher Imkerbund e. V. **Landesverband** Hannoverscher Imker

1985 Jahrgang	Auf ~~Besamungs~~-Insel-Beleg-Stelle Neuwerk mit Drohnenvölkern Zuchtb. Nr. 21, 54, 55, 57, 58/84 Auf Besamungs-Insel-Beleg-Stelle Langeoog mit Drohnenvölkern Zuchtb. Nr. 90–94/84 + 75, 78/84 Auf Besamungs-Insel-Beleg-Stelle .... mit Drohnenvölkern Zuchtb. Nr. ....

	Königin		Mutter	Königin				
Zucht-buch Nr.	Rasse-Linie	Generations-folge	Zucht-buch-Nr. der Mutter	Schlüpf-tag	Zeichen	zur Beleg-stelle besamt am	Beginn der Einablage, Verlust	Verbleib (Name und Wohnort des Käufers) (in Volk-Nr. .... am ....)
1	2	3	4	5	6	7	8	9
741	C-Celle	IX	60/83	12. 6	✡	18. 6.	W	———
742	↓		↓		✡		28. 6.	↑ Institut Volk 219 5. 7.
743					✡		25. 6.	W. Maarzahl / Celle 3. 7.
744					✡		30. 6.	↑ Institut Volk 225 5. 7.
745	↓		↓		✡		24. 6.	↑ Institut Volk 228 5. 7.
746	C-Celle	X	570/83	18. 6.	(3)	24. 6.	10. 7.	Prüfstand Ipweger Moor. 18. 7.
747	↓		↓		(6)		5. 7.	" " " 18. 7.
748					(4)		A	———
749					(5)		5. 7.	Prüfstand Ipweger Moor 18. 7.
750					(2)		6. 7.	↑ Institut Volk 180 20. 7.
751					(1)		7. 7.	↑ Institut Volk 196 20. 7
752					(8)		6. 7	↑ Institut Volk 173 20. 7.
753					(9)		6. 7.	↑ Institut Volk 130 abgestoßen 20. 7.
754					(11)		6. 7.	↑ Institut Volk 183 21. 7
755					(10)		6. 7.	K. Hahne / Dassel 18. 7
756					(12)		5. 7.	" " 18. 7.
757					(16)		W	———
758					(21)		7. 7.	Prüfstand Ipweger Moor 18. 7.
759					(7)		6. 7	" " " 18. 7.
760					(25)		7. 7.	" " " 18. 7.
761					(27)		6. 7.	" " " 18. 7.
762					(23)		7. 7.	F. Tiesler / Elsfleth 18. 7
763					(29)		A	———
764					(31)		6. 7.	F. Tiesler / Elsfleth 18. 7.
765	↓		↓		(35)		4. 7	♀ tot in EWK
Beispiel: 295	Carnica-T 1075	IV	158/78	23. 5.	rot Op.	27. 5.	10. 6. a = ausgezogen w = weisellos	Anton Meyer, Neukirchen Volk 38 am 21. 6.

(202) Zuchtbuch

Zuchtbuch des Züchters Nds. Landesinstitut Celle

...5. Töchtern von 906/82, Rasse/Linie C- Celle, wurden begattet die Kgn. Zuchtb. Nr. von 741 ...... bis 745 ....

...7. Töchtern von 86/82, Rasse/Linie C-03, wurden begattet die Kgn. Zuchtb. Nr. von 746 ...... bis 765 ....

...... Töchtern von ...., Rasse/Linie ...., wurden begattet die Kgn. Zuchtb. Nr. von .... bis ....

14
Seite

Leistung 1. Jahr				Leistung 2. Jahr				Eigenschaften						Merkmalsprüfung		Bemerkungen zum Volk
Ernte in kg	geschätzte Eigenver-sorgung kg	Ernte + Versorgung kg	Leistung in % oder Rangfolge	Ernte (kg)	geschätzte Eigenver-sorgung (kg)	Ernte + Versorgung kg	Leistung in % oder Rangfolge	Sanftmut	Wabensitz	Winter-festigkeit	Frühjahrs-entwicklung	Volksstärke	Schwarmtrieb	Unter-suchgs-Nr.	Ergebnis	
10	11	12	13	14	15	16	17	18	19	20	21	22	23	24	25	26
18,2	1,5	19,7	117% oder 7/20	32,7	2,2	34,9	130% oder 4/21	1	1	2	1	2	3	36/80	100/96/100/2,9 (2,1 – 3,4) oder „rassetypisch"	Brut: geschlossen lückenhaft usw.
								1 = sehr gut 2 = gut				3 = befriedigend 4 = schlecht				

enthalten die Angaben zu den Drohnenvölkern. Diese sind den Zuchtkarten der von der Belegstelle zurückgeschickten Königinnen zu entnehmen. Zunächst wird die zutreffende Besamungsstelle, Insel- oder Landbelegstelle unterstrichen. Der Name der Besamungs- oder Belegstelle ist anzugeben, damit sich bei späteren Unklarheiten die Abstammung der Drohnenvölker ermitteln läßt. Die Zuchtbuchnummern der Drohnenvölker und die Daten ihrer gemeinsamen Mutter sind anzugeben, ebenso die Rasse bzw. Linie, beispielsweise C-T 1012. Alle diese Angaben entnimmt man der Zuchtkarte oder den Veröffentlichungen für die Belegstellen.

Da man in der Regel mehrere Belegstellen benutzt, sind für die auf jeder Seite aufgeführten Königinnen mehrere Möglichkeiten aufgeführt. Zu jeder beschickten Belegstelle sind die Zuchtbuchnummern mit anzugeben.

Auf der linken Seite im Zuchtbuch tragen wir allgemeine Angaben zur Königin ein. Alle diese Angaben werden auch dann notiert, wenn man die Königinnen abgibt.

In der linken Spalte wird die Zuchtbuchnummer eingetragen. Jeder Züchter beginnt mit der Zuchtbuchnummer »1« und numeriert seine Königinnen fortlaufend über die Jahre. Lediglich in großen Zuchtbetrieben, wo jährlich über 1000 Königinnen erzeugt werden, erscheint es zweckmäßig, in jedem Jahre neu mit der Numerierung zu beginnen. Hier ist es aber erforderlich, stets hinter einem Querstrich den Jahrgang anzugeben.

In der zweiten Spalte wird die Rasse und die Zuchtlinie angegeben, z. B. C-T 1075 (Carnica-Troiseck Linie 1075) oder C-T 1012, C-Skl 47/G/10 usw.

In der dritten Spalte, unter »Generationsfolge«, wird angegeben, über wieviele Generationen der Züchter dieses Material schon vermehrt. Hat sich der Züchter z. B. eine Zuchtmutter beschafft und zieht von dieser nach, so handelt es sich bei den Töchtern um die erste Generationsfolge, und es ist in dieser Rubrik eine (röm.) I einzutragen. Wird von demselben Muttervolk im folgenden Jahr eine weitere Zucht angesetzt, so ist wiederum eine »I« hier einzutragen. Erst wenn von den Töchtern nachgezogen wird, wird für diese Königinnen die Generationsfolge »II« eingetragen.

In der Spalte 4 ist die Zuchtbuchnummer der Mutter, möglichst auch deren Geburtsjahr, anzugeben. In Spalte 5 wird das Schlüpfdatum der Königin vermerkt.

Reinzuchtköniginnen werden in der jeweiligen Jahresfarbe individuell gezeichnet. Dies kann mit Nummernplättchen oder aber mit Formplättchen geschehen. Durch einfache Symbole, z. B. △, ◇, ✻ oder Kreis mit Nr. ①, läßt sich in Spalte 6 die Eintragung vornehmen.

In Spalte 7 wird angegeben, wann die Königin auf die Belegstelle geschickt wurde, bzw. wann die künstl. Besamung vorgenommen wurde. Der Beginn der Eiablage (Spalte 8) ist der auf der Belegstelle ausgefüllten Zuchtkarte zu entnehmen. In dieser Spalte wird auch ein evtl. Verlust, wie A = ausgezogen oder W = weisellos, vermerkt. Aus dem Zeitraum zwischen Schlüpftag und Beginn der Eiablage lassen sich u. U. spätere Beobachtungen (stilles Umweiseln, Drohnenbrütigkeit usw.) erklären.

In der Spalte 9 wird der Verbleib der Königin eingetragen, z. B. »abgegeben an A. Meyer, Hintertupfing« oder »am 21. 06. in Volk 38.« Wird später die Königin in ein anderes Volk umgesetzt, kann man dies durch ein Zeichen z. B. »↗↘ Volk 40«, hinzufügen.

Die rechte Seite des Zuchtbuches ist nach dem ersten bzw. zweiten Leistungsjahr der Königin auszufüllen, wenn sie nur von Bienen aus ihrer eigenen Nachkommenschaft umgeben ist und wenn Leistung und Eigenschaften bewertet werden können. Dies ist in der Regel der Fall, wenn der Züchter die Königinnen am eigenen Stande hält oder sie an ihm bekannte Imker abgegeben hat, die ihm zuverlässige Ergebnisse übermitteln. Die rechte Seite des Zuchtbuches ist somit die aussagekräftige Seite, deren Eintragungen Grundlage für die Selektion sind. Die Führung dieser Seite der Zuchtbucheinlage bleibt der Selektion vorbehalten und soll hier nicht weiter erläutert werden.

11. Ein- und Ausfuhr von Bienenköniginnen

Die bei uns über viele Jahre züchterisch bearbeitete Carnica-Biene geht zum größten Teil auf Herkünfte aus Österreich und Jugoslawien zurück. Auch heute noch werden aus diesen Ländern Königinnen eingeführt. Dazu muß man aber wissen, daß die Einfuhr von Bienenköniginnen wegen der Gefahr der Einschleppung von Bienenseuchen seit 1972 gesetzlichen Bestimmungen unterliegt. Maßgebend hierfür ist die »Verordnung über die Einfuhr und die Durchfuhr von Bienen (Bienen-Einfuhrverordnung)« in der Fassung vom 19. Juli 1983.

Die Einfuhr von Bienenköniginnen mit ihren Begleitbienen aus europäischen Ländern (z. B. Österreich, Jugoslawien, Italien) bedarf grundsätzlich keiner Genehmigung. Die Königinnen müssen aber aus Zuchtbetrieben stammen, die von der dortigen Imkerorganisation oder der zuständigen Behörde anerkannt sind. Damit soll eine mögliche Garantie für die Seuchenfreiheit der eingeführten Königinnen erreicht werden. Außerdem muß der Sendung eine amtliche Gesundheitsbescheinigung beigelegt sein. Sie muß dem hier abgebildeten Muster entsprechen und in deutscher Sprache abgefaßt sein (203). Andernfalls ist eine amtlich beglaubigte deutsche Übersetzung vorzulegen.

Für die eingeführten Bienenköniginnen und ihre Begleitbienen gilt folgendes:

1. Die Bienenköniginnen und ihre Begleitbienen müssen nach der Einfuhrabfertigung unmittelbar zu ihrem Bestimmungsort weitergeleitet werden. Die Zolldienststelle benachrichtigt die zuständige Behörde des Bestimmungsortes (in der Regel Veterinäramt beim Landkreis) fernmündlich, fernschriftlich oder telegrafisch von der Einfuhr unter Angabe der Zahl der Bienenköniginnen.
Der Verfügungsberechtigte hat das Eintreffen der Bienenköniginnen am Bestimmungsort der dort Ort zuständigen Behörde unter Vorlage der Gesundheitsbescheinigung unverzüglich anzuzeigen.

2. Die Bienenköniginnen sind nach Eintreffen am Bestimmungsort, bevor sie einem Bienenvolk zugesetzt werden, amtstierärztlich auf Varroatose zu untersuchen. Wird hierbei ein Befall mit der Varroamilbe festgestellt, so sind die befallenen Bienenköniginnen und ihre Begleitbienen sofort zu töten und unschädlich zu beseitigen.

3. Werden bei der Untersuchung Varroamilben nicht festgestellt, so sind die mit den Königinnen eingeführten Begleitbienen zu töten, an die von der zuständigen Behörde benannte Untersuchungsstelle einzusenden und dort auf Acariose (Milbenseuche) untersuchen zu lassen. Bis zum Abschluß dieser Untersuchung unterliegen die Bienenvölker, denen die Königinnen zugesetzt werden, der amtlichen Beobachtung.

4. Während der amtlichen Beobachtung dürfen die Bienenvölker, denen eingeführte Königinnen zugesetzt wurden, nicht von ihrem Standort entfernt und Veränderungen an den Völkern nicht vorgenommen werden.

5. Wird durch die Untersuchung der Begleitbienen Acariose (Tracheenmilbe) festgestellt, so ist das Volk, dem die Königin zugesetzt worden ist, unverzüglich nach Anweisung des beamteten Tierarztes gegen Acariose zu behandeln.

6. Die amtliche Beobachtung ist aufzuheben, wenn

a) bei der Untersuchung der Begleitbienen Acariose nicht festgestellt bzw.

b) die Behandlung des Bienenvolkes ordnungsgemäß durchgeführt worden ist.

Nr. 22 — Tag der Ausgabe: Bonn, den 28. April 1979 **501**

Anlage
(zu § 2 Abs. 1 und § 5 Abs. 1)

Gesundheitsbescheinigung [1]
für die Einfuhr von Bienenköniginnen mit ihren Begleitbienen

Versandland: ....

Ausstellende Behörde (amtlicher Tierarzt): ....

....

I. Zahl der Bienenköniginnen: ....

II. Herkunft der Bienenköniginnen:

....
(Name und Anschrift des Bienenzuchtbetriebes)

III. Empfänger der Bienenköniginnen:

....
(Name und Anschrift)

IV. Angaben über den Gesundheitszustand:

Der Unterzeichnete bescheinigt, daß

1. der unter II genannte Betrieb von ....

....
(Imkerorganisation oder zuständige Behörde des Versandlandes)

als Zuchtbetrieb anerkannt ist und die Bienen aus diesem Betrieb stammen;

2. in dem Herkunftsbetrieb sowie in dessen Umkreis von 2 km während der letzten 12 Monate Acariose (Milbenseuche), bösartige Faulbrut oder Varroatose nicht zur amtlichen Kenntnis gekommen sind und im Herkunftsbetrieb die folgenden amtlichen Untersuchungen mit negativem Ergebnis durchgeführt wurden:

   a) im Laufe des letzten Winters die Untersuchung des Totenfalles auf Milbenseuche und

   b) nach Beginn der Brutperiode und vor Beginn der Aufzucht der Bienenköniginnen, jedoch längstens 3 Monate vor der Ausfuhr, die Untersuchungen auf bösartige Faulbrut.

V. Diese Bescheinigung ist, vom Tage der Ausstellung an gerechnet, 10 Tage gültig.

Ausgefertigt in .... am .... 19 ......
(Ort) (Datum)

Der amtliche Tierarzt

(Siegel)

....
(Unterschrift)

---

[1] Die Gesundheitsbescheinigung darf einheitlich nur für die Anzahl der Bienenköniginnen ausgestellt werden, die aus demselben Bienenzuchtbetrieb stammen und für denselben Empfänger bestimmt sind.

(203)

Für die Einfuhr von Bienenköniginnen aus außereuropäischen Ländern ist nach der Bieneneinfuhrverordnung eine tierseuchenrechtliche Genehmigung erforderlich. Dieser Antrag ist bei der obersten Landesbehörde (z. B. Innenministerium) zu stellen und entsprechend zu begründen. In dem Genehmigungsverfahren werden außer der Seuchenlage auch die Organisation der Bienenzucht und das System der Anerkennung der Bienenzuchtbetriebe im Herkunftsland für die Beurteilung des Seuchenrisikos mit herangezogen. Als Mindestforderung gelten die gleichen Bestimmungen wie für die Einfuhr aus europäischen Ländern. In der Regel werden aber die Begleitbienen unter amtlicher Aufsicht abgetötet, zur Untersuchung an die Biologische Bundesanstalt in Braunschweig oder eine andere amtliche Stelle eingeschickt und den Königinnen neue Begleitbienen aus nachweislich seuchenfreien Beständen zugesetzt.

Für die Imkerschaft dürfte die Einfuhr von Bienenköniginnen aus außereuropäischen Ländern im allgemeinen nicht in Betracht kommen. Die Einfuhr fremdrassigen Materials unterläuft die Bestrebungen in der Landesbienenzucht zur Erreichung einer friedfertigen Carnica-Biene als Landbiene. Außerdem muß bedacht werden, daß dieses außereuropäische Material unter ganz anderen Klima- und Trachtbedingungen selektiert wurde und deshalb zwangsläufig unter unseren Verhältnissen schlechter abschneidet. Dies wird durch umfangreiche Erfahrungen bestätigt.

Ähnlich wie die Einfuhr von Bienenköniginnen in die Bundesrepublik strengen gesetzlichen Bestimmungen unterliegt, gelten auch in anderen Ländern ähnliche, zum Teil noch wesentlich schärfere Einfuhrvorschriften. So ist z. B. in den USA jegliche Einfuhr von Bienenköniginnen untersagt. Wer also Königinnen ins Ausland liefern will, muß sich zuerst über die dortigen einschlägigen Bestimmungen informieren. Auskunft hierüber erteilen die Imkerorganisationen in den entsprechenden Ländern, deren Anschriften über den Deutschen Imkerbund* oder die Apimondia** zu erfahren sind. Auf jeden Fall muß den Sendungen eine gültige Gesundheitsbescheinigung der Veterinärbehörde beigefügt sein. Ohne eine genaue Kenntnis der Bestimmungen sollte man keine Königinnen ins Ausland versenden.

* Deutscher Imkerbund e. V., Schollengasse 4 a, 5307 Wachtberg 3 (Villip)

** Segretario Generale dell' Apimondia, Corso Vittorio Emanuele 101, 00186 Roma, Italia

Teil IV

Zucht und Krankheiten

Unter diesem Kapitel sollen keine Bienenkrankheiten abgewickelt werden, sondern es soll kurz der Einfluß der wichtigsten Bienenkrankheiten auf die Zuchtarbeit geschildert werden. Dabei muß unterschieden werden zwischen den anzeigepflichtigen und den übrigen Bienenkrankheiten.

1. Anzeigepflichtige Bienenkrankheiten

Die Bienenseuchen-Verordnung (Fassung vom 19. Nov. 1984, zuletzt geändert durch Verordnung vom 13. Dez. 1988) regelt, welche Bienenkrankheiten anzeigepflichtig sind und schreibt Maßnahmen vor, die beim Auftreten von Seuchen zu ergreifen sind.

1.1 Bösartige (Amerikanische) Faulbrut

Die Bösartige oder Amerikanische Faulbrut wird durch das sporenbildende Stäbchenbakterium Bacillus larvae verursacht. Die Ammenbienen infizieren mit sporenhaltigem Futter die Bienenbrut, in deren Körpergewebe sich die ausgereiften Bazillen ungehindert vermehren. Die Krankheit ist sehr ansteckungsfähig.

Wird in einem Bienenstand die Faulbrut amtlich festgestellt, erklärt die zuständige Behörde auf Grund der Bienenseuchenverordnung das Gebiet im Umkreis von mindestens 1 km um den befallenen Stand zum Sperrgebiet. Bis zum Erlöschen der Seuche bleibt der Sperrbezirk bestehen.

Auf befallenen Ständen, die saniert werden, sind Aufzucht von Königinnen, Ablegerbildung und Umweiselungen nicht zu empfehlen, bis die Sanierungsmaßnahmen beendet sind. Ist ein Zuchtvolk infiziert, ist mit dem Amtstierarzt zu klären, ob das Volk über die Bildung eines Kunstschwarms mit anschließender Heilbehandlung erhalten werden kann oder ob die Königin einem Kunstschwarm aus weniger stark befallenen Völkern zugesetzt werden kann.

Das für den Sperrbezirk angeordnete Bewegungsverbot für Bienenvölker, lebende oder tote Bienen, Waben, Vorräte und Beuten hat zur Folge, daß aus einem Sperrgebiet kein Zuchtstoff in andere, freie Gebiete verbracht werden darf, noch dürfen Belegstellen mit Begattungsvölkchen aus diesem Gebiet beschickt werden. Auch ist es untersagt, mit einem Vorbrüter das Sperrgebiet zu verlassen, um sich Zuchtstoff zu beschaffen. Aber es ist sicher nichts dagegen einzuwenden, Zuchtstoff in Form von Eistücken, Wabenstücken mit jungen Larven, belarvter oder vorgebrüteter Zellen von auswärts auf den Stand zu bringen, um daraus Königinnen aufzuziehen. Diese sind am Stand zur Begattung aufzustellen. Es kann zugelassen werden, Bienenköniginnen mit Begleitbienen in nichtverseuchte Bienenstände des Sperrbezirks zu verbringen. Königinnen dürfen nicht aus dem Sperrbezirk in freie Gebiete geschickt werden, weil sie oder die Begleitbienen den Infektionserreger beherbergen und durch Ausscheidung übertragen können.

Auch anerkannte Züchter oder Vermehrungsbetriebe in Beobachtungsgebieten dürfen während der Dauer der Sperrmaßnahmen weder Zuchtstoff noch Königinnen oder Ableger abgeben.

1.2 Varroatose

Die Varroatose wird durch eine Milbe, Varroa jacobsoni OUDEMANS, verursacht. Der Parasit befällt sowohl die erwachsene Biene als auch die Bienenbrut, wobei Drohnenbrut bevorzugt wird.

Erstmals wurde die Varroatose 1977 in der Bundesrepublik Deutschland festgestellt. Die Krankheit verbreitete sich schnell durch Verflug von Bienen und Drohnen, durch Schwärme und vor allem durch Wanderung, Belegstellenbeschickung und Handel mit Bienenvölkern. Auf Grund der Bienenseuchenverordnung entstanden bei Feststellung des Parasiten inselförmige, mehr oder weniger weiträumige Beobachtungsgebiete. Heute ist die Varroatose weitgehend flächendeckend verbreitet. Die Bestimmungen der Bienenseuchenverordnung zur Varroatose sind in Imkerkreisen sehr umstritten. Zur Zeit ist die Bienenseuchenverordnung nach dem Stand vom Dez. 1988 maßgebend. Die Dinge sind jedoch in Bewegung, und in einigen Jahren können andere Regelungen gelten.

Auf jeden Fall sollten durch die Varroatose die Zuchtbestrebungen nicht beeinträchtigt werden. Bereits durch eine über 2–3 Jahre dauernde Meidung von Belegstellen geht wertvolles, über viele Jahre selektiertes Zuchtmaterial unwiederbringlich verloren, wodurch der Landesbienenzucht großer Schaden entsteht.

Die Ausführungsbestimmungen zur Bienenseuchenverordnung sind in den einzelnen Bundesländern unterschiedlich. Zuständig sind die Veterinärämter der Kreise. Da man davon ausgeht, daß die Varroatose heute in Deutschland flächendeckend vorhanden ist, wurde die Anzeigepflicht mit Beginn des Jahres 1989 aufgehoben. Ist ein Bienenstand mit Varroamilben befallen, so hat der Besitzer alle Völker jährlich zu behandeln, wobei das Veterinäramt die Art der Behandlung bestimmen kann. Die Behörde kann weiterhin bestimmen, daß innerhalb eines von ihr bestimmten Gebietes in einer Frist alle Völker gegen Varroamilben zu behandeln sind.

Während in früheren Jahren teilweise die Abtötung von Völkern angeordnet wurde, so wird man heute zu dieser Maßnahme nicht mehr greifen. Ist ein besonders wertvolles Zuchtvolk stark infiziert, kann zu empfehlen sein, die Königin auszufangen und in ein nicht bzw. weniger befallenes Volk oder einen Ableger einzuweiseln.

Auf Grund der Biologie der Varroamilben werden junge Larven nicht befallen. Daher darf ohne Bedenken Zuchtstoff in Form jüngster Larven aus nachzuchtwürdigen Völkern von stärker befallenen Ständen auf freie Stände verbracht werden.

Züchter, die Belegstellen beschicken wollen, haben ihre Völker regelmäßig zu untersuchen und bei Bedarf mit einem zugelassenen Medikament zu behandeln. Die Belegstellen verlangen in der Regel eine amtliche Bescheinigung, in der die Behandlung bescheinigt wird.

(204)
Untersuchung einer Königin im Glasröhrchen.

Da die Verbreitung der Varroatose durch Verflug von Bienen weder kontrolliert noch verhindert werden kann, ist es ratsam, die Bienen der Begattungsvölkchen nach der Entweiselung über Kunstschwarmbildung einer Heilbehandlung zu unterziehen.

Königinnen werden nur außerordentlich selten von Varroamilben befallen. Sie lassen sich gut und sicher in einem Glasröhrchen untersuchen (204).

Die Drohnenvölker auf den Belegstellen sind ständig der Gefahr der Infektion durch zufliegende Bienen ausgesetzt. Aus diesem Grunde sollten sie regelmäßig untersucht und behandelt werden. Drohnen, deren Larven stark von Varroamilben befallen waren, sind nicht flugfähig. Bei schwächer befallenen Larven zeigen die sich daraus entwickelnden Drohnen eine geringere Flugaktivität (weniger Ausflüge), eine reduzierte Spermienzahl und verkleinerte Geschlechtsorgane (nach SCHNEIDER).

Die Aufzucht von Königinnen erfolgt größtenteils in Pflegevölkern ohne offene Brut. Daher liegt die Vermutung nahe, daß die gebotenen Zellen von Varroen befallen werden. MAUTZ (mündl. Mitteilung) stellte bei stark infizierten Pflegevölkern nur einen geringen Anteil an befallenen Weiselzellen fest. An den Königinnen aus leicht parasitierten Larven wurden keine Schäden beobachtet.

Hinsichtlich der Biologie der Varroamilbe sind sicherlich in den nächsten Jahren weitere Erkenntnisse zu erwarten, die Änderungen in der Bienenhaltung und der Bekämpfung der Krankheit zur Folge haben können.

1.3 Tracheenmilbe (Acariose)

Weibchen der Innen- oder Tracheenmilbe (Acarapis woodie RENNIE) dringen bei jungen, weniger als 5 Tage alten Bienen in die Luftröhrchen ein und legen an den Tracheenwänden Eier ab. Die sich daraus entwickelnden Milben ernähren sich von Bienenblut und führen zu einer Schädigung der erwachsenen Bienen. Nicht nur Bienen, sondern auch Königinnen können von diesen Parasiten befallen werden.

Das Besondere an der Milbenkrankheit ist, daß nur junge Bienen und Königinnen bis zum Alter von 5 Tagen infiziert werden. Bei älteren Tieren kann der Parasit nicht in die Atemöffnungen (Stigmen) eindringen. Nach MORGENTHALER ist dies auch ein Grund, weshalb Königinnen in stark verseuchten Völkern häufig gesund sind.

In vielen Ländern hat die Milbenseuche erhebliche Schäden angerichtet. In England ging sie als Isle-of-Wight-Krankheit in die Imkergeschichte ein. In Norddeutschland ist die Tracheenmilbe bisher nicht nachgewiesen. Klimafaktoren werden als Grund dafür angeführt.

Die Tracheenmilbenkrankheit ist nach der Bienenseuchenverordnung anzeigepflichtig. Es besteht ein Behandlungszwang. Die Veterinärbehörde kann eine Standortveränderung für befallene Bienenvölker untersagen und ein Beobachtungsgebiet mit 2 km Radius um den befallenen Stand festlegen. Wanderungen aus dem Beobachtungsgebiet hinaus bedürfen der Genehmigung. Dazu gehört auch die Beschickung von Belegstellen. Belegstellen in freien Gebieten sollten für die Dauer des Befalls bzw. bis zur Beendigung einer Behandlung mit Rücksicht auf die anderen Beschicker gemieden, die Abgabe von Königinnen eingestellt werden. Wenn ein Züchter nicht in einem Befallsgebiet der Tracheenmilbe steht, genügt auf der Gesundheitsbescheinigung lediglich dieser Hinweis.

Aus Gebieten, in denen mit der Tracheenmilbe zu rechnen ist, sollte der Versand von Königinnen nur unter besonderen Vorsichtsmaßnahmen erfolgen, um die Verbreitung der Milbe nicht zu fördern. Als Begleitbienen für den Versand sollten keine Bienen aus Begattungsvölkchen verwendet werden, sondern solche, die kontrolliert über einem Doppelgitter geschlüpft, also mit anderen Bienen des Volkes nicht in Berührung gekommen sind. Diese Bienen hatten dann keine Möglichkeit, sich zu infizieren und sind somit frei von Milben. Zu beachten ist, daß die separat schlüpfenden Bienen mit einer Futterwabe – jedoch ohne Pollen – versorgt werden. In Magazinen bereitet die Heranzucht solcher für den Versand geeigneter Begleitbienen in aufgesetzten Zargen keine Schwierigkeit. In einigen Zuchtbetrieben Österreichs und Südosteuropas wird auf diese Weise verfahren.

2. Andere Krankheiten der Bienen und der Königin

Neben den zuvor erwähnten anzeigepflichtigen Bienenkrankheiten, die amtliche Maßnahmen zur Folge haben, gibt es eine Reihe weiterer Krankheiten, die nicht ohne Auswirkungen auf die Aufzucht von Königinnen sind.

2.1 Nosematose

Der Erreger der Nosematose, ein Kleinsporentierchen (Nosema apis Zander), ist jederzeit und in jedem Bienenvolk zu finden: er ist ubiquitär. Nur unter Bedingungen, die für das Bienenvolk besonders ungünstig sind, kommt es zu einer starken Vermehrung des Parasiten und zur Ausbreitung der Krankheit im Volk. Aus diesem Grunde wird die Nosema auch als Faktorenseuche bezeichnet.

Gerade die Zucht erfordert eine Reihe von naturwidrigen Eingriffen in das Bienenvolk, welche die Gefahr der Nosematose sehr stark fördern. Wegen der großen Bedeutung dieser Krankheit wurde in den einzelnen Kapiteln, besonders unter »Auswahl des Pflegevolkes« und »Herrichten der Begattungsvölkchen«, auf Maßnahmen zur Vermeidung der Nosematose hingewiesen.

Es soll an dieser Stelle ergänzt werden, daß nicht nur Bienen, sondern auch Königinnen von der Nosema befallen sein können. Die kranken Tiere setzen ihren Kot im Stock ab und bilden somit eine ständige Infektionsquelle für das ganze Volk. Häufig lassen nosemainfizierte Königinnen in der Leistung nach oder stellen die Eiablage ein. Auch für den Verlust einer Königin ist häufig Nosema die Ursache.

2.2 Melanose

Unter dem Begriff Melanose faßt man die krankhaften Veränderungen der Eierstöcke (Ovarien) der Königin zusammen. Sie werden auf bakterielle (B-Melanose) oder pilzliche (H-Melanose) Infektion zurückgeführt und führen zur Unfruchtbarkeit der Königinnen nach begonnener Eiablage und gelegentlich zu Verlusten. Sowohl junge als auch ältere Königinnen werden befallen. Bei der H-Melanose werden Veränderungen an Eierstöcken (Ovarien), Eileitern (Ovidukten), Giftdrüsen und Giftblase festgestellt. Bereits wenige Tage nach der Infektion sind die Königinnen unfruchtbar. Die Krankheit tritt besonders in den Wintermonaten und im Vorfrühling auf.

Bei der B-Melanose, die wesentlich häufiger auftritt, werden nur die Fortpflanzungsorgane, Eierstöcke (Ovarien), Eileiter (Ovidukte) sowie Scheide befallen. Diese Form der Melanose wird vorwiegend bei jungen Königinnen kurz nach der Begattung beobachtet. Auch sie führt nach wenigen Tagen zur Unfruchtbarkeit der Königin.

Melanosekranke Königinnen sind äußerlich erkennbar an einem extrem gestreckten Hinterleib (Aufblähung der Kotblase) und an matten, unbeholfenen Bewegungen. Schließlich können sie sich nicht mehr auf der Wabe halten und fallen auf den Boden.

Melanosen sind ansteckend und können gelegentlich gehäuft bei der instrumentellen Besamung auftreten, wenn die Gerätschaften nicht genügend sterilisiert worden sind. Aber auch in großen Zuchtbetrieben und auf Belegstellen wurde die Krankheit in einigen Jahren verstärkt festgestellt.

Nachwort

Die Königinnenzucht ist wohl das interessanteste und faszinierendste Teilgebiet der Imkerei. Sie erfordert neben praktischen Fertigkeiten ein umfangreiches theoretisches Wissen, viel Erfahrung und Einfühlungsvermögen in die biologischen Abläufe im Bienenvolk. Der Erfolg in der Königinnenzucht ist – wie in allen Bereichen der Imkerei – weitgehend von Umweltfaktoren abhängig. Den in diesem Buch beschriebenen Verfahren und Techniken liegen überwiegend Erfahrungen in Norddeutschland zugrunde. Nicht alle sind in andere Gebiete mit anderen Bedingungen der Bienenzucht übertragbar. Jeder wird prüfen und eigene Erfahrungen sammeln müssen. Aber auch die Entwicklung geht weiter, und Wissenschaft und Praxis werden neue Erkenntnisse gewinnen. Was heute noch für notwendig gehalten wird, kann morgen schon überflüssig sein. Daher ist ständige Schulung und Weiterbildung gerade auf diesem Gebiet der Imkerei eine wichtige Aufgabe.

Bei der Bearbeitung der einzelnen Themen war der Kontakt zu Instituten und vielen Züchtern sehr wertvoll, und etliche Anregungen kamen aus diesem Kreis. Auf viele Gesichtspunkte und Fehler, die in der Praxis immer wieder gemacht werden, stießen wir bei der Durchführung von Königinnenzucht- und Körlehrgängen.

Dem EHRENWIRTH-Verlag fühlen wir uns für das imkerliche Engagement und die bewährte Ausstattung dieses Buches mit vielen ansprechenden Abbildungen und Zeichnungen zu Dank verpflichtet.

Herrn Prof. Dr. DUSTMANN, dem Leiter des Nieders. Landesinstituts für Bienenforschung in Celle, danken wir für das Vorwort, Herrn Dr. MAUL von der HLT Abt. für Bienenzucht in Kirchhain für die Durchsicht des Kapitels »Reservehaltung von Königinnen« und für die Überlassung etlicher Abbildungen.

Der frühere Herausgeber der NWDIZ, Herr ROBERT SUSSMANN übertrug die Rechte des Archivs an F. K. TIESLER. Dadurch stand dieses umfangreiche Bildmaterial zur Verfügung.

Herr PETER JUGLER beriet und unterstützte uns bei vielen Aufnahmen. Herrn Dr. PIETEREK und Herrn ULLRICH KROHN danken wir für die Durchsicht der Druckfahnen.

Möge dieses Buch dazu beitragen, den Gedanken der Aufzucht und Vermehrung wertvollen Zuchtmaterials weiter in die Imkerschaft zu tragen, damit auch in Zukunft auf möglichst vielen Ständen eine friedfertige und leistungsfähige Biene zur Verfügung steht.

Elsfleth/Celle, März 1989

Literaturverzeichnis

ADAM, Br. (Kehrle) (1969) Meine Betriebsweise. 3. Aufl. Ehrenwirth Verlag, München
– (1983) Auf der Suche nach den besten Bienenstämmen. 2. Aufl. G. Koch Verlag, Oppenau
ALBER, M. A. (1949) Wie weit fliegen die Drohnen. Arch. Bienenkunde *26:* 124–127
– (1955) – Was lehrt uns Vulcano. Bienenzucht *8:* 38–39
– (1956) – Zur Mehrfachpaarung während ein und desselben Hochzeitsfluges. Bienenvater *77:* 370
ALBER, M. A.; JORDAN, R.; RUTTNER, F. und H. (1954) Der Versuch von Vulcano über Paarungen der Bienenkönigin. Dtsch. Bienenwirtsch. *5* (9): 188–190
ALBER, M. A.; JORDAN, R.; RUTTNER, F. und H. (1955) Von der Paarung der Honigbiene. Zeitschr. Bienenforsch. *3:* 1–28
BAUER, J. (1967) Versuche zur Frage der Heilbarkeit von buckelbrütigen Bienenvölkern. Dissertation Universität Halle
BAUMGARTEN, F. (1982) – Die Aufzucht von Königinnen. ADIZ *16* (3): 68–75
BIENEFELD, K. (1986) Genetik der Honigbiene unter besonderer Berücksichtigung der Leistungseigenschaften. ADIZ *20:* 169–177
BÖGER, K. (1969) Zur Selektion von Bienenvölkern auf Sammelleistung. Zeitschr. Bienenf. *9:* 545–571
– (1972) – Zur Selektion von Bienenvölkern auf Sammelleistung. Vierte Generation. Institut f. Bienenkunde Bonn. Xerokopiertes Manuskript
– (1974) – Zur Selektion von Bienenvölkern auf Sammelleistung. Institut f. Bienenkunde Bonn. Vervielfältigte Manuskripte I–IV
BÖTTCHER, F. K. (1947) Was taugt die Belegstelle? Imkerfreund *2:* 115–116
– (1967) Welche Anforderungen sind heute an eine gute Belegstelle zu stellen? Süddtsch. Imkerkal.: 101–111
– (1969) Zum Problem des Hochzeitsflugs. 22. Intern. Bienenzüchterkongr. München. Apimondia-Verlag Bukarest 382–384
– (1970a) Drohnensammelplätze. Imkerfreund *25:* 76–77
– (1970b) Flugweite der Königinnen, Paarungen auf Drohnensammelplätzen und Erfahrungen zur Sicherheit der Belegstelle. Imkerfreund *25:* 179–182
– (1972) Wo paaren sich die Bienenköniginnen? XXIII. Intern. Bienenzüchterkongr. Moskau. Apimondia-Verlag Bukarest
– (1973) Richtige Führung einer Landbelegstelle. Wissensch. Bulletin Apimondia 1972: 94–98
– (1973) Die Zukunft unserer Belegstellen. Bienenwelt *15* (1): 3–5
BÖTTCHER, F. K. (1975) Beiträge zur Kenntnis des Paarungsfluges der Honigbiene. Apidologie *6* (3): 233–281
– (1979) Haltung und Zucht der Biene. Eugen Ulmer Verlag Stuttgart
– (1985) Bienenzucht als Erwerb. 5. Aufl. Ehrenwirth Verlag München
BÖTTCHER, F. K.; WEISS, K. (1962) Zur Frage der Darbietung des Zuchtstoffes im Pflegevolk in Form von Maden. Zeitschr. Bienenforsch. *6* (1): 1–8
BUTTEL-REEPEN, H. v. (1915) Leben und Wesen der Biene. Verlag Vieweg, Braunschweig S. 129: Drohnenkugeln ...
DREHER, K. (1957) Welche Folgerungen ergeben sich aus der Mehrfachpaarung? Leipziger Bienenztg. *71:* 378–381
– (1962a) Belegstelle – Belegstand – Standbegattung. Südwestdtsch. Imker *14:* 136–138
– (1962b) Mehrfachpaarungen und Reinzucht. Südwestdtsch. Imker *14:* 333–335
– (1963) Zur Frage der ausreichenden Drohnenversorgung unserer Belegstellen. Dtsch. Bienenwirtsch. *14:* 309–312
– (1972) Die Umstellung der hessischen Landesbienenzucht auf die Carnicarasse mit Hilfe von Landbelegstellen. Die Biene *108:* 132–133
DRESCHER, W. (1967) Biologie der Drohnen. Rhein. Bienenztg. *118:* 294–298
– (1966) Die Flugaktivität von Drohnen der Rasse Apis mellifica carnica L. und Apis mell. ligustica L. in Abhängigkeit von Lebensalter und Witterung. Z. f. Bienenforsch. *9* (9): 390–407
ENGLERT, E. (1967) Zur Paarungsbiologie der Drohnen. ADIZ *1* Z 113–117
– (1971) Paarungsversuche auf der Insel Neuwerk, ADIZ *5* T: 195–199
– (1978) Pütscher, einfache Begattungskästchen, NWDIZ *30*: 68–71
FALKENBERG, J. (1979) Merkblatt über Säuberung und Besiedelung der Begattungskästchen. Sonderdruck
FREE, J. B. (1977) The seasonal regulation of drone brood and drone adults in a honeybee colony. 8. Intern. Congres I. U. S. S. I: 207–210

GOETZE, G. (1940) Die beste Biene. Verlag Liedloff, Loth & Michaelis, Leipzig
– (1964) Die Honigbiene in natürlicher und künstlicher Zuchtauslese. Paul Parey Verlag, Hamburg und Berlin
HUBER, F. (1973) Neue Beobachtungen über die Bienen in Briefen an Carl Bonnet (übersetzt von Johann Riem). Walthersche Hofbuchhandlung, Dresden
JEAN-PROST, M. (1958a) Observation sur le vol nuptial des reines d'abeilles. La Revue française d'Apiculture: 87–88
– (1958b) Résumé des observations sur le vol nuptial des reines d'abeilles. XVII. Intern. Bienenzüchterkongr. Bologna–Rom II: 404–407
JENTER, K. (1983) Eine neue Königinnenzuchtmethode aus dem Ei oder der Eilarve im »Umsteckverfahren«. ADIZ *17:* 101
JORDAN, R. Merkblätter der österreichischen Bundeslehr- und Versuchsanstalt für Bienenkunde, Wien
– (1953) Königinnenzucht auf einfache Weise. Dtsch. Bienenwirtsch. *4* (5): 94–97
– (1953) Zwei Königinnen-Zuchtmethoden in Wort und Bild. Broschüre im Eigenverlag der Bundeslehr- und Versuchsanstalt für Bienenkunde, Wien
– (1955) Königinnen mit optimal entwickelten Eierstöcken gehen nur aus jüngsten Maden hervor. Bienenvater (Wien) *76* (5): 154–156
KLATT, G. (1929) Züchtungsmöglichkeiten an der Wasserkante. Arch. Bienenk. *10:* 318–321
KÜNSTER, H. (1974) Kritische Bewertung der Belegstellen für Bienenköniginnen unter Berücksichtigung neuer Befunde der Paarungsbiologie. Vervielfältigtes Manuskript einer wissenschaftl. Arbeit. Institut für Bienenkunde, Bonn
MAUL, V. (1971) Zur Arbeit des Besamungslabors in Kirchhain. ADIZ *5* (3): 63–66
– (1972) Rückblick auf die Tätigkeit des Besamungslabors 1971 und neue Perspektiven. Die Biene *108* (2): 41–43
– (1972) Belegstellenprüfung im Cordovan-Test. Apimondia
– (1973) Die gegenwärtige Leistungsfähigkeit des Besamungsverfahrens und der Einsatz in der Züchtungspraxis. ADIZ *7:* 90–91
– (1975) Die künstliche Besamung (Niederschrift eines Vortrags). Nordwestd. Imkerzeitung *27* (8): 212–220
– (1978) Leistungsprüfung mit Buckfast- und Carnica-Material ADIZ *12* (5): 140–142
MAUL, V. (1980–1985) Tätigkeitsberichte (Arbeitsgebiet Bienen) der Hessischen Landesanstalt für Leistungsprüfungen in der Tierzucht, Neu-Ulrichstein
– Merkblatt zum Lohnbesamungsverfahren. Manuskript der Hess. Landesanstalt
MACKENSEN, O. (1964) Relation of semen volume to success in artificial insemination of queen honey bee – J. econ. Ent. *57* (4): 581–583 (Referiert aus RUTTNER 1969: Instrumentelle Besamung)
MEINEN, G. (1970a) Wie sicher ist die Inselbelegstelle Spiekeroog vor fremdrassigem Drohnenzuflug. NWDIZ *22:* 128–130
MORGENTHALER, O. (1933) Acarapis woodi in Queens. Bee World *14:* 81
– (1950) Rassenzucht und Krankheitsbekämpfung bei den Bienen. SBZ *73:* 550–558
ÖRÖSI-PAL, Z. (1964) Die Eierstöcke der Bienenköniginnen nach ihrer Aufzuchtmethode. Dtsch. Bienenwirtschaft *15:* 225–228
– (1966) Die Eiumbettung – praktisch und wissenschaftlich. Bienenvater *87:* 281–299
– (1974) Königinnenzucht aus dem Ei. NWDIZ *26:* 255–257
– (1974) Eiumbettung in einem Großbetrieb – NWDIZ *26:* 311–314
PERKIEWICZ, E. (1962) Jungvolkbildungen. Nordwestdeutscher Imkerkalender
PEER, D. F. (1956) Multiple mating of the queen of the honeybees – J. econ. Ent. *49:* 741–743
– D. F. und FARRAR, C. L.: (1956) The mating range of the honey bee – J. econ. Ent. *49* (2): 254–256 (vgl. Bee-World 1957, *38:* 21)
– D. F. (1957) Further studies on the mating range of the honey bee, Apis mellifera. – Canad. Entomol. *89:* 108–110
PIRANOW, S. N. (1935) Pschelowodstwo (Die Bienenzucht) vgl. dazu Schweiz. Bienenztg. 1936, *59:* 457
PIANA, G. P. (1956) Berufsweiselzucht in Bologna. XVI. Internat. Bienenzüchter-Congress, Wien
– (1966) Gesundheitskontrolle im intern. Bienenhandel. Apiakta *1,2*: 20–21, 31
PFEFFERLE, K. (1984) Imkern mit dem Magazin und mit der Varroatose 6. Aufl. Eigenverlag: 115-128
PRAAGH, J. P. VAN Korrelation zwischen Leuchtfeldform und Drohnensammelplätzen. Apimondia, Paarungskontrolle und Selektion bei der Honigbiene: 42–45
PRAAGH, J. P. VAN/MAUL, V./TIESLER, F. K. (1987) Auftreten von sterilen Drohnen auf Langeoog 1986. NWDIZ *39:* 67–69
ROBERTS, W. C. (1944) Multiple mating of queenbees proved by progeny and flight tests – Glean Bee-Cult. *72:* 281–283

– (1953) Über die mehrfache Begattung von Bienenköniginnen. Rhein. Bienenztg. *104:* 281–283
RUTTNER, F. (1955a) Probleme der Mehrfachpaarung und züchterische Praxis. Bienenvater *76:* 159–164
– (1955b) Die Belegstelle. Bienenvater *76:* 198–202
– (1955c) Von der Paarung der Honigbiene. Zeitschr. Bienenforsch. *3:* 1–29
– (1955d) Einfache und mehrfache Paarung der Königin, erwiesen aus der Nachkommenschaft. Bienenvater *76:* 1–6
– (1956a) Weiselzucht und Wetter. Bienenvater *77:* 202–203
– (1956b) Zur Frage der Spermaübertragung bei der Bienenkönigin. Ins. soc. *3:* 351–359
– (1957a) Die Belegstellenpflege. Bienenvater *78:* 139–142
– (1957b) Aktuelle Probleme auf dem Gebiete der Fortpflanzung und Züchtungsforschung der Biene. Dtsch. Bienenwirtsch. *8:* 41–44
– (1959) Drohnenflugweite und Drohnendichte. Dtsch. Bienenwirtschaft *10:* 42–47
RUTTNER, F. und H. (1963) Die Flugaktivität und das Paarungsverhalten der Drohnen. Bienenvater *84:* 297–301
RUTTNER, F. (1965) Wie weit fliegen Drohnen und Königin? Bienenvater *86:* 15–21
RUTTNER, F. und H. (1965/66) Untersuchungen über die Flugaktivität und das Paarungsverhalten der Drohnen. Zeitsch. Bienenforsch. *8:* 1–9, 332–345; *9*: 259–265
RUTTNER, F. (1965) Ratschläge zur Zuchttechnik. Die Biene *101:* 111-113, 148–150, 174–175
RUTTNER, F. und H. (1970) Drohnensammelplätze. NWDIZ *22:* 130–131
– Paarungskontrolle und Selektion bei der Honigbiene. Apimondia
– (1972) Untersuchungen über die Flugaktivität und das Paarungsverhalten der Drohnen: V. Drohnensammelplätze und Paarungsdistanz. Apidologie *3:* 203–323
RUTTNER, F. (1972) Zucht auf Leistung. NWDIZ *24:* 178–184, 208–212
– (1974a) Die Bedeutung der Zucht in der modernen Imkerei. NWDIZ *26:* 171–173, 202–205, 231–234
– (1974b) Königinnenzucht im weiselrichtigen Volk. Bienenwelt *16:* 189–191
– (1975) Die instrumentelle Besamung der Bienenkönigin. Apimondia
– (1983) Zuchtauslese bei der Biene: Anleitungen zur Kör- und Belegstellenpraxis. Ehrenwirth-Verlag, München
– Technische Empfehlungen der dauernden Bienenbiologie-Kommission. Apimondia
RUTTNER, H. (1969) Über Königinnen, Aufzuchtmethoden bis zur Zucht im weiselrichtigen Volk. Bienenvater *90:* 3–8
– (1971) Königinnenzucht. Bienenvater *92:* 3–9
RUTTNER, H. und TH. JACHIMOWICZ (1974) Die Verwendung von Invertzucker für die Bienenfütterung anstelle von Honig. Bienenvater *95:* 67–72
SCHÖNUNG, M. (1973) Zuchtzentrum Kurpfalz. ADIZ *7:* 124–126
SCHLEY, P. (1983) Praktische Anleitung zur instrumentellen Besamung von Bienenköniginnen. Gießen
SCHLÜTER, H. (1954) Allerlei Griffe und Kniffe am Bienenstand. Schwäb. Imkerkalender 1954: 121–127
SECHRIST, E. L. (1974) Honey Getting, Carthmasters Publikations, Calif. U.S.A.
SKLENAR, G. (1948) Imkerpraxis 6. Auflage Selbstverlag
TIESLER, F. K. (1970) Einige Gedanken zu unseren Belegstellen. NWDIZ *22:* 181–183
– (1972) Die Zucht über den Anbrütekasten. NWDIZ *24:* 72–76
TIESLER, F. K. und E. ENGLERT (1975) Cordovan-Tests auf drei niedersächsischen Landbelegstellen. NWDIZ *27:* 163–168, 186, 193
TIESLER, F. K. (1977) Über das Zusetzen begatteter Königinnen. NWDIZ *29:* 145–154
– (1987) Zuchtstoff auf Rädern. NWDIZ *39:* 65–67
TRJASKO, W. W. (1956) Wiederholte Begattungsflüge und Mehrfachpaarung der Bienenkönigin. Leipziger Bienenztg. *70:* 173–174
VORWOHL, G. (1966) Vergleichende Untersuchung über den Einfluß von Nosemack- und Fumidil-B-haltigem Futterteig auf das Ausmaß der Nosema Parasitierung von Bienenvölkchen in Einwabenkästchen. Zeitschr. Bienenforschung *8:* 321–323
WEISS, K. (1962) Untersuchungen über die Drohnenerzeugung im Bienenvolk. Archiv f. Bienenkunde *39:* 1–7
– (1967a) Zur vergleichenden Gewichtsbestimmung von Bienenköniginnen. Zeitschr. Bienenforschung *9:* 1–21
– (1967b) Über den Einfluß verschiedenartiger Weiselwiegen auf die Annahme und das Königinnengewicht in der künstlichen Nachschaffungszucht. Zeitschr. Bienenforschung *9:* 121–134
– (1967c) Müssen künstliche Weiselbecher aus Jungfernwachs geformt sein und ist die Eingewöhnung der Weiselwiegen ins Pflegevolk von Nutzen. Imkerfreund *22:* 177–179
– (1969) Drohnen im Natur- und Pflegevolk. ADIZ *3:* 100–105

– (1971) Ausbildung und Leistung von Königinnen aus Eiern und jungen Arbeitermaden. Apidologie *2:* 3–47
– (1974) Neue Untersuchungen zum doppelten Umlarven. Apidologie *5:* 225–246
– (1975) Die Zucht aus dem Ei – ein Ausweg. Imkerfreund *30:* 170–173
– (1980a) Der Wochenendimker. Ehrenwirth-Verlag München
Weiss, K. (1980b) Aufzuchtfragen – Weg mit alten Zöpfen. Imkerfreund *38:* 281–292
Wohlgemuth, E. (1942) Königinnen zusetzen in der Bautraube. Leipz. Bienenzeitung *57:* 73–74
Woyke, J. (1958) Die Ursachen mehrmaliger Hochzeitsflüge der Königinnen. XVII. Congresso internationale Degli apicoltori, Bologna, Roma 1958, II: 402–403
– (1963) Drone larvae from fertilized eggs of the honeybee. J. apic. Res. *2:* 19–24
Zander, E. (1919) Die Zucht der Biene. Eugen Ulmer-Verlag Stuttgart 8. Aufl. 1953

Stichwortverzeichnis